# Précis

# d'Électricité Générale

## ET

# Notions d'Électrotechnique

PAR

## MAURICE SOUBRIER

Professeur suppléant d'Électricité Industrielle
au Conservatoire National des Arts et Métiers

PARIS

LIBRAIRIE DELAGRAVE

15, RUE SOUFFLOT, 15

# PRÉCIS
# D'ÉLECTRICITÉ GÉNÉRALE
## ET
# NOTIONS D'ÉLECTROTECHNIQUE

# PRÉCIS

# D'ÉLECTRICITÉ GÉNÉRALE

## ET

# NOTIONS D'ÉLECTROTECHNIQUE

### AVEC DE NOMBREUX EXERCICES D'EXAMENS

PAR

## Maurice SOUBRIER

ANCIEN ÉLÈVE DE L'ÉCOLE POLYTECHNIQUE
PROFESSEUR SUPPLÉANT D'ÉLECTRICITÉ INDUSTRIELLE
AU CONSERVATOIRE NATIONAL DES ARTS ET MÉTIERS

PARIS
LIBRAIRIE DELAGRAVE
15, RUE SOUFFLOT, 15

1919

# AVERTISSEMENT

Le présent ouvrage est destiné à servir d'Introduction à la science de l'Ingénieur électricien. Il contient le minimum de calculs mathématiques possible, et sacrifié au besoin la rigueur des développements scientifiques au dessein d'atteindre rapidement le but pratique d'initier le lecteur aux lois fondamentales de l'Électricité.

En dehors de ce but très général, il a été rédigé en conformité des programmes du concours de l'Ecole Supérieure d'Électricité de Paris et des Instituts Electrotechniques de Grenoble, Nancy, Lille, etc. Les candidats aux certificats de licence d'électricité industrielle des facultés y trouveront des compléments à leur préparation. On a traité pour illustrer le texte de nombreux exercices choisis parmi ceux qui sont posés aux examens.

Les auditeurs du cours d'Électricité Industrielle du Conservatoire national des arts et métiers, les Élèves de l'Ecole Supérieure d'Aéronautique et de Constructions mécaniques, de l'Ecole d'Électricité Bréguet, de l'Ecole Spéciale des travaux publics, etc., en un mot tous les futurs Ingénieurs qui doivent posséder de sérieuses connaissances en Electricité Industrielle, trouveront, nous l'espérons, d'utiles renseignements dans cet opuscule, qui est l'exacte reproduction de la Sténographie de nos Elèves.

# EXTRAIT DU PROGRAMME D'ADMISSION
## AU CONCOURS DE L'ÉCOLE SUPÉRIEURE D'ÉLECTRICITÉ

## Électricité générale.

Phénomènes fondamentaux (page 10).

Lois numériques de l'électrostatique, de l'électrocinétique, du magnétisme, de l'électro-magnétisme et de l'Induction (Chap. I à XIII).

## Notions d'électrotechnique.

*Lois du circuit magnétique.* — Notions sur l'électro-aimant (p. 174).

*Dynamos à courants continus.* — Description générale; principe du fonctionnement. Inducteurs; différentes formes d'inducteurs bipolaires; inducteurs multipolaires. Induit : principe de l'enroulement en anneau et en tambour; collecteur; balais; Relation entre la force électromotrice et le flux dans l'induit. Courbe de magnétisme; caractéristique à circuit ouvert et à excitation séparée (Ch. XIV, p. 245).

*Moteurs à courants continus.* — Reversibilité des dynamos à courants continus; sens de rotation. Relation entre le couple, le flux et le courant dans l'induit (Ch. XIV, p. 257).

*Notions générales sur le transport électrique de la puissance mécanique* (p. 284).

*Courants alternatifs.* — Cadre tournant dans un champ uniforme; période; pulsation; différence de phase entre la force électromotrice et l'intensité (Ch. XV).

## Notions sur les mesures électriques.

Théorie du pont de Weatstone; son emploi à la mesure des résistances (p. 95).

    Principes des potentiomètres (p. 237).

    Principe de l'électromètre à quadrants (p. 79).

    Galvanomètre à cadre mobile (p. 228 et 293).

    Principe du galvanomètre balistique (p. 228).

    Mesures élémentaires de capacité (p. 241).

    Mesures élémentaires de champ magnétique (p. 232).

# PRÉCIS
# D'ÉLECTRICITÉ GÉNÉRALE

### ET

## NOTIONS D'ÉLECTROTECHNIQUE

## ÉNERGIE

On appelle Énergie la faculté que possède un corps de donner naissance à du travail.

Ce travail peut être emmagasiné et momentanément invisible; — un poids P suspendu à un fil et élevé d'une hauteur $h$ possède un travail emmagasiné $T = Ph$; — on dit que l'énergie est à l'*état potentiel*. Il peut se transformer en force vive d'après un théorème connu. Soit $m$ la masse du corps, $v$ sa vitesse; sa puissance vive est $1/2mv^2$ qui mesure alors l'*énergie cinétique du corps*.

Principe de la conservation de l'énergie. — Considérons un pendule simple de masse $m$ qu'on élève d'une hauteur $h$. Son énergie potentielle est $mgh$. Abandonnons-le à lui-même et soit $h'$ sa hauteur à un certain instant, $v$ la vitesse correspondante. A cet instant il possède 1°) une énergie potentielle $mgh'$ et une énergie cinétique $1/2\,mv^2$ mais

$$v = \sqrt{2g\,(h - h')} \qquad 1/2\,mv^2 = \frac{1}{2}\,m2g\,(h - h')$$

la somme de ces deux énergies est $mgh$. Lorsqu'il arrive en bas, toute l'énergie du pendule est $\frac{1}{2} mv^2$ $v = \sqrt{2gh}$; elle est donc encore $mgh$.

*Ainsi la somme de l'énergie potentielle et de l'énergie cinétique reste constante pendant tout le mouvement.* Plus généralement, le principe de la conservation de l'énergie s'énoncera ainsi :

*L'énergie mécanique d'un système (somme de l'énergie potentielle et cinétique) reste invariable s'il n'y a aucune cession de travail au milieu extérieur.*

C'est un des principes les plus féconds de la physique, où il se représente sous mille formes.

**Principe de l'équivalence de la chaleur et du travail.** — Si on laisse tomber d'une hauteur $h$ une masse $m$ sur un ressort parfaitement élastique, on vérifiera aisément que la somme de l'énergie potentielle et cinétique reste constante; mais si le corps tombe sur une rondelle de plomb, le corps s'y enfoncera et le principe semblera en défaut. En réalité le plomb n'étant pas élastique s'échauffe, et l'on est conduit à penser que l'énergie potentielle s'est entièrement transformée en chaleur. Hirn et Joule ont, par des expériences célèbres, montré qu'il en est bien ainsi et que chaque grande calorie qui apparaît correspond à 425 kilogrammètres. On dit que

1°) la chaleur est une forme de l'énergie;

2°) que l'équivalent mécanique de la calorie est 425 kilogrammètres.

**Autres formes de l'énergie.** — **Énergie électrique.** — Des transformations plus complexes, mais qu'il serait facile d'analyser en partant soit de l'énergie mécanique, soit de l'énergie thermique montrent que l'énergie peut se manifester sous d'autres formes remarquables, par exemple sous forme d'énergie chimique ou sous forme d'énergie électrique, qui fait l'objet de ces leçons. Quelle que soit la forme d'énergie considérée, elle peut exister soit à l'état potentiel, soit à l'état visible ou actuel, et le principe fondamental de la conservation de l'énergie lui est toujours applicable. Les diverses formes de l'énergie peuvent se transformer avec facilité les unes dans les autres par des moyens appropriés. Toutefois l'*énergie électrique* possède au plus haut degré la propriété de se *transformer* par la simple fermeture d'un interrupteur, par exemple, en énergie actuelle ou en une autre forme de l'énergie, et cela *avec le moindre déchet possible*, ce déchet étant toujours de l'énergie thermique qui apparaît ainsi comme de l'énergie dégradée. C'est à ces deux propriétés fondamentales que l'énergie électrique doit sa généralisation si importante dans la vie industrielle.

On appelle *générateur électrique* (pile, dynamo) tout appareil qui transforme une forme de l'énergie en énergie électrique, et *récepteur électrique* tout appareil qui produit la transformation inverse (moteur, lampe, etc.).

# CHAPITRE PREMIER

## RAPPEL DES PHÉNOMÈNES FONDAMENTAUX

**1° Électrisation. Corps bons et mauvais conducteurs. Isolateurs.**
— Certains corps frottés : ambre, résine, verre, acquièrent la
propriété d'attirer les corps légers. On dit qu'ils sont *électrisés*.

Tous les corps sont plus ou moins électrisables, pourvu
qu'on les frotte avec un autre corps de nature différente. Si
l'électrisation se manifeste seulement au point frotté, le corps
est dit *mauvais conducteur*. Ex. : *ambre, verre, résine*. Chaque
fois qu'il n'en est pas ainsi, le corps ne peut être électrisé que
s'il est préalablement supporté par un corps mauvais conducteur. On dit qu'il est *isolé* et que le corps mauvais conducteur
sert d'*isolateur*. Le corps peut alors être électrisé par frottement; mais l'expérience montre que toute sa surface est électrisée; le corps est dit *bon conducteur*. Ex. : *cuivre, fer*. Un
corps bon conducteur isolé par du verre, du soufre, de la
paraffine, etc., abandonne peu à peu et lentement son électricité par déperdition dans l'humidité de l'air. On atténue cette
déperdition en recouvrant l'isolant par un vernis de gomme
laque.

**2° Transmission par contact. Attraction. Répulsion. Électricités
positive et négative.** — L'expérience montre que l'électricité se
transmet par simple contact. Elle se localise au point touché
dans le cas de corps mauvais conducteur, ainsi qu'on le constate par l'attraction des corps légers. Dans le cas des bons

conducteurs, elle se répand sur toute la surface des corps. La durée de la transmission est essentiellement variable suivant les cas : elle est instantanée entre deux bons conducteurs, elle est plus lente lorsque les corps en contact sont mauvais conducteurs.

Si on approche un bâton de verre électrisé d'un pendule (fig. 1), le pendule sera attiré jusqu'à l'arrivée au contact du bâton de verre. Il sera ensuite repoussé, et si l'on approche un bâton de résine frottée, une nouvelle attraction se produira. Tout autre corps frotté, quel qu'il soit, produirait soit une attraction, soit une répulsion.

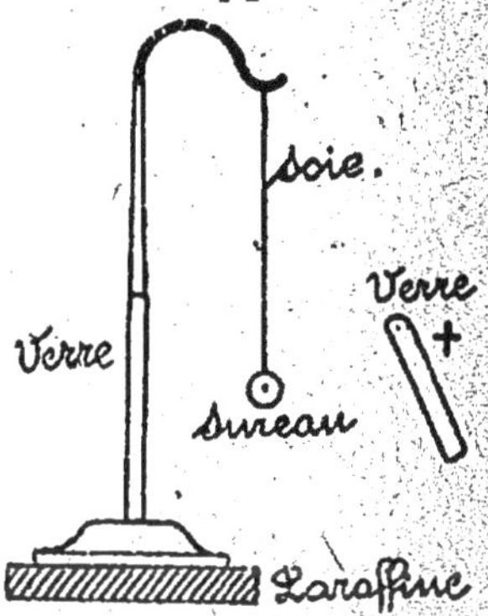

On conclut de là :

*Il y a deux sortes d'électricité : deux corps chargés d'électricité de même nom se repoussent,* car, par contact, le pendule et le verre ont pris la même électricité et se sont repoussés.

*Deux corps chargés d'électricité de noms contraires s'attirent.* Le bâton de résine attire le pendule quand le verre le repousse. L'une sera appelée + *ou vitrée,* l'autre — *ou résineuse.*

Fig. 1.

Remarque. — Toutefois un même corps peut être électrisé ± suivant les cas : un morceau de verre poli, frotté avec de la laine, est +, et avec une peau de chat est —.

3° **Les deux électricités se développent toujours simultanément et en même quantité.** — Expérience classique des deux plateaux (fig. 2). — On frotte deux plateaux de laine et de verre dépoli isolés.

On constate au pendule que A est chargé de +, B de —. Si on les réunit et qu'on les présente au pendule, il restera *immo-*

*bile.* Les deux corps étaient donc chargés d'une *même quantité d'électricité*, puisque la recombinaison de ces deux électricités a reproduit l'état neutre.

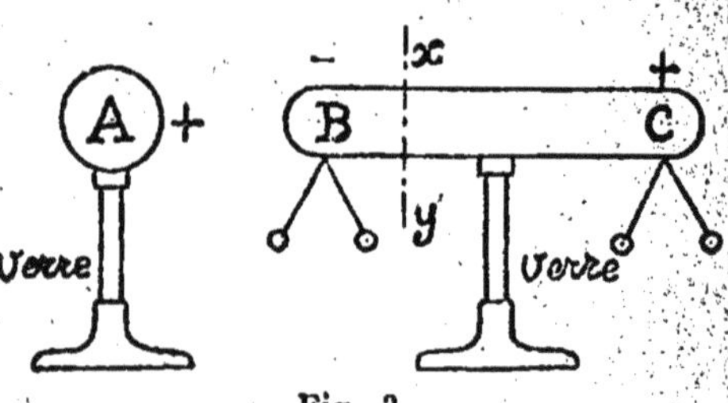


4° Influence ou induction électrostatique. — Considérons une sphère A chargée d'électricité positive, par exemple, et approchons un corps isolé à l'état neutre.

Disposons des pendules aux deux extrémités. On voit les deux pendules en B et en C diverger. C'est donc que des quantités libres d'électricité se produisent vers B et vers C, et avec le verre et la résine on constate que B est — et C est + (fig. 3).

Si l'on promène deux pendules suspendus, isolés et mis en communication avec le cylindre, on trouve toute une région $x$, $y$ où il n'y a pas divergence : c'est la ligne neutre. Tout se passe comme si le cylindre BC était un réservoir de fluide neutre dont une partie est décomposée, le négatif étant attiré vers le + de A et le positif repoussé vers C. Si l'on touche C avec le doigt, autrement dit si l'on établit une communication avec le sol, l'électricité + s'écoulera dans le sol, les pendules C retomberont ; mais l'on constate que les pendules B divergent davantage. Le corps intermédiaire, ici le corps humain, a subi lui-même l'influence et une nouvelle quantité d'électricité — empruntée à ce corps est attirée vers B.

Si l'on rompt la communication avec le sol et si l'on éloigne

A, les pendules C divergent, et l'expérience montre que tout le cylindre est chargé d'électricité négative.

On a donc un moyen simple de charger un corps d'électricité positive ou négative.

REMARQUE. — Si l'on avait touché B, au lieu de toucher C, les mêmes phénomènes se seraient produits : le négatif serait resté fixé par le positif de A; quant au positif de C, il se serait écoulé par le corps.

5° **Application des phénomènes d'influence. Électrophore. Électroscope à feuilles d'or.** — L'*électrophore* est une machine électrique à influence qui se compose essentiellement d'un plateau A de résine ou d'ébonite sur lequel (fig. 4) on peut disposer un plateau B formé d'un disque métallique porté par un manche isolant. On frotte d'abord avec une peau de chat le plateau A, la

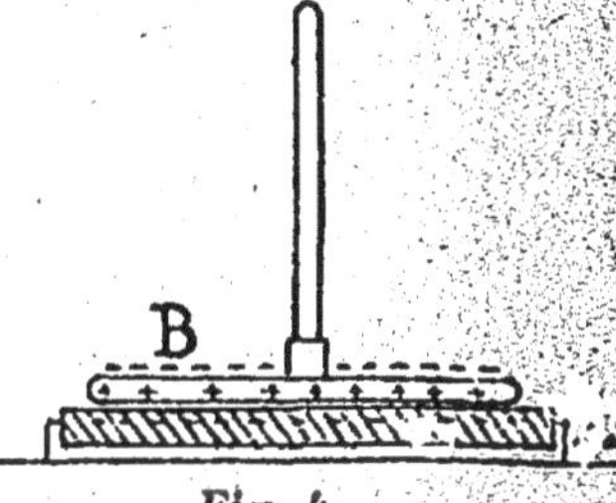

Fig. 4.

résine ou l'ébonite se charge d'électricité négative. On dispose le plateau métallique sur le plateau de résine ou d'ébonite et on touche avec le doigt la partie supérieure du plateau. Le phénomène d'influence se produit et toute l'électricité négative s'écoule dans le sol. On retire le doigt, puis le plateau B, qui se trouve chargé d'électricité positive, et l'on peut recommencer indéfiniment l'expérience. Avec une quantité limitée d'électricité négative, on peut obtenir une quantité illimitée d'électricité positive sur B. Dans la pratique le phénomène est limité par la déperdition.

L'attraction d'un pendule s'explique également par les phénomènes d'influence. En effet (fig. 5), approchons un bâton de verre électrisé, le pendule va s'électriser par influence. Si sa tige est mal isolée, le + va s'écouler dans le sol, et l'attraction entre — et + sera produite. Si le pendule est bien isolé, il y aura encore attraction par ce fait que, l'électricité — étant plus proche de l'extrémité du bâton que l'électricité +,

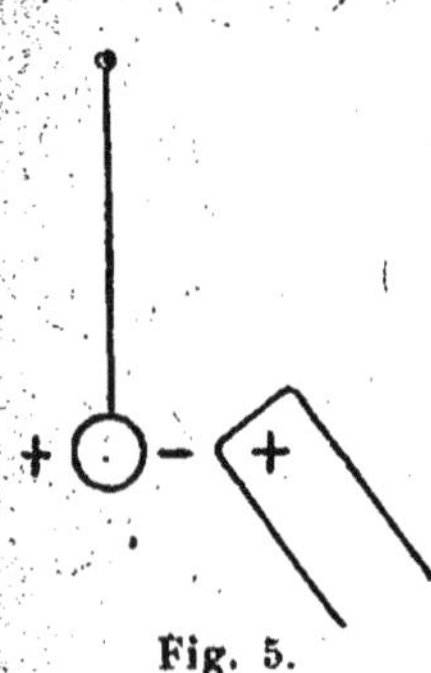

Fig. 5.

l'effet d'attraction l'emporte sur l'effet de répulsion. Toutefois, il y a lieu d'observer que si le pendule était préalablement chargé d'électricité +, et si l'on approchait brutalement le bâton de verre, il pourrait arriver que l'effet d'attraction fût prépondérant sur l'effet de répulsion, car il ne faut pas perdre de vue qu'un corps chargé d'électricité + ou — est encore un réservoir d'électricité neutre. Ceci explique les anomalies apparentes que l'on peut observer si l'on approche brutalement d'un pendule électrisé un corps chargé d'électricité de même nom.

L'*élestroscope* à feuilles d'or est un témoin très sensible des phénomènes électriques (fig. 6). Il se compose essentiellement de deux feuilles d'or très légères suspendues à une tige métallique terminée par un bouton D. Cette tige passe à travers un bouchon de paraffine C. Le tout est disposé dans une bouteille destinée à isoler parfaitement les feuilles d'or et à éviter les perturbations dues au vent, par exemple. Deux petites bornes d'arrêt *m* et *n* sont destinées à empêcher les feuilles d'or de venir se coller contre le verre.

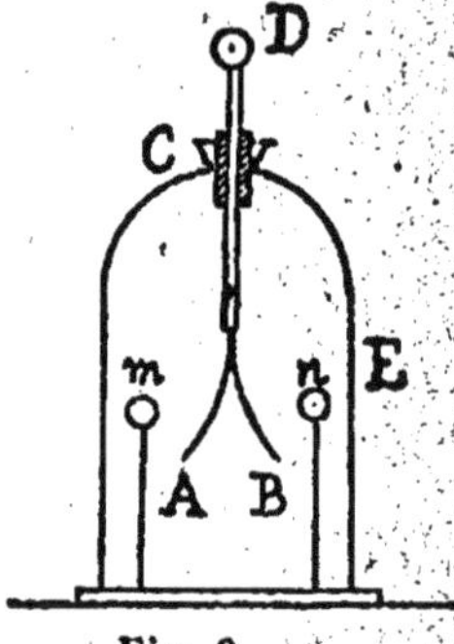

Fig. 6.

FONCTIONNEMENT. — Approchons de D un corps électrisé +, par exemple. Le phénomène d'influence aura lieu, les feuilles divergent. On touche avec le doigt, elles retombent. On retire le corps et le doigt, elles divergent de nouveau et on voit qu'elles sont chargées d'électricité de nom contraire à celle du corps approché, c'est-à-dire —. On le reconnaîtra facilement en approchant lentement un corps chargé d'électricité connue : de résine par exemple ; une nouvelle influence se produit, et, dans le cas particulier qui nous occupe, la divergence des feuilles doit augmenter. Si, au contraire, on avait approché un bâton de verre, la divergence aurait diminué, d'où la règle :

*L'électricité primitive est de la même nature que celle qui pro-voquerait une diminution de la divergence.*

**6° Étincelles électriques.** — Recombinaison des deux électricités. — Si l'on approche d'un corps fortement chargé d'électricité B un corps A à l'état neutre tenu par un isolateur, on constate qu'une étincelle jaillit entre A et B (fig. 7). La combinaison en parties égales de l'électricité de A et B est accompagnée d'un dégagement de chaleur. B garde

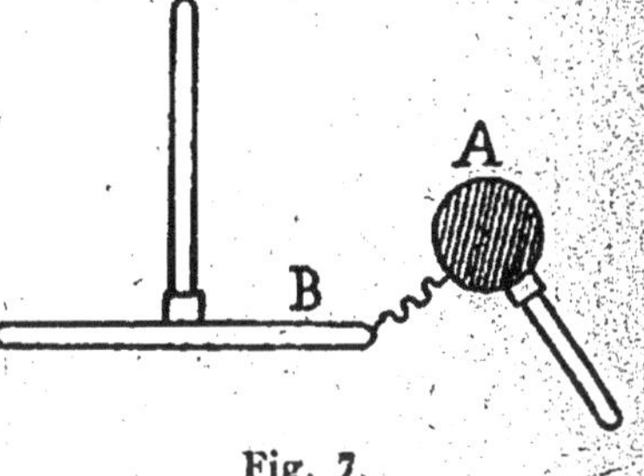

Fig. 7.

une certaine partie d'électricité, il en a emprunté une partie à A et rendu libre avec quantité égale.

**7° L'électricité se porte exclusivement à la surface extérieure des corps conducteurs.** — Dans tout ce qui précède, on n'a rien spécifié sur la répartition de l'électricité dans les corps électrisés ; l'étude attentive des faits montre que l'électricité se *porte exclusivement à la surface des corps.* Cette propriété très importante se vérifie comme il suit :

EXPÉRIENCE DES DEUX SPHÈRES. — 1° Soit (fig. 8) une

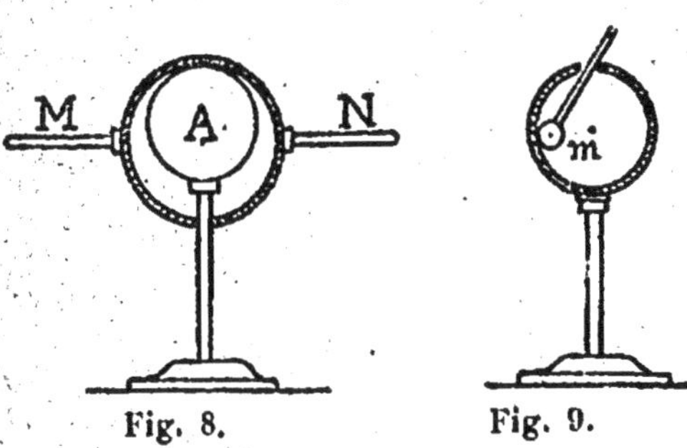

Fig. 8.          Fig. 9.

sphère électrisée isolée A. Amenons en contact avec elle deux hémisphères également isolés M et N, puis éloignons-les. Après la séparation, A ne contient plus rien, et la surface extérieure de M et N est électrisée positivement.

2° Une sphère creuse A est électrisée positivement. On approche (fig. 9) de l'intérieur un plan d'épreuve. Il devrait se charger par contact de l'électricité intérieure; or, il n'y a rien sur le plan. Si on touche l'extérieur, on trouve sur le plan une quantité certaine d'électricité.

FILET DE FARADAY. — Un filet métallique A (fig. 10) peut être tiré à droite ou à gauche à l'aide d'un fil isolé B, et l'on constate que l'électricité se manifeste toujours à sa surface. Donc le conducteur n'a pas besoin d'être continu pour que la propriété se manifeste. On connaît encore l'expérience de la cage métallique électrisée de Faraday, à l'intérieur de laquelle, avec les appareils

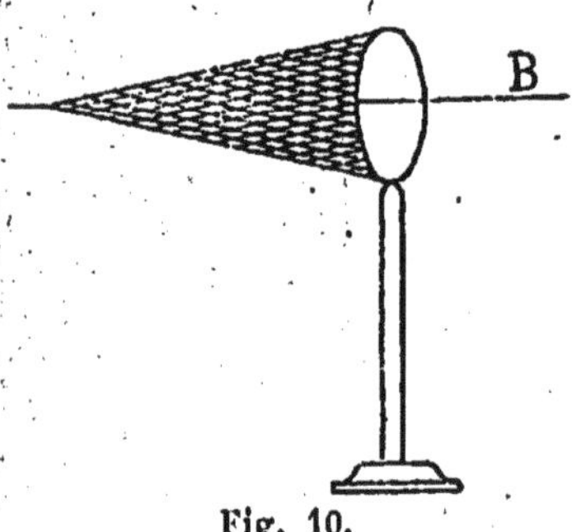


Fig. 10.

les plus précis, il n'était pas possible de révéler trace d'une action électrique si petite soit-elle. *Donc l'action d'un conducteur électrisé sur un point intérieur est nulle.*

8° **Pouvoir des pointes.** — L'expérience montre que si on dispose sur un corps électrisé et isolé un corps pointu, une aiguille, par exemple, ce corps perd très rapidement toute son électricité. C'est Franklin qui a observé ce phénomène. On peut le mettre en évidence en disposant la flamme d'une bougie en présence d'une pointe fixée sur une machine électrique; on voit la flamme s'incliner, soufflée par le vent électrique qui est dû à la répulsion des particules d'air qui se sont chargées de la même électricité que le corps électrisé. On peut rendre le phénomène continu à l'aide du tourniquet électrique (fig. 11).

**Applications : paratonnerre.** — Machines électriques. — Le *paratonnerre* est basé sur le principe du pouvoir des pointes. Il se compose, en principe, d'une tige pointue mise en communication avec le sol. Lorsqu'un nuage chargé d'électricité se présente dans la région d'action du paratonnerre, il agit par influence sur le fluide neutre du sol et attire par la pointe l'électricité de nom contraire à la

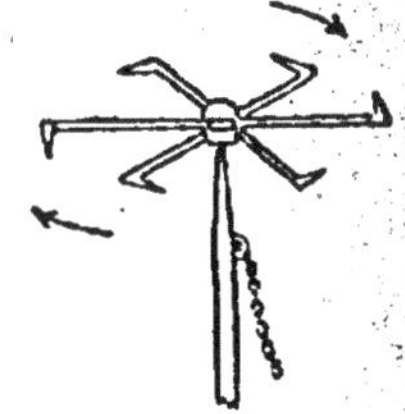

Fig. 11.

sienne, de façon à reprendre sans perturbation apparente l'état neutre.

Les *machines statiques,* qui n'ont plus qu'un intérêt purement historique, utilisent aussi le pouvoir des pointes.

Elles sont de deux sortes:

*a)* Les *machines à frottement* (machine de Ramsden), qui se composent, en principe, d'un plateau de verre (fig. 12) que l'on fait tourner à l'aide d'une manivelle. Le plateau se charge par frottement d'électricité positive et transporte cette

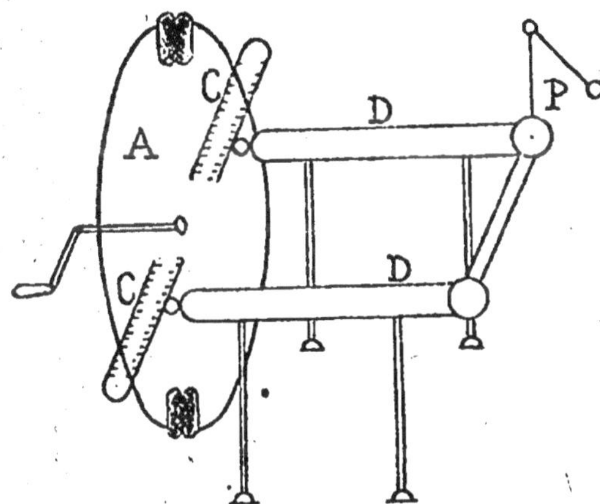

Fig. 12.

électricité devant un peigne C. Une quantité égale d'électricité négative empruntée au cylindre D se recombine à l'électricité positive du plateau pour le rendre neutre; en même temps qu'une quantité égale d'électricité positive demeure sur le cylindre D. Tout se passe donc comme si le plateau avait transporté son électricité positive sur le cylindre par l'intermédiaire des peignes. Un petit pendule P indique par sa divergence l'état de charge de la machine, laquelle est limitée par les déperditions qui se font dans l'air et par les supports. Plus l'air est humide, plus la déperdition est grande, et moins il est facile de charger la machine.

*b)* Les *machines à influence*, dont le principe essentiel a été montré à propos de l'électrophore. Les machines de Holtz et de Wimshurst sont des modifications plus importantes du principe de l'électrophore. En principe (fig. 13) ces machines se composent d'une source B artificiellement chargée une fois pour toutes, un plateau de résine frotté par exemple.

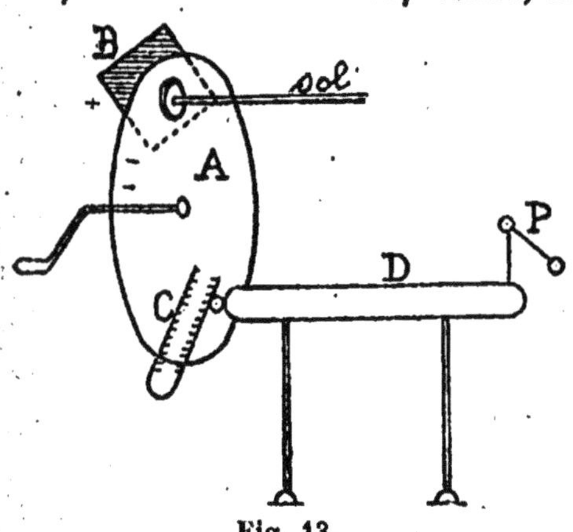



Fig. 13.

Cette source induit par influence, à travers le plateau A, une tige métallique en communication avec le sol. De l'électricité négative se dépose sur la face antérieure du plateau A, et, par sa rotation, ce plateau, mauvais conducteur, entraîne l'électricité jusque devant les dents du peigne C, où le même phénomène que dans la précédente machine se produit. On se sert souvent de la machine c. même pour reconstituer la source (principe de l'auto-excitation).

REMARQUE. — Une machine peut fournir l'une ou l'autre des deux électricités. Si on met dans la machine à frottement les coussins au sol, on a de l'électricité positive. Faisons l'inverse : mettons le conducteur à la terre et isolons les coussins, il suffira alors de prendre ceux-ci comme source d'électricité pour avoir de l'électricité négative. Toute machine a donc deux pôles : l'un, les coussins, l'autre, le collecteur. Plus tard, on dira que la marche établit entre ces deux pôles une *différence de potentiel*.

# CHAPITRE II



**Nature de l'électricité.** — Tous les phénomènes observés dans le chapitre précédent sont dus, nous l'avons dit, à une cause inconnue. Nous ignorons le mécanisme de la transmission de l'électricité. On peut penser qu'elle est due à des déformations du milieu intermédiaire, de l'éther, comme pour la chaleur et la lumière. Des expériences de Hertz, Tesla, Maxwell, semblent même établir un lien de parenté des plus étroits entre l'électricité, la chaleur et la lumière. Quoi qu'il en soit, si on ne peut concevoir l'essence même du phénomène, nous pouvons en observer et même en mesurer les effets, notamment les attractions et répulsions. Coulomb en a établi les *lois fondamentales*.

**Lois des attractions et répulsions.** — **Balance de Coulomb.** — Il s'agissait tout d'abord d'établir un appareil permettant de mesurer avec une grande précision des effets de l'ordre de ceux que l'on rencontre dans les attractions et répulsions électriques, c'est-à-dire de l'ordre de la dyne.

Coulomb utilisa dans son appareil la propriété que possède un fil d'argent très fin de présenter un angle de torsion proportionnel au couple qui agit sur lui.

La balance de torsion de Coulomb (fig. 14) se compose essentiellement d'un récipient FG à l'intérieur duquel se trouve un petit fléau équilibré AB terminé par deux boules dont une A métallique peut être amenée en contact avec une boule fixe C communiquant avec une boule D que l'on peut mettre en communication avec un réservoir d'électricité. Le fléau AB est suspendu à un fil métallique de torsion et se meut en face d'une graduation marquée sur le récipient. Le zéro de cette graduation correspond à la position de contact des boules A et C. A sa partie supérieure le fil est fixé à un bouton muni d'un index E se déplaçant en face d'un tambour gradué H.

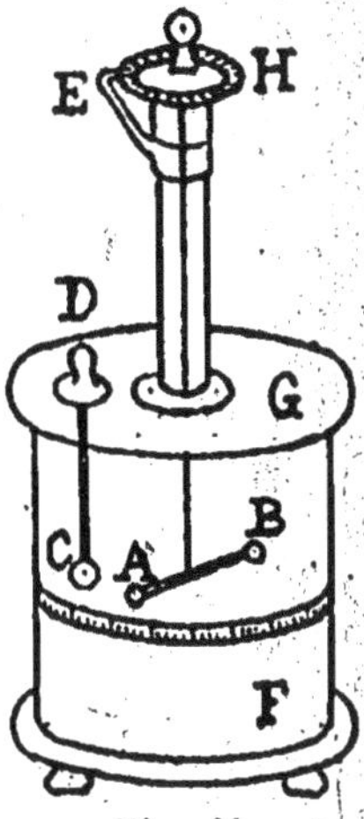

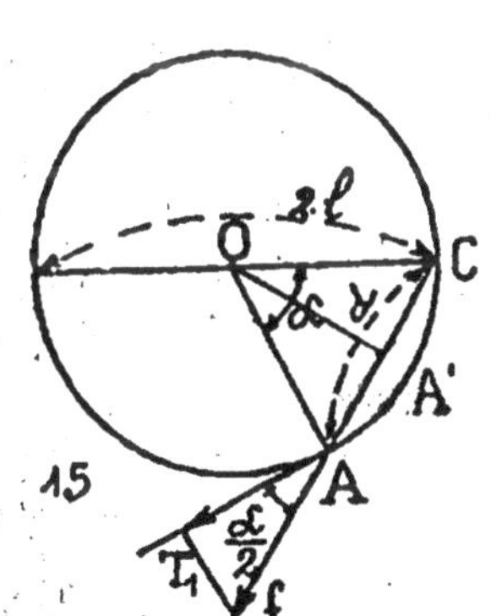

Fig. 14.

Les deux boules A et C étant en contact, on communique à D une charge quelconque, A est alors repoussé. On tourne le bouton E d'un certain angle $\hat{A}$ pour amener la boule à faire avec sa position initiale un certain angle $\alpha$ lu sur la graduation F. La torsion totale est $\hat{A} + \alpha$, et, par suite, en désignant par C la constante du couple, le couple de torsion est à ce moment $C(\hat{A} + \alpha)$.

D'autre part, la distance des centres des deux sphères étant $d$ et la longueur du fléau $2l$, on a :

$$d = 2l \sin \frac{\alpha}{2} \quad \text{(triangle rectangle OCA')}.$$

Mais remarquons que ce n'est pas la force de répulsion qui fait équilibre à la torsion, mais $AT_1$, projection de $Af$ sur la tangente en A. D'ailleurs, $\widehat{T_1 Af} = \frac{\alpha}{2}$, par suite :

$$AT_1 = Af \cos \frac{\alpha}{2}$$

Fig. 15.

Le couple faisant équilibre à la torsion est :

$$2lAf \cos \frac{\alpha}{2} = C(\hat{A} + \alpha).$$

On tire de là :

$$Af \times d^2 = \frac{C(\hat{A} + \alpha)}{2l \cos \dfrac{\alpha}{2}} 4l^2 \sin^2 \frac{\alpha}{2}.$$ On observe que ce produit est

constant ou que :

$$(\hat{A} + \alpha) \sin \frac{\alpha}{2} \operatorname{tg} \frac{\alpha}{2} = C^{te}.$$

Dans le cas particulier qu'on réalise dans la pratique $\alpha < 30°$ on peut sans erreur sensible se borner à vérifier que

$$(\hat{A} + \alpha)\alpha^2 = C^{te},$$

en confondant le sinus et la tangente avec l'arc.

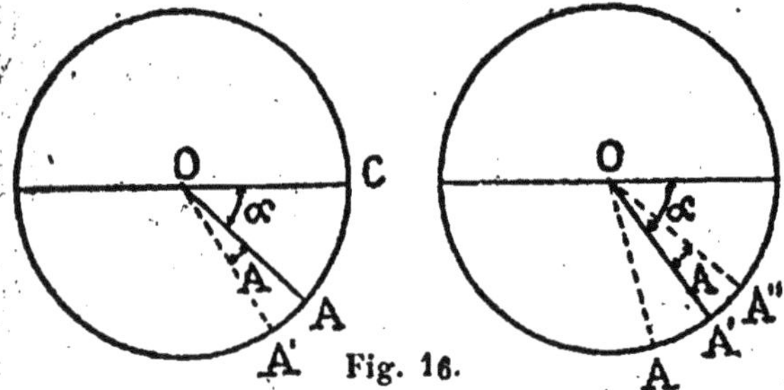

Fig. 16.

Il suit de là que : *deux masses électriques de même nom se repoussent en raison inverse du carré des distances*[1]. C'est la *loi de Coulomb.*

Pour la mesure des attractions, on éloigne d'abord les deux boules A et C, le fil étant sans torsion, soit (fig. 16) Â l'angle d'écart; A et C sont ensuite chargées d'électricité de noms contraires. Il y a attraction et l'écart devient $\alpha$, par suite la torsion est $\hat{A} - \alpha$. On vérifie que

$$(\hat{A} - \alpha)\alpha^2 = C^{te}.$$

En résumé, *les attractions et répulsions des deux boules sont en raison inverse du carré de la distance qui les sépare.*

---

1. Car $A + \alpha$ est proportionnel à l'effort de répulsion et l'arc $\alpha$ à la distance des deux masses.

Remarque. — On peut également réaliser des balances de torsion avec deux fils de suspension au lieu d'un. Les premières sont dites balances bifilaires, les secondes balances unifilaires.

Il est facile de voir que le couple de torsion est proportionnel au sinus de l'angle de torsion du bifilaire.

Soit (fig. 17) A'B' le fléau du bifilaire suspendu en A et B. Par construction, la longueur des fils de suspension est toujours très grande par rapport à celle du fléau $2l$, en sorte qu'on peut négliger la quantité dont s'élève le centre de gravité du fléau pendant la torsion. Soit $\theta$ la torsion du fléau, P son poids. On peut le supposer réparti en deux fois $\dfrac{P}{2}$ en A″ et

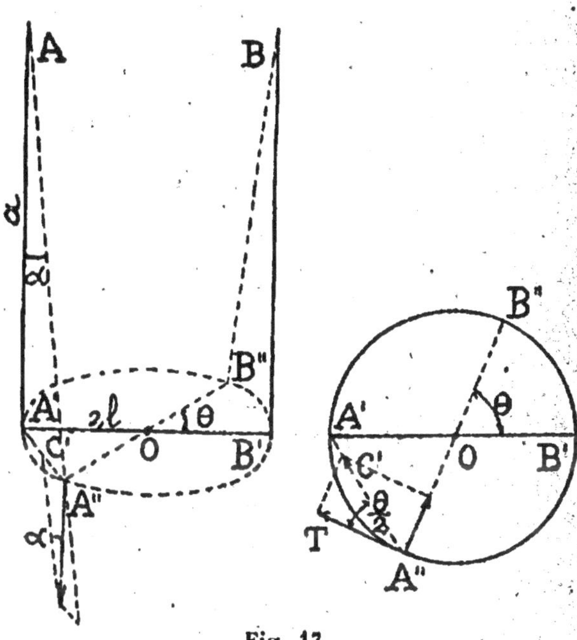

Fig. 17.

B″. Décomposons le poids $\dfrac{P}{2}$ en deux forces : l'une dirigée suivant AA″, l'autre dirigée suivant le prolongement du fil. On peut négliger la seconde force détruite par la résistance du point fixe A. Quant à la première, elle est évidemment égale à $\dfrac{P}{2}$ tg α, c'est-à-dire en remarquant que $\operatorname{tg}\alpha = \dfrac{A'A''}{a}$,

à

$$A''C' = \frac{P}{2}\frac{A'A''}{a} \qquad a = AA'.$$

Dès lors, aux deux extrémités B″ et A″, par raison de symétrio nous aurons deux forces égales à $A''C'$. Or, si nous projetons $C'$ en $T$, nous décomposerons $A''C'$ en deux forces, l'une tangente, l'autre dirigée suivant $A''O$. De même en $B''$; les deux forces dirigées suivant le centre $O$ se détruiront et il restera les deux forces tangentes constituant le couple de torsion, dont le moment sera : $M = A''T \times 2l$. Mais $\widehat{C'A''T} = \dfrac{\theta}{2}$ et par suite $A''T = A''C' \cos \dfrac{\theta}{2}$. D'autre part, $A'A'' = 2l \sin \dfrac{\theta}{2}$

$$M = \frac{P}{2}\frac{2l \sin \frac{\theta}{2}}{a} \cos \frac{\theta}{2} \times 2l$$

$$M = \frac{Pl^2}{a} \sin \theta.$$

**Quantité d'électricité.** — A l'aide de la balance de torsion unifilaire ou bifilaire, on peut définir des quantités d'électricité double, triple, quadruple d'une autre. Ce seront celles qui produiront sur une même quantité d'électricité et à la même distance une action double, triple, quadruple de la première; et si l'on fait choix d'une unité de masse ou de quantité d'électricité, on pourra représenter numériquement n'importe quelle quantité d'électricité.

On prendra comme *unité C. G. S. d'électricité la masse d'une sphère électrisée qui, agissant dans l'air sur une autre sphère identique disposée à l'unité de distance, la repousse avec l'unité de force.*

En pratique, on prend une unité $3 \times 10^9$ fois plus grande que l'unité C. G. S : c'est le *coulomb*.

L'expérience montre, d'ailleurs, que l'unité positive, agissant sur l'unité négative, l'attire avec l'unité de force à la distance unité. On pourra donc prendre une même unité pour les quantités positives et négatives.

Il suit de là qu'avec le système d'unité choisi, la loi de Coulomb sera représentée par : $f = \dfrac{qq'}{r^2}$. Dans tout autre système

d'unité, on prendrait : $f = \dfrac{qq'\mathrm{K}'}{r^2}$.

Le système précédent, dans lequel $\mathrm{K}_1 = 1$, est dit électrostatique.

**Mesure absolue d'une charge.** — On mesure une charge à l'aide de la balance de Coulomb : on met en communication un corps électrisé avec la boule fixe de façon que celle-ci prenne la charge à mesurer. La boule mobile prend alors, par contact, la moitié de la charge $2q$ à mesurer. L'action qui se produit entre les deux boules est alors, d'après la loi de Coulomb (cas des petits angles) :

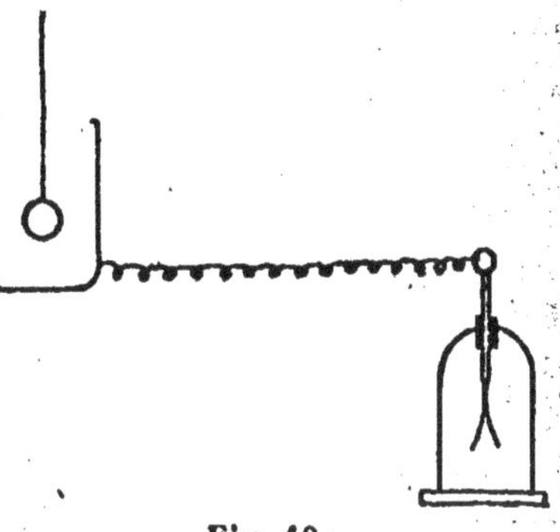

Fig. 18.

$$f = \dfrac{q^2}{\alpha^2 \times l^2},$$

en confondant l'arc avec la corde ; mais, d'autre part, si $\hat{A}$ et $\alpha$ sont les deux lectures de la balance, on aura :

$$fl = \mathrm{C}(\hat{A} + \alpha),$$

d'où
$$q^2 = \alpha^2 l^2 f = \alpha^2 l \mathrm{C}(\hat{A} + \alpha).$$

On en tire $q$, et la charge à mesurer est alors $2q$.

Reste à déterminer $\mathrm{C}$ : pour cela, on s'appuie sur la théorie d'un corps qui oscille autour d'un axe fixe sous l'action d'un couple proportionnel à l'angle de déviation. C'est un mouvement périodique dont la période est donnée par :

$$\mathrm{T} = 2\pi \sqrt{\dfrac{\mathrm{K}}{\mathrm{C}}}.$$

1. Voir note sur la théorie des systèmes oscillants.

K est le moment d'inertie du corps par rapport à l'axe fixe calculé ou mesuré;

C est la constante à mesurer;

T est la durée d'une oscillation complète, aller et retour du fléau.

Si donc on mesure le nombre d'oscillations complètes en une seconde, on aura :

$$N = \frac{1}{T} \text{ d'où T; on en déduira C.}$$

**Applications.** — 1ʳᵉ Application. — *Deux sphères électrisées de signes contraires ont des charges* $x$ *et* q;

*1° Déterminer* $x$ *de manière qu'à la distance* d, *la première sphère, supposée fixe, soutienne verticalement, par son attraction, la deuxième sphère.*

*2° Après avoir amené ces deux sphères au contact, on demande l'action qu'elles exerceront l'une sur l'autre à la distance* d.

L'action des deux sphères à la distance $d$ est : $\frac{q.x}{d^2}$. Comme elle fait équilibre au poids de la deuxième sphère, on a :

$$\frac{q.x}{d^2} = mg \qquad x = \frac{md^2g}{q}.$$

Lorsqu'on les aura amenées au contact, celle des deux sphères qui contient la moins grande quantité d'électricité, soit $q$, servira à ramener à l'état neutre une quantité égale d'électricité sur l'autre sphère. Il ne restera que $x - q$. Comme elles restent au contact, chacune se chargera de $\frac{x-q}{2}$, et si on les ramène à la distance $d$, l'action qu'elles exerceront l'une sur l'autre sera une répulsion mesurée par : $\frac{(x-q)^2}{4d^2}$.

2ᵉ Application. — *Après le contact des boules fixe et mobile dans la balance de Coulomb, on a trouvé :* $\alpha = 30°$, $A = 45°$. *Les constantes de la balance sont* $l = 10^{\bullet}$ *et* $C = 10,25$ *unités C. G. S. Quelle était la charge à mesurer ?*

Pour tordre le fil d'un radian, il faut développer un couple de $10^{ergs},25$, or on a $q^2 = \alpha^2 l C(A + \alpha)$, et l'on sait que 180° valent $\pi$ radians, donc

$$30° \text{ valent } \frac{30 \times \pi}{180} \text{ radians et}$$

$$45° \text{ valent } \frac{45 \times \pi}{180} \text{ radians ; par suite :}$$

$$q^2 = 10,25 \times 10 \times \frac{75\pi}{180} \times \frac{30^2 \times \pi^2}{180^2}$$

$$q^2 = 6,06$$

$$q = 2,3 \text{ C. G. S.}$$

en coulombs $\quad m = \dfrac{2,3}{3 \times 10^9}$.

On voit combien les charges électrostatiques sont faibles en général.

3ᵉ APPLICATION. — *On a deux boules* A *et* B ; A *est fixe,* B *est mobile à l'extrémité d'un fil de longueur* $l = 12^{cm}$, *sa masse est* $m = 2,3$ *gr. Ces boules sont au contact et on leur communique une charge qui fait diverger* B *d'un angle* $\theta = 60°$. *Quelle est cette charge ?* (Ecole Centrale, 1905.)

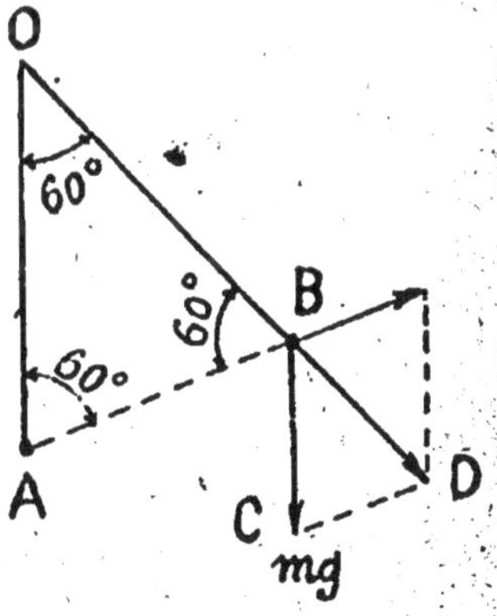

Le point B (fig. 19) est un point matériel en équilibre sous l'action de son poids de la force répulsive $f$ et de la tension du fil, par suite la résultante des deux premières forces est égale et opposée à la troisième, et l'on a :



$$f = \frac{q^2}{A.B^2} =$$

Fig. 19.

$$f = mg,$$

car les triangles $AOB$, $CBD$ sont équilatéraux, puisque $\theta = 60°$; mais

$$f = \frac{q^2}{AB^2} = \frac{q^2}{4l^2 \sin^2 \frac{\theta}{2}} = mg \qquad \sin\frac{\theta}{2} = \frac{1}{2}$$

et
$$q = 2 \times 12 \times \frac{1}{2}\sqrt{2,3 \times 981} = 570 \text{ C. G. S.}$$

# CHAPITRE III



D'après ce qui précède, on ne peut concevoir un corps électrisé sans supposer un support à l'électricité qu'il renferme. Par suite, nous sommes amenés à nous représenter l'électricité comme formant une couche de fluide à la surface du corps maintenue, d'une part, par le corps, et de l'autre par une membrane hypothétique qui la séparerait de l'air. On conçoit que sur une sphère, par raison de symétrie, la couche sera d'épaisseur uniforme, mais il n'en est pas de même sur un corps de forme quelconque, et nous appellerons *densité électrique* en un point M le quotient $\dfrac{dq}{ds} = \sigma$, c'est-à-dire la quantité d'électricité par unité de surface au point considéré. On se rend compte de la variation de la densité en chaque point à l'aide du plan d'épreuve, en touchant le conducteur et la boule fixe d'une balance de Coulomb avec ce plan d'épreuve. On trouve ainsi expérimentalement que la densité augmente aux pointes.

Champ. Ligne de force. Flux de force. — Considérons (fig. 20) des masses électriques $m_1$, $m_2$, $m_3$, $m_4$, etc., en nombre fini ou non et une masse positive 1 en

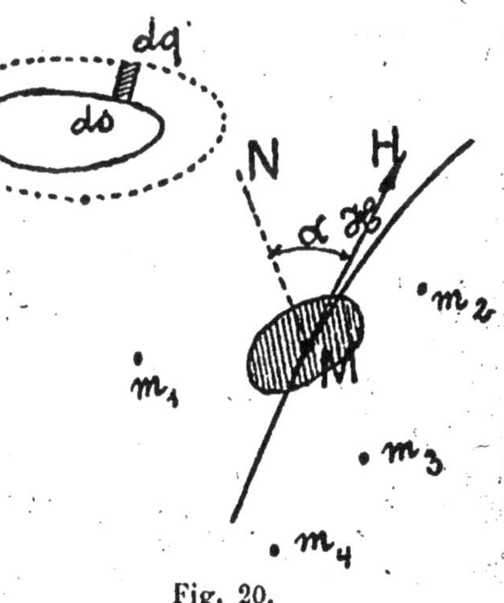

Fig. 20.

M. L'ensemble des masses $m_1$, $m_2$, $m_3$, $m_4$ produit sur M une action résultante H dont l'intensité est ce que l'on appelle l'*intensité du champ* de $m_1$, $m_2$...., en M. L'ensemble des points de l'espace où l'action se fait sentir constitue le *champ* $m_1$, $m_2$, $m_3$, $m_4$. Sous l'action de l'intensité, du champ H, si M était libre, il parcourrait une trajectoire T tangente à H. Cette trajectoire est ce que l'on appelle la *ligne de force* passant par M. On voit que, par sa définition même, elle est tangente à chaque instant à l'intensité du champ. D'ailleurs, par chaque point du plan ou de l'espace passe une ligne de force, et une seule.

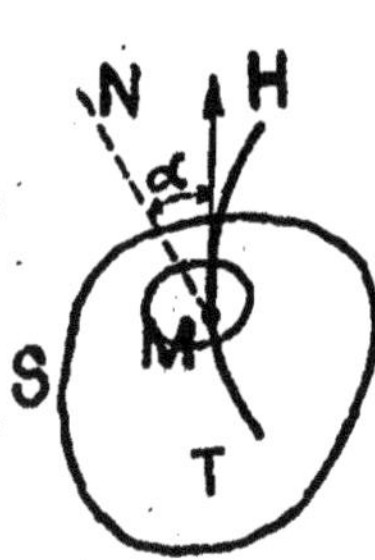


Fig. 21.

Décrivons une surface quelconque autour du point M et prenons sur cette surface un élément *ds*. Soit (fig. 21) MN, la normale à la surface dirigée vers l'extérieur. Nous conviendrons d'appeler flux de force élémentaire à travers *ds* l'expression :

$$d\Phi = H \, ds \cos \alpha.$$

Le flux de force sera sortant ou positif quand $\cos \alpha$ sera positif, et rentrant ou négatif quand $\cos \alpha$ sera négatif.

Le flux total sortant d'une surface fermée sera :

$$\int H ds \cos \alpha$$

le signe $\int$ s'étendant à tous les éléments de la surface fermée.

EXEMPLE. — *Prenons une sphère de rayon* R *et une masse électrique* m *au centre de cette sphère.* L'action exercée par une masse positive unité disposée en A sera : $\dfrac{m}{r^2}$, dirigée vers l'extérieur : ici $\cos \alpha = 1$, car $\alpha = 0$, et le flux élémentaire sera $d\Phi = \dfrac{m}{r^2} ds$.

On aura, en intégrant $\Phi = \dfrac{m}{r^2} \int ds = \dfrac{m}{r^2} 4\pi r^2$.

$$\Phi = 4\pi m.$$

**Théorème de Green.** — *Soit* S *une surface fermée quelconque renfermant des masses électriques* $m_1$, $m_2$, $m_3$..., *et soit* $\Phi$ *le flux total sortant de la surface fermée. On a la relation* $\Phi = 4\pi \Sigma m$.

En effet, soit le cas d'une seule masse $m$ à l'intérieur de la surface. Prenons (fig. 22) un élément de surface $ds = AB$, et du point M comme centre, avec $MA = r$ comme rayon, décrivons une sphère. Soit $\alpha$ l'angle de l'élément AB avec l'élément AC découpé sur la sphère par le cône MAB. C'est aussi l'angle de la normale à la surface AB avec la normale à la surface AC. Le flux sortant à travers AB est $d\Phi$.

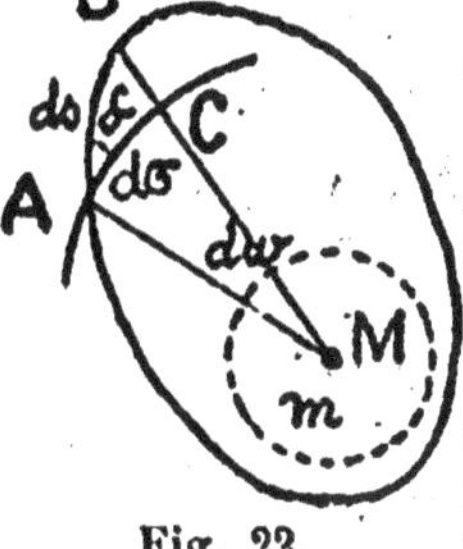

Fig. 22.

$$d\Phi = H \, ds \cos \alpha \qquad H = \frac{m}{r^2}$$

$$d\Phi = \frac{m}{r^2} ds \cos \alpha$$

$$ds \cos \alpha = AC = d\sigma \qquad d\Phi = \frac{m}{r^2} \times AC = \frac{m}{r^2} d\sigma.$$

Or, si on se reporte au cas précédent, on a constaté qu'en étendant ce résultat à toute la sphère AC on trouvait $\Phi = 4\pi m$.

Remarque. — On peut dire encore : décrivons du point $m$ comme centre, avec un rayon $= 1$, une sphère sur laquelle le cône découpe la surface $d\omega$[1]. On a : $\dfrac{d\sigma}{d\omega} = \dfrac{r^2}{1}$,

d'où l'on tire :

$$d\sigma = r^2 d\omega \qquad \text{et} \qquad \frac{d\sigma}{r^2} = d\omega$$

$$d\Phi = m \, d\omega.$$

Et quand on fera la somme de tous les éléments AB situés à la surface on aura :

1. $d\omega = \dfrac{ds \cos \alpha}{r^2}$ s'appelle « l'angle solide » sous lequel on voit du point M l'élément $AB = ds$.

$$\Phi = m \int d\omega$$

$$\int d\omega = 4\pi \quad \text{et} \quad \Phi = 4\pi m.$$

Si la surface renferme un nombre quelconque de masses : $m_1$, $m_2$, $m_3$ ..... $m_n$, le flux total sera égal à la somme des flux produits par chaque masse, on aura :

$$\Phi = 4\pi \int m.$$

Dans le cas où on aurait des masses extérieures, elles produiront un flux nul. Imaginons (fig. 23) que $m$ soit positive. Elle exercera sur la masse positive unité en AB une action $\varphi$ dirigée vers l'intérieur, le flux sera rentrant, et sur la masse positive unité en CD un flux sortant, et une action $\varphi'$ vers l'extérieur. Les deux flux élémentaires seront de signes contraires, mais ils seront égaux à $md\omega$, leur somme sera nulle et, par suite, les flux élémentaires étant nuls deux à deux, la somme totale sera nulle.

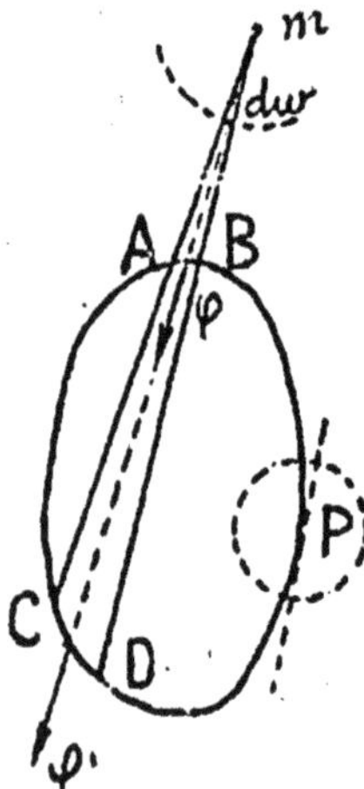

Fig. 23.

En résumé, si l'on a une surface fermée et des masses électriques intérieures et extérieures, le flux total produit à travers la surface par les masses sera :

$$\Phi = 4\pi \Sigma m$$

$\Sigma m$ : représentant les masses intérieures, les masses extérieures ne jouant aucun rôle dans cette expression.

Conséquences. — *Le flux de force se conserve à l'intérieur d'un tube de force.*

Considérons (fig. 24) une surface quelconque et les lignes de force sortant d'une

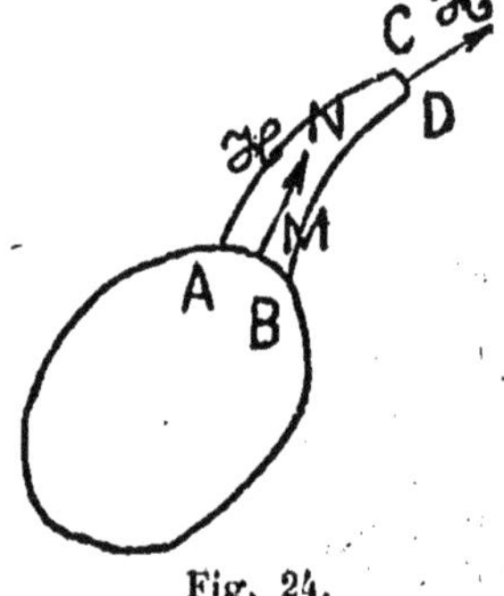

Fig. 24.

surface finie AB, l'ensemble de ces lignes de force constitue une sorte de tube qui prend le nom de *tube de force*. Prenons un tube de force élémentaire. Le flux de force à travers AB sera

$$d\Phi = H\,ds\,\cos\alpha.$$

Mais la ligne de force est tangente à la direction de H;

$$\cos\alpha = 1 \qquad d\Phi = H ds$$

De même en CD, le flux sera $H'ds'$; mais, dans le premier cas, il est rentrant au tube, dans le second il est sortant. D'ailleurs, d'après le théorème de Green, il n'y a aucune masse à l'intérieur du tube $\Sigma m = o$.

Donc
$$(1)\quad o = Hds - H'ds'$$

D'ailleurs, aucun flux ne sort suivant BD et AC, puisque le champ est tangent à ces lignes. Donc l'égalité (1) exprime que le flux se conserve, puisque le flux rentrant est égal au flux sortant.


**Théorème de Coulomb.** — *Lorsqu'une surface est recouverte de masses électriques en équilibre, elle produit en chaque point, au voisinage de la surface, un champ électrique égal à $4\pi\sigma$.*

$\sigma$ est la densité électrique au point considéré.

Soit (fig. 25) une surface couverte d'électricité *en équilibre*. Puisqu'il y a *équilibre*, la *résultante* de toutes les actions sur un élément AB est normale à la surface.

Découpons deux surfaces semblables, l'une extérieure, l'autre intérieure au voisinage de celle-ci, et appliquons le théorème de Green à la surface fermée A'B', A"B".

L'électricité se portant à la surface des corps, il n'y a pas de masse électrisée dans la

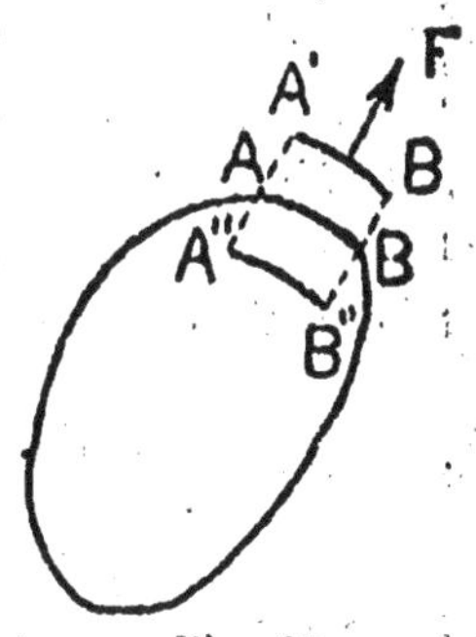

Fig. 25.

surface en dehors de AB, et cet élément de surface contient une quantité d'électricité $\sigma ds$. Donc on a

$$4\pi\sigma ds = \text{le flux total sortant de la surface.}$$

Or, le flux sortant de A′B′ est H$ds$, H étant l'action sur une masse unité. Quant à l'action sur A″B″, elle est nulle, car ses points sont intérieurs à la surface. On a finalement

$$H = 4\pi\sigma. \qquad\qquad \text{C. Q. F. D.}$$

**Cas particulier.** — *La surface est un plan indéfini, infiniment mince.* Par raison de symétrie, une masse positive unité, disposée (fig. 26) suivant A′B′ ou A″B″, sera, par raison de symétrie, le siège d'une action égale, et on aura :

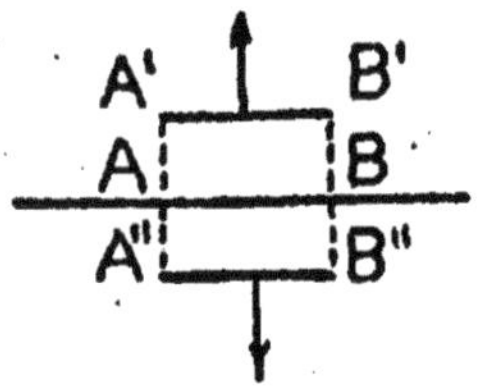

$$H = 2\pi\sigma.$$

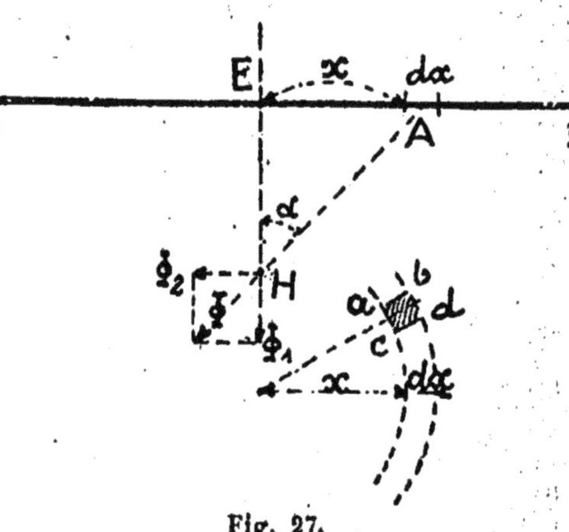

Fig. 26.

*L'action d'un plan indéfini exercée sur une masse positive unité disposée au voisinage de ce plan égale* $2\pi\sigma$, *σ étant la densité électrique au voisinage du point considéré.*

Dans le cas particulier où $\sigma$ est constant, on voit que cette force est constante en grandeur et direction et indépendante de la position du point considéré. On dit que le champ produit est *uniforme*. Proposons-nous de retrouver par le calcul ce résultat très important.

*Soit* (fig. 27) *un plan xy recouvert d'une couche d'électricité de densité σ. Déterminer l'action du plan xy*

Fig. 27.

*sur une masse positive unité* en H. Découpons une couronne élémentaire de largeur $dx$, à une distance $x$ du pied de la perpendiculaire HE $= l$.

Un élément *abcd* de cette couronne produit une action $\Phi$ sur le point H.

Chacune de ces actions élémentaires se décompose en deux : $\Phi_1$ et $\Phi_2$, les actions horizontales se détruisent deux à deux. Quant aux éléments verticaux, ils s'ajoutent. Or $\Phi_1 = \Phi \cos \alpha$. Comme $\alpha$ est une constante pour tous les points de la couronne, on voit que l'action de la couronne sur F sera finalement[1]

$$\frac{2\pi x\,dx\,\sigma \cos \alpha}{\overline{AH}^2}$$

Or, on a $x = l\,\mathrm{tg}\,\alpha$
$$AH = \frac{l}{\cos \alpha}$$
$$dx = \frac{l\,d\alpha}{\cos^2 \alpha}.$$

L'action de la couronne sera finalement
$$2\pi\sigma \sin \alpha.$$

Pour avoir l'action de tout le plan, il faut faire varier $\alpha$ de 0 à $\dfrac{\pi}{2}$

$$H = \int_0^{\frac{\pi}{2}} 2\pi\sigma \sin \alpha\, d\alpha = 2\pi\sigma.$$

APPLICATION. — *Attraction de deux plateaux parallèles uniformément électrisés de dimensions finies, mais dont la distance est très petite (par exemple, deux plateaux de condensateur). La charge totale est* Q.

Soit (fig. 28) S la surface d'un des plateaux, la densité superficielle est $\sigma = \dfrac{Q}{S}$, donc l'un des plateaux attire l'unité d'électri-

---

1. Car la surface de la couronne est $ds = 2\pi x.dx$ et elle contient une quantité d'électricité $\sigma ds$. On a donc pour l'action totale de la couronne élémentaire
$$\cos\alpha\,\Sigma\Phi = \cos\alpha\frac{\sigma.ds}{\overline{AH}^2} = \frac{2\pi x.dx\sigma.\cos\alpha}{\overline{AH}^2}$$

cité située sur l'autre avec une force $f=2\pi\sigma$, et par suite l'attraction totale sur la masse Q sera :

$$F=2\pi\sigma\times S\sigma=2\pi S\sigma^2.$$

Nous ferons usage de ce résultat à diverses reprises (anneau de Thomson, force portante d'un aimant, etc.).

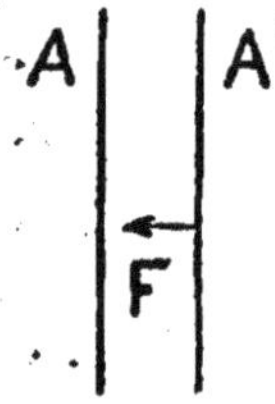

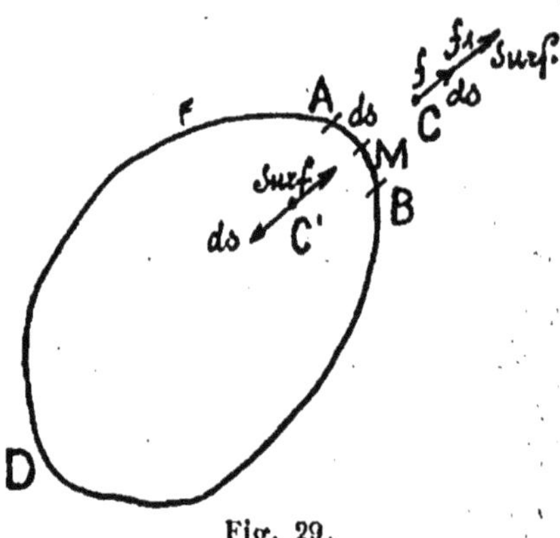


Fig. 28.

**Tension électrostatique.** — Si on considère un corps électrisé en équilibre, l'électricité est maintenue à la surface par le diélectrique, par l'air, comme le ferait une membrane entourant tout le corps. Il est très important de connaître la tension par centimètre carré exercée sur cette membrane hypothétique ; elle varie d'un point à un autre et on l'appelle *tension électro-statique*.

Pour déterminer cette tension en un point M (fig. 29), découpons autour de ce point un élément de surface $ds$ et remarquons que l'action par cm² autour du point M est due, d'une part, à la répulsion de tous les éléments électriques disposés sur AB et, d'autre part, à celle de tous les autres disposés sur ADB. Mais on comprend que l'action des premiers puisse à elle seule être égale à celle de tous les autres, car les actions sont inversement proportionnelles au carré de la distance, et, pour les points de $ds$, cette distance est infiniment petite.

Fig. 29.

Disposons une masse positive unité en C et supposons que l'action soit répulsive ; elle est égale à $f+f_1$ ($f$ action de $ds$, $f_1$ action du reste de la surface). Prenons le point C' symétrique de C, mais à l'intérieur. L'action des éléments situés sur $ds$ est toujours répulsive, mais on conçoit que si C' est suffisamment voisin de la surface, l'action de tous les autres points restera dirigée dans le même sens; par conséquent, dans la position C', l'action deviendra $f-f_1$. Or il est évident qu'à l'intérieur d'un conducteur l'action est nulle, sans quoi le conducteur n'offrant aucune résistance, par hypothèse, au mouvement de l'électricité, celle-ci se mettrait en mouvement et ne serait pas à l'état statique, donc $f=f_1$ et l'action de toutes les masses autres que les masses situées sur $ds$ égale l'action de $ds$, mais alors dans la position C, l'action égale $2f$ et aussi d'après le théorème de Coulomb égale $4\pi\sigma$, donc

$$f=f_1=2\pi\sigma.$$

On voit incidemment que la surface $ds$ se comporte comme un élément du plan tangent à la surface au point considéré. Cette expression $2\pi\sigma$ est l'action sur une masse unité.

Par cm² il y a, par hypothèse, $\sigma$ unités, donc $T=2\pi\sigma^2$.

*La tension électrostatique est proportionnelle au carré de la densité.*

**Pouvoir des pointes.** — La densité électrique augmente considérablement sur les pointes; par suite, la tension électrique aux pointes est considérable. Elle peut même arriver à vaincre la résistance du diélectrique et l'électricité peut s'échapper en aigrettes.

APPLICATIONS. — 1° *On considère un ballon sphérique conducteur parfaitement extensible de rayon R contenant de l'air à la pression atmosphérique H. On met ce ballon en relation avec une machine statique et son rayon devient R'. Quelle est la charge Q prise par le ballon?*

Quand le ballon a pris la charge Q, la densité électrique à sa surface est $\sigma=\dfrac{Q}{4\pi R'^2}$ et la tension électrostatique diminue la pression atmosphérique H de la quantité $2\pi\sigma^2$, en sorte que l'on a, d'après la loi de Mariotte,

$$V \times H = V'(H - 2\pi\sigma^2)$$

$$\frac{V}{V'} = \frac{R^3}{R'^3} = \frac{H - 2\pi\sigma^2}{H}$$

d'où $\sigma$ et Q.

REMARQUE. — On a souvent à étudier l'action d'une sphère électrisée sur un point intérieur ou extérieur. On sait que l'action produite sur un point intérieur est nulle, comme pour tout autre conducteur d'ailleurs (cage de Faraday). Étant donnée l'importance de l'attraction des sphères dont l'étude se retrouve dans la théorie de l'attraction universelle, Newton a établi directement les théorèmes suivants, qui sont fréquemment utilisés.

**Théorèmes de Newton.** —*Action d'une couche sphérique homogène sur un point intérieur ou extérieur.*

1° *L'action d'une couche sphérique homogène sur un point intérieur est nulle.*

Soit une couche sphérique homogène agissant sur un point M. Décrivons (fig. 30), du point M comme centre, avec des rayons $r$ et $r + dr$, deux sphères découpant dans un cône élémentaire, de sommet M, deux éléments de volume. Désignons par $d\omega$ la surface élémentaire que le cône découperait sur une sphère de rayon 1. Le volume A ou B est évidemment $r^2 d\omega dr$. Par conséquent, si l'on désigne par $\varepsilon$ la densité cubique de la sphère homogène, la quantité d'électricité contenue dans A sera $r^2 d\omega dr\varepsilon$ et l'action sur $m = 1$ en M de l'élément A sera $\dfrac{r^2 d\omega dr\varepsilon}{r^2}$.

L'action totale du volume situé à l'intérieur du cône élémentaire et dans la couche sera donc $\varepsilon d\omega \int dr$.

$\int dr$ est la longueur KL, donc :

$$\varepsilon d\omega \int dr = \varepsilon d\omega KL.$$

En raisonnant de même sur B, on trouve $\varepsilon d\omega K'L'$.

Ces deux actions sont égales et de signes contraires, car $KL = K'L'$.

Les actions élémentaires se détruisant deux à deux, l'action totale est donc nulle.

REMARQUE. — Dans la démonstration précédente, on ne se sert de ce fait que la couche est sphérique, que pour poser $KL = K'L'$. La théorie serait encore vraie pour toute couche satisfaisant à cette condition, une couche elliptique par exemple.

2° *L'action d'une couche sphérique sur un point extérieur est la même que si toute la couche était concentrée au centre.*

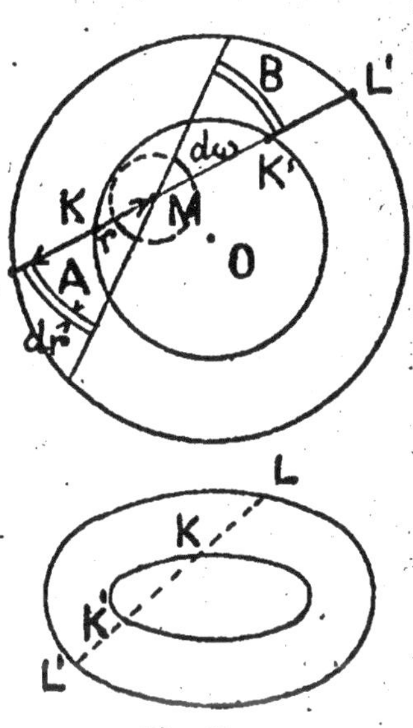


Fig. 30.

Cherchons l'action de la sphère sur un point M situé à l'extérieur. Considérons (fig. 31) l'élément de surface $ds$ au point D, dont la distance au point M est $r$. L'action exercée DF' est $\dfrac{\sigma ds}{r^2}$, $\sigma$ désignant la densité de la couche homogène.

Décomposons cette action en deux, l'une perpendiculaire à OM, l'autre

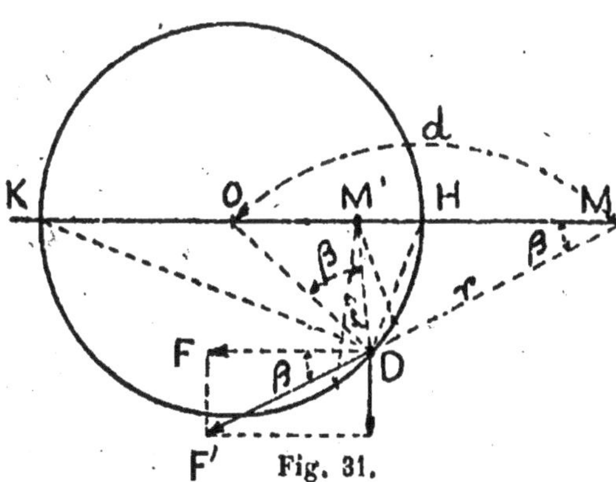


Fig. 31.

parallèle à OM, et remarquons que les actions perpendiculaires à OM vont se détruire 2 à 2 par raison de symétrie, car au point D correspond un point symétrique par rapport à OM. Quant aux actions parallèles à OM, elles vont se composer pour donner une résultante unique égale à leur somme, qui, par raison de symétrie, passerait par O, et on a

$$F = \sigma \int \frac{ds \cos \beta}{r'^2}.$$

Pour obtenir cette somme, prenons sur OM le point M′ tel que $OM \times OM' = R^2$, c'est-à-dire conjugué harmonique de M par rapport à H et K. Cette relation pouvant s'écrire :

$$\frac{OD}{OM'} = \frac{OM}{OD}.$$

Les triangles ODM′ et OMD sont semblables, car l'angle O est commun; on en déduit :

$$\frac{r'}{r} = \frac{R}{d}.$$

et la somme revient, en remplaçant $r$ par sa valeur, à

$$F = \sigma \int \frac{ds \cos \beta \, R^2}{r'^2 d^2}. \text{ Finalement } \frac{\sigma R^2}{d^2} \int \frac{ds \cos \beta}{r'^2}.$$

$\dfrac{ds \cos \beta}{r'^2}$ est l'angle solide sous lequel on voit l'élément $ds$ du point M′. On le comprend sans difficulté en décrivant une sphère de rayon 1 de centre M′, par la même méthode déjà employée dans le théorème de Green (V. page 31, note 1).

Appelons $d\omega$ cet élément, nous aurons :

$$F = \frac{\sigma R^2}{d^2} \int d\omega.$$

Quand on étend cette somme à tous les points de la surface, on a :

$$F = \frac{4\pi R^2 \sigma}{d^2} = \frac{M}{d^2},$$

car $4\pi R^2\sigma$ est la masse de la couche sphérique entière; donc, la couche agit comme si elle était concentrée au centre de la sphère.

REMARQUE. — Dans le cas d'une sphère homogène, on appliquera le théorème à chaque couche infiniment mince et, par suite, une sphère homogène agit comme si toute la masse était concentrée à son centre. Dans le cas (fig. 32) où le point M vient à l'intérieur d'une sphère homogène, toutes les couches extérieures à M ont une action nulle, et toute la masse hachurée agit comme si elle était concentrée au centre.

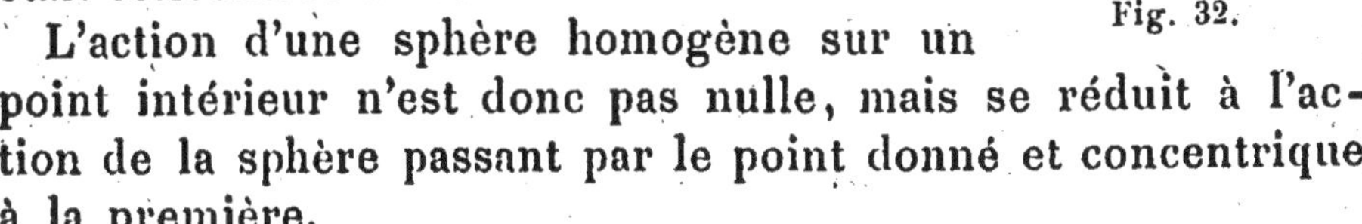

Fig. 32.

L'action d'une sphère homogène sur un point intérieur n'est donc pas nulle, mais se réduit à l'action de la sphère passant par le point donné et concentrique à la première.

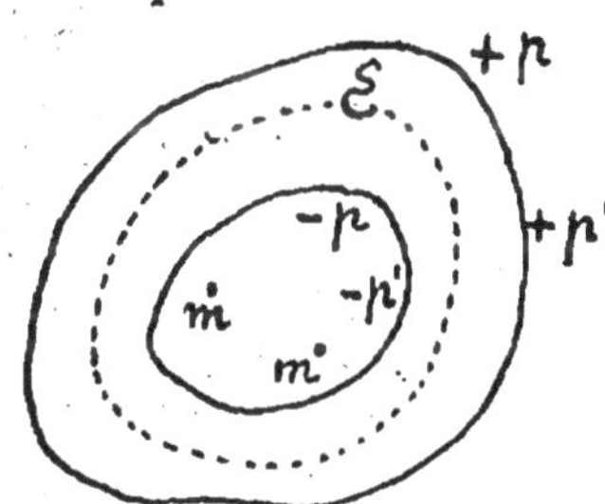

Fig. 33.

**Phénomènes d'influence.** — Considérons un conducteur entourant de toutes parts un certain nombre de masses électriques.

Découpons (fig. 33) à l'intérieur du conducteur une surface $\varepsilon$ et appliquons le théorème de Green à cette surface en observant qu'à l'intérieur d'un conducteur en équilibre, ce qui est le cas ici, la force électrique en chaque point est nulle. Il en résulte que le flux qui sort de la surface $\varepsilon$ est nul. Donc, d'après la théorie de Green :

$$4\pi\Sigma m = 0.$$

Donc, $\Sigma m = 0$. Il faut donc qu'il naisse à la surface intérieure du conducteur des masses électriques $p$, $p'$, dont la somme algébrique soit égale à celle des masses électriques $m$, $m'$, introduites auparavant. Supposons les masses $m$ positives, il se produira des masses $p$ négatives, et, comme ces masses ne peuvent provenir que du fluide neutre du conducteur, il y aura à l'extérieur des masses $+p+p'+\ldots\ldots$ dont la somme sera égale à la somme des $m$.

*Donc, si l'on introduit à l'intérieur d'un conducteur des masses m, m', m″, il se développe, par influence, sur la surface intérieure et quelle que soit la position des masses données, une masse d'électricité égale à la somme algébrique des masses introduites et de signe contraire, et à l'extérieur une masse d'électricité égalant la somme algébrique des masses introduites.*

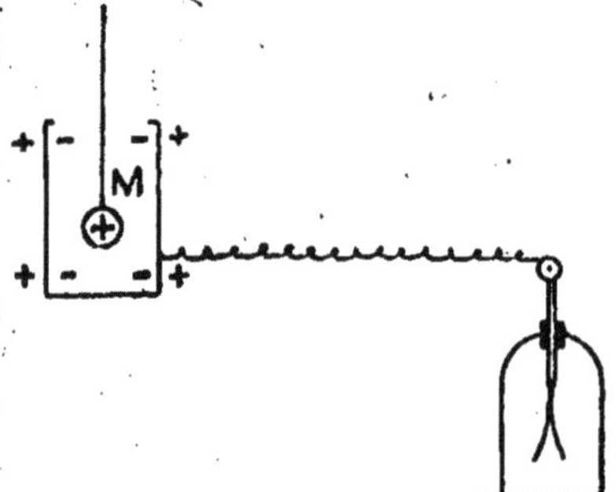

Fig. 34.

Remarque. — Dans la démonstration précédente, la position des points $m$, $m'$, est indifférente.

**Vérification par le cylindre de Faraday.** — Faraday vérifiait cette propriété importante de la façon suivante : il employait un cylindre conducteur (fig. 34) en relation avec l'électroscope à feuilles d'or, et vérifiait en introduisant une sphère chargée positivement :

1° Que l'écartement est constant quelle que soit la position de la sphère; on verra plus loin une application de cette propriété.

2° Quand la sphère vient au contact du cylindre, l'écartement ne change pas.

On peut vérifier que l'intérieur est neutre; c'est donc que la masse $m$ de la sphère était égale à la somme des masses négatives et, par suite, égale à la somme des masses positives.

3° Au plan d'épreuve, Faraday vérifiait que si les masses

intérieures ou extérieures sont égales à $m$, la répartition de ces masses varie avec la position de la sphère à l'intérieur. Elles s'accumulent au voisinage de celle-ci, tandis que la répartition des masses extérieures est indépendante de la position de la sphère.

**Éléments correspondants.** — Considérons (fig. 35) deux conducteurs dont l'un A est chargé d'électricité. Prenons un élément de surface $ds$ et le tube de force correspondant. Prolongeons ce tube jusqu'à sa rencontre avec A', soit $ds'$ la surface d'intersection. Considérons une surface fermée formée par le tube de force et deux éléments représentés par par un pointillé et pénétrant dans les deux conducteurs, et appliquons le théorème de Green à cette surface. On voit que, par influence, il se développe sur $ds'$ une certaine quantité d'électricité. Soit $\sigma'$ sa densité. Le flux de force sortant de la surface fermée est nul, car sur toute la surface du tube H est tangent et, à l'intérieur des surfaces A et A', H est nul. Donc on a :

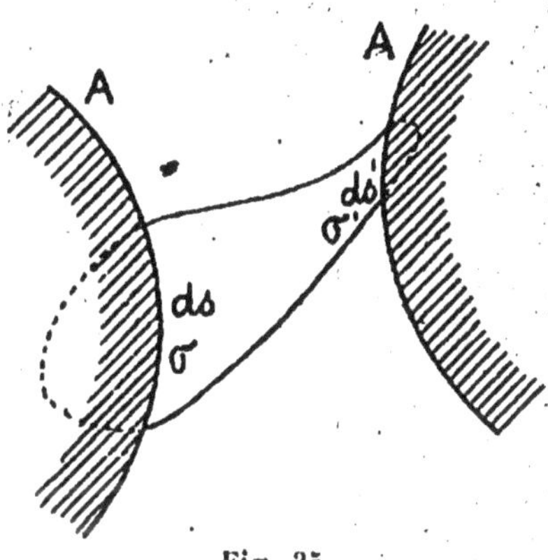



Fig. 35.

$$\sigma ds + \sigma' ds' = 0.$$

Les quantités d'électricité découpées sur les deux éléments correspondant par le tube de force $ds$, $ds'$ sont égales et de signes contraires.

**Cas particulier.** — *Les deux surfaces sont deux plans parallèles;* la force électrique est normale au plan. Par suite, les lignes de force sont normales au plan, donc

$$ds = ds' \qquad \sigma = \sigma'.$$

**Exercices.** — 1° *Quel est le flux produit par une masse positive* m, *située à une distance* d, *sur l'axe d'un cercle* o *de rayon* R, *à travers ce cercle.*

Décrivons (fig. 36) la sphère de centre M capable du cercle O. Il est évident que le flux demandé sera le même que celui qui sort de la calotte sphérique ABC; ce sera donc

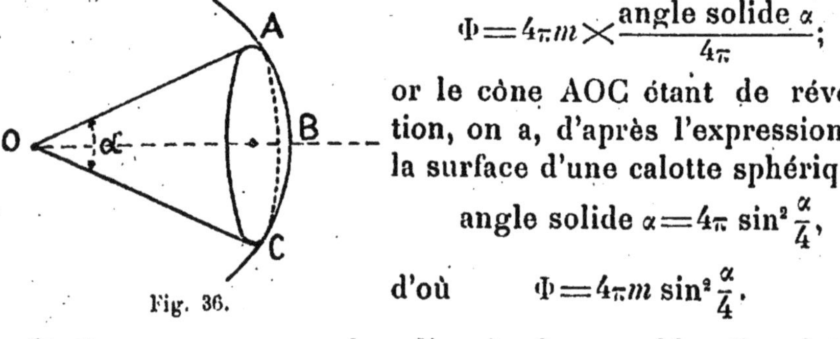

$$\Phi = 4\pi m \times \frac{\text{angle solide } \alpha}{4\pi};$$

or le cône AOC étant de révolution, on a, d'après l'expression de la surface d'une calotte sphérique :

$$\text{angle solide } \alpha = 4\pi \sin^2 \frac{\alpha}{4},$$

d'où

$$\Phi = 4\pi m \sin^2 \frac{\alpha}{4}.$$

Fig. 36.

2° *On coupe par un plan diamétral une sphère électrisée de rayon* R *chargée d'une quantité* Q *d'électricité. Quelle est la force qui tend à séparer les deux hémisphères?*

La tension électrostatique sur un point de la sphère (fig. 37) est normale à celle-ci et égale à $2\pi\sigma^2$, $\sigma$ étant la densité électrique dont la valeur est $\dfrac{Q}{4\pi R^2}$.

La force agissant sur un élément de surface MM' sera donc :

$$f = 2\pi\sigma^2 MM' = \frac{Q^2}{8\pi R^4} MM'.$$

Soit $\alpha$ l'angle que fait $f$ avec le diamètre perpendiculaire au plan de séparation; $f$ pourra être divisé en 2 composantes, l'une parallèle à ce diamètre et égale à

$$\frac{Q^2}{8\pi R^4} MM' \cos \alpha$$

et l'autre perpendiculaire à ce diamètre et disparaissant par raison de symétrie dans la résultante générale.

Cette résultante aura donc pour expression :

$$F = \Sigma \frac{Q^2}{8\pi R^4} MM' \cos\alpha = \frac{Q^2}{8\pi R^4} \Sigma MM' \cos\alpha.$$

Or $MM'\cos\alpha$ est la projection $mm'$ de $MM'$ sur le plan de séparation, donc

$$\Sigma MM' \cos\alpha = \text{Surface de grand cercle} = \pi R^2.$$

Donc $F = \dfrac{Q^2}{8\pi R^4} \times \pi R^2 = \dfrac{Q^2}{8\,R^2}.$

De là un moyen de mesurer Q à l'aide de la mesure de F qui est de l'ordre des dynes (mesure très délicate).

3° M. J. Bertrand a montré que la loi de Coulomb résulte nécessairement du fait expérimental suivant :

*Toute la charge se porte à la surface des corps conducteurs,* ou encore, le champ à l'intérieur d'un conducteur est nul.

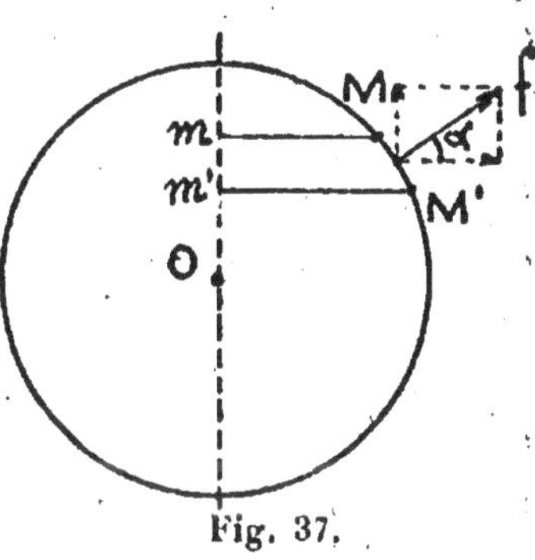

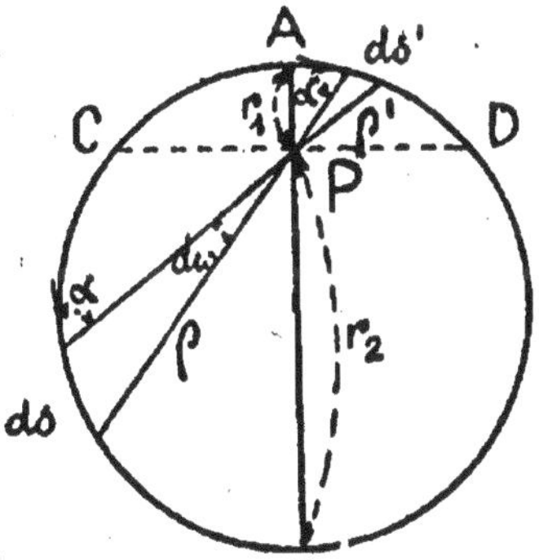

Fig. 37.

En effet, considérons (fig. 38) une sphère conductrice électrisée et isolée de rayon R. Par symétrie, la densité électrique $\sigma$ sera constante en tous les points.

Soit $\varphi\,(r)$ l'action répulsive exercée à la distance $r$ par une masse positive unité, sur une masse identique; je dis que

$$r^2 \varphi\,(r) = C^{te}$$

Fig. 38.

car, s'il en était autrement, cette expression varierait d'une manière continue avec $r$ et on pourrait toujours trouver deux valeurs $r_1$ et $r_2$, telles que $r^2\varphi(r)$ augmente constamment de $r_1$ à $r_2$. Posons $R = r_1 + r_2$ et soit P un point tel que $AP = r_1$, $PB = r_2$.

Découpons un cône élémentaire de sommet P et d'angle $d\omega$ qui détache sur la sphère des surfaces $ds$ et $ds'$ aux distances $\rho$ et $\rho'$; on a :

$$ds = \rho^2 \frac{d\omega}{\sin\alpha} \qquad ds' = \rho'^2 \frac{d\omega}{\sin\alpha}. \qquad (1)$$

Les actions des charges $\sigma ds$ et $\sigma ds'$ sur P sont entre elles comme $\sigma ds\varphi(\rho)$ et $\sigma ds'\varphi(\rho')$ et en vertu de (1) comme :

$$\rho^2\varphi(\rho) \qquad \text{et} \qquad \rho'^2\varphi(\rho');$$

mais il est évident par construction que $\rho$ et $\rho'$ sont compris entre $r_1$ et $r_2$ et que $\rho' < \rho$; donc

$$\rho^2\varphi(\rho) > \rho'^2\varphi(\rho),$$

et par suite l'action résultante sur P des deux éléments correspondants $ds$ et $ds'$ n'est pas nulle.

L'action finale des calottes sphériques CAD et CBD ne peut donc être nulle à moins que

$$r^2\varphi(r) = C^{te} \qquad \varphi(r) = \frac{K}{r^2}.$$

C'est la loi de Coulomb.

———

# CHAPITRE IV

## LE POTENTIEL ÉLECTRIQUE

**Faits expérimentaux.** — On sait que, sur un conducteur isolé en équilibre, la charge se dispose seulement à la surface, la densité en chaque point dépendant de la forme du conducteur. Si on promène sur la surface un fil long et fin (de manière à pouvoir négliger les phénomènes d'influence) relié à un électroscope à feuilles d'or, on constatera que l'écartement des feuilles est indépendant du point touché à la surface extérieure ou intérieure du corps conducteur et, par suite, de la charge de ce corps au point touché. Cet écartement caractérise une propriété nouvelle de l'état d'équilibre électrique d'un corps qu'on appelle son *potentiel électrique*. Le potentiel d'un conducteur est donc le même en tous les points extérieurs du conducteur.

Si l'on réunit deux conducteurs électrisés en équilibre à des potentiels différents, par un fil long et fin, il se produit un échange d'électricité, et finalement l'écartement des feuilles de l'électroscope prouve que les deux corps prennent un même potentiel intermédiaire entre les deux potentiels primitifs. Le système final constitué par les deux corps et le fil se comporte comme un conducteur unique qui s'est mis en équilibre de potentiels.

Ainsi le potentiel électrique apparaît comme une notion assez analogue à celle de *température* en chaleur ou de *niveau* en hydrostatique, puisque deux corps à des températures différentes en communication se mettent en équilibre, le plus chaud cédant de la chaleur au plus froid, et que les niveaux de deux vases communicants se mettent dans un même plan horizontal à la suite d'un échange de liquide entre eux.

On a cherché une définition mathématique de cette notion, et on l'a trouvée dans l'expression de ce fait, que le travail mis en jeu quand on amène l'unité de masse électrique depuis l'infini jusqu'au contact du corps électrisé est indépendant du point du corps où aura lieu le contact.

**Définition mathématique du potentiel.** — Soit une masse positive unité en M repoussée par une masse positive $q$ située en $o$ à une distance $x$. La force de répulsion est

$$F = \frac{q}{x^2} \text{ en U. E. S.}$$

Quand (fig. 39) M passe en M', le travail accompli par M est :

$$dT = \frac{q}{x^2} MM' \cos \alpha = \frac{x^2}{q} dx,$$

et pour un déplacement fini de A en $A_1$, il sera :

$$T = \int_r^{r_1} \frac{q}{x^2} dx = \frac{q}{r} - \frac{q}{r_1}.$$

*Le travail ne dépend donc que des positions initiale et finale, et non du chemin suivi entre A et $A_1$.*

En particulier, si le point $A_1$ est à l'$\infty$, le travail sera :

$$V = \frac{q}{r},$$

Si le champ est créé par des masses $q$, $q'$, $q''$..., etc., en nombre fini ou infini, le travail de la résultante sera la somme des travaux des composantes, en sorte que, pour passer de A à l'$\infty$ en présence de ces masses, le travail des forces du champ sera

$$V = \Sigma \frac{q}{r}$$

C'est ce qu'on appelle le *potentiel en* A, ou encore la valeur de la *fonction potentielle* au point A.

Remarque. — Si la résultante des forces du champ est positive, la masse positive unité en A sera constamment repoussée et la résultante des forces du champ effectuera réellement un travail quand A s'en ira à l'∞. On dit que le potentiel en A est positif. Il serait négatif dans le cas contraire.

On voit encore que si A est libre de se déplacer spontanément sous l'action des forces supposées répulsives du champ, il s'éloignera, c'est-à-dire que V se rapprochera de zéro.

Par suite, *une masse électrique libre de se déplacer dans un champ, sur un conducteur, se transportera toujours dans le sens des potentiels décroissants*, et les mouvements des masses électriques seront réglés par les différences de potentiels entre deux points.

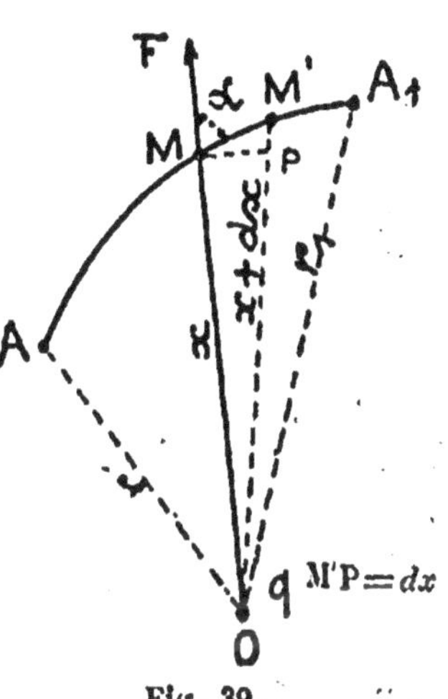


Fig. 39.

On voit l'analogie qui existe entre ces résultats et les lois de la pesanteur et de la transmission de la chaleur. Un corps tombe toujours du niveau le plus haut vers le niveau le plus bas, et la chaleur passe du corps le plus chaud au corps le plus froid. Au reste, la loi de Newton sur l'attraction des masses :

$$f = \lambda \frac{mm'}{r^2}$$

présente une forme mathématique tout à fait analogue à la loi de Coulomb :

$$f = K_1 \frac{qq'}{r^2},$$

Les conséquences de ces deux lois conduisent tout naturellement à des conclusions semblables.

APPLICATIONS. — 6 *masses électriques alternativement positives et négatives sont disposées sur une ellipse aux deux sommets* A *et* A', *et en 4 autres points qui se projettent aux foyers* F *et* F'. *On demande le travail qu'il faut accomplir pour déplacer une sphère possédant une charge* m' *de* F *en* F'.

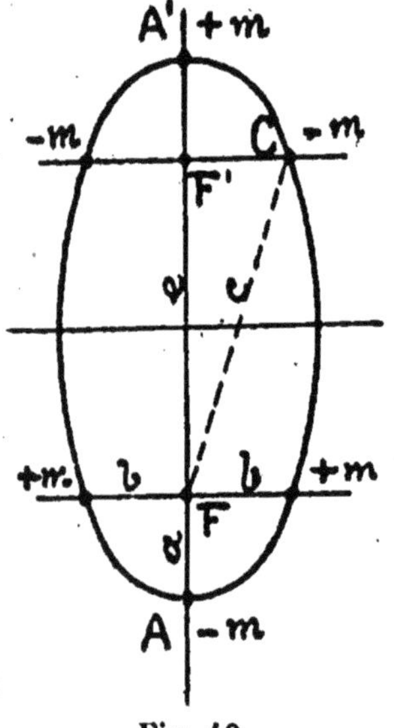

Fig. 40.

Par raison de symétrie, il est évident que les potentiels en F et F' sont égaux et de signes contraires, donc le travail demandé est (fig. 40) :

$$T = 2m'\,V,$$ V étant le potentiel en F. Or, si l'on pose

$$AF = a, \quad Fm = b, \quad FC = c, \quad FF' = e,$$

on a

$$V = -\frac{m}{a} + \frac{2m}{b} - \frac{2m}{c} + \frac{m}{a+e}.$$

*Potentiel produit en un point* O *par un fil de longueur* l *uniformément chargé d'une quantité* Q *d'électricité* (fig. 41).

$$V = 2\int_0^{\frac{l}{2}} \frac{Q}{l}\,\frac{dx}{\sqrt{x^2 + h^2}} = \frac{2Q}{l}\left[ L\left(x + \sqrt{x^2 + h^2}\right) \right]_0^{\frac{l}{2}}$$

$$V = \frac{2Q}{l} L\,\frac{\dfrac{l}{2} + \sqrt{\dfrac{l^2}{4} + h^2}}{h}$$

Si $h$ est négligeable devant $l$

$$V = \frac{2Q}{l} L\,\frac{l}{h}.$$

$L = \log_e$ symbole des logarithmes neperiens.

**Théorème de la dérivée du potentiel.** — *Soient (fig. 42) des masses $q_1$, $q_2$, $q_3$... positives, par exemple, et V le potentiel en M.*

$$V = f(r_1\ r_2\ r_3).$$

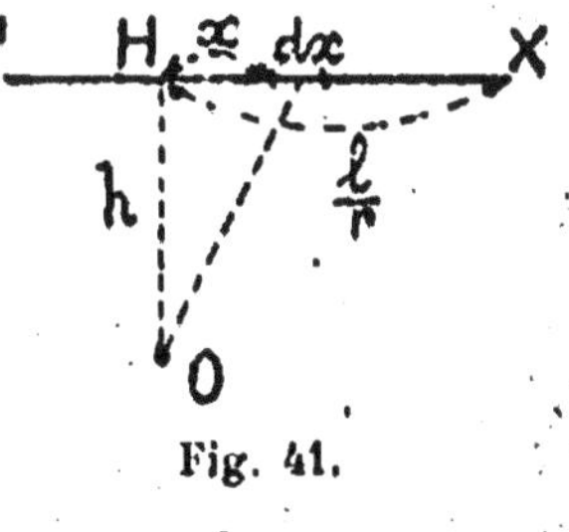



Fig. 41.

*Soit $\mathcal{H}$ la résultante des forces répulsives sur la masse positive unité, la composante orthogonale $\mathcal{H}_1$ suivant $MM_1$ s'obtiendra en prenant la dérivée changée de signe de V par rapport à $r_1$.*

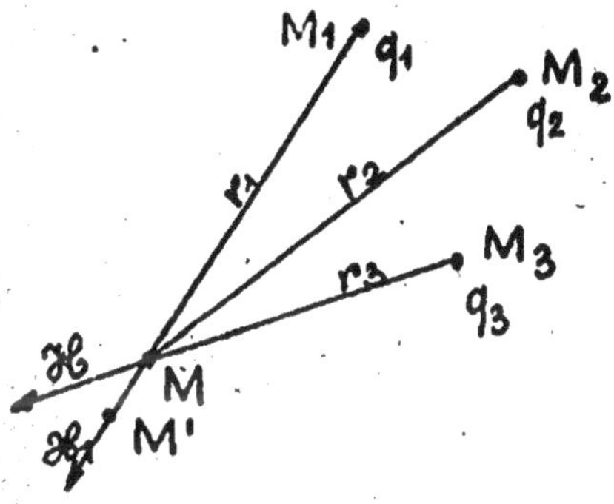

En effet, laissons M se déplacer jusqu'en M' sur $MM_1$, le potentiel diminue de $dV$ et l'on a

$$-dV = \mathcal{H}_1 \times MM' \text{ or, } MM' = dr_1,$$

donc $\mathcal{H}_1 = -\dfrac{dV}{dr_1}$. Ce théorème s'énonce encore ainsi :

*La composante $\mathcal{H}_1$ orthogonale du champ $\mathcal{H}$ en un point M dans une direction dont la longueur figure dans l'expression du potentiel, est égale à la dérivée changée de signe de la fonction potentielle prise par rapport à cette direction.*

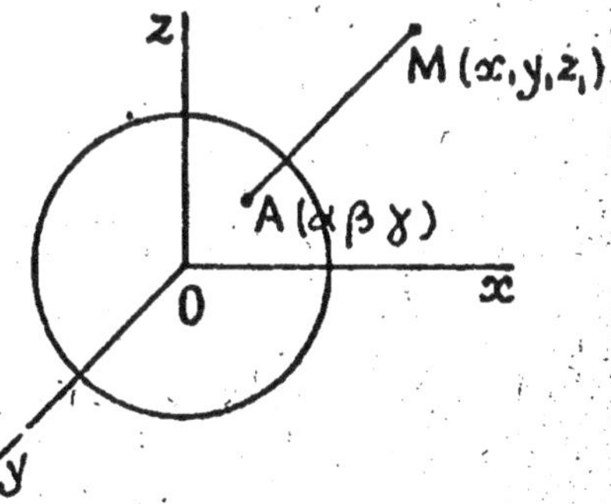

Fig. 42

On fera fréquemment usage de ce théorème.

APPLICATIONS. — 1° Soit (fig. 43) un corps rapporté à trois axes rectangulaires $Ox$, $Oy$, $Oz$, chargé d'électricité, et

$$V = f(x, y, z)$$



Fig. 43.

la fonction potentielle en un point M $(x, y, z)$, les composantes du champ en M suivant les trois axes seront :

$$X = -\frac{d\mathrm{V}}{dx}$$

$$Y = -\frac{d\mathrm{V}}{dy}$$

$$Z = -\frac{d\mathrm{V}}{dz}$$

Dans le cas particulier où le point M vient à l'intérieur du corps électrisé, on sait que :

$$o = X = Y = Z \text{ (cage de Faraday)}, \quad \text{donc } V = C^{te}.$$

*Le potentiel est constant en tous les points d'un conducteur électrisé en équilibre.*

**2° Théorème de Poisson.** — *Pour tout point extérieur ou intérieur d'un corps conducteur électrisé en équilibre on a :*

$$\Delta \mathrm{V} = \frac{d^2\mathrm{V}}{dx^2} + \frac{d^2\mathrm{V}}{dy^2} + \frac{d^2\mathrm{V}}{dz^2} = o.$$

En effet $V = \Sigma \dfrac{q}{r}$.     Soient $\alpha$, $\beta$, $\lambda$ les coordonnées d'un point quelconque de la surface, on a :

$$r^2 = (\alpha - x)^2 + (\beta - y)^2 + (\gamma - z)^2 \quad r\frac{dr}{dx} = -(\alpha - x)$$

$$\frac{d\mathrm{V}}{dx} = \Sigma - \frac{q}{r^2}\frac{dr}{dx} = q\frac{(\alpha - x)}{r^3}$$

$$\frac{d^2\mathrm{V}}{dx^2} = \frac{-\dfrac{qr^3}{r^2} - q(\alpha - x)3r^2\dfrac{dr}{dx}}{r^6} = -\frac{q}{r^6}[r^3 - 3(\alpha - x)^2 r].$$

De même

$$\frac{d^2\mathrm{V}}{dy^2} = -\frac{q}{r^6}[r^3 - 3(\beta - y)^2 r]$$

$$\frac{d^2 V}{dz^2} = -\frac{q}{r^5}[r^3 - 3(\gamma - z)^2 r]$$

$$\Delta V = 0$$

Remarque. — Si le corps est mauvais conducteur, l'électricité n'est plus concentrée à sa surface, et Poisson a montré que, pour un point intérieur, on a :

$$\Delta V = -2\pi\sigma, \qquad (^1)$$

$\sigma$ étant la densité au point considéré.

3° *Soit encore à trouver le champ produit en un point A de l'axe d'un conducteur circulaire contenant une quantité Q d'électricité* (fig. 44).

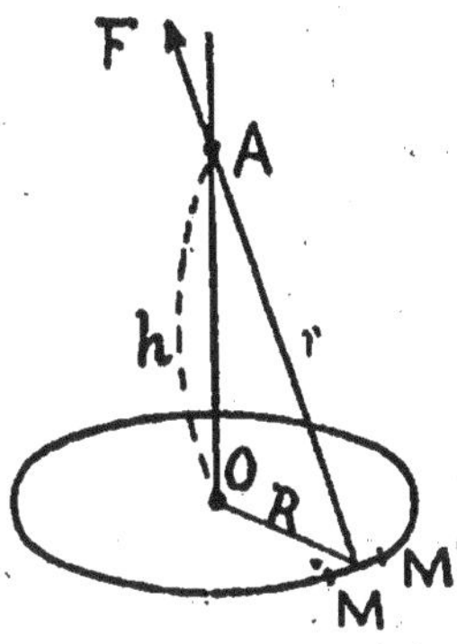

Le potentiel en A est $V = \Sigma \dfrac{q}{r}$

$$V = \frac{Q}{\sqrt{R^2 + h^2}}$$

Fig. 44.

Par suite, la composante du champ dans la direction $h$ et par suite le champ lui-même, par raison de symétrie, sera :

$$H = -\frac{dV}{dh} = -\frac{Qh}{(R^2 + h^2)^{\frac{3}{2}}}$$

On pourrait trouver directement ce résultat en décomposant le conducteur en une infinité d'éléments MM'.

4° *Une sphère électrisée agit sur une masse positive unité à une distance $x$, comme si toute l'électricité était concentrée au centre (théorème de Newton).*

Donc
$$H = \frac{Q}{x^2}$$

_______________

1: **Nous admettons ce résultat sans démonstration.**

donc
$$-\frac{dV}{dx}=\frac{Q}{x^2}$$

$$V=\frac{Q}{x}+C^{te}$$

mais pour $x=\infty$ $V=0$, donc la constante est nulle, et *pour une sphère on a, en un point extérieur, ou sur la sphère,*

$$V=\frac{Q}{x}$$

*comme si toute la masse Q était concentrée au centre.*

**Surfaces équipotentielles.** — Le lieu des points ayant même potentiel qu'un point M situé à une distance R du centre d'une sphère, sera une sphère de rayon R, et cela quel que soit R.

On dit que les surfaces équipotentielles de la sphère sont des sphères concentriques.

Si, au lieu d'une sphère, on avait une surface quelconque, le lieu des points ayant même potentiel que le point M serait une certaine surface, et l'ensemble constituerait les surfaces équipotentielles de la surface considérée. Il suit de cette définition que *si l'on déplace le point M sur une surface équipotentielle, le travail est nul,* puisque V reste constant. *Par tout point du plan passe une surface équipotentielle et une seule, et le champ est normal en chaque point à la surface équipotentielle qui y passe,* car tout déplacement élémentaire sur cette surface produit un travail nul. Il faut donc que la force, c'est-à-dire le champ, soit normal au déplacement.

D'autre part, rappelons que le champ est tangent en chaque point à la ligne de force qui y passe. Donc, les lignes de force coupent à angle droit les surfaces équipotentielles. On dit que ce sont les trajectoires orthogonales des surfaces équipotentielles.

Ainsi, par exemple, pour une sphère, les lignes de force seront des rayons qui coupent orthogonalement les surfaces équipotentielles.

**Cas particulier : champ uniforme.** — Un champ pour lequel H est constant en chaque point en grandeur et en direction est appelé *champ uniforme.*

Par suite : 1° les lignes de force d'un champ uniforme sont des droites parallèles à la direction du champ;

2° Les surfaces équipotentielles sont des plans perpendiculaires à cette direction du champ.

**Conséquence de la notion de potentiel.** — 1° Le potentiel est le même en tous les points d'un conducteur *en équilibre*. Car sans cela il y aurait mouvement d'électricité de potentiel le plus élevé vers le potentiel le moins élevé, par suite, la surface extérieure est une surface équipotentielle. Par suite les lignes de force sortent normalement à la surface d'un conducteur électrisé. D'ailleurs elles s'arrêtent à cette surface sans y pénétrer.

Remarque. — Les mouvements d'électricité étant réglés par les différences de potentiel, on prend un potentiel de comparaison que l'on fixe arbitrairement à O. C'est celui de la terre que l'on prend à cet effet.

**Unité de potentiel.** — *C'est la différence de potentiel entre deux points dont les potentiels sont tels que la masse positive unité accomplirait un travail de 1 erg pour passer de l'un à l'autre*[1].

Dans la pratique, on prend une unité 300 fois plus petite appelée *volt*.

$$1 \text{ volt} = \frac{1}{300} \text{ U.E.S.}$$

---

[1]. Plus simplement : c'est le potentiel d'une sphère de 1 cm. de rayon supportant l'unité de quantité d'électricité.

**Etude de quelques cas particuliers remarquables :**

1° **Potentiel d'un système de sphères.** — Considérons (fig. 45) une sphère pleine de rayon $R_1$ entourée par une sphère creuse de rayons $R_2$ et $R_3$, et imaginons qu'on mette en relation la sphère intérieure avec une source d'électricité qui la charge d'une quantité Q.

Supposons la sphère creuse à l'état neutre ; par influence la partie intérieure s'électrise —Q, la partie extérieure + Q. Cherchons le potentiel de la sphère intérieure. Nous savons qu'il est le même en tous les points. Cherchons donc le potentiel au point O ; il nous faut faire $\Sigma \dfrac{Q}{R}$ par rapport au point O. Par conséquent le potentiel cherché sera :

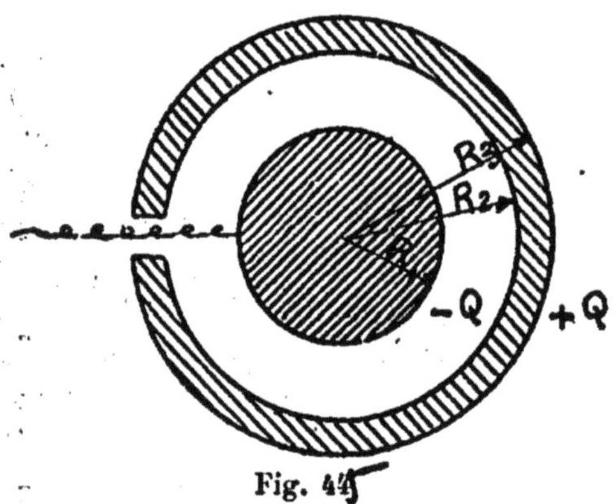


Fig. 45

$$V_1 = \frac{Q}{R_1} - \frac{Q}{R_2} + \frac{Q}{R_3}. \quad (1),$$

Dans le cas particulier où l'on mettrait la sphère extérieure en communication avec le sol, le potentiel deviendrait $V_1 = \dfrac{Q}{R_1} - \dfrac{Q}{R_2}$, ce serait aussi $V_1 — V_2$ car $V_3 = O$.

Supposons de nouveau les sphères isolées et cherchons le potentiel à la surface de la sphère extérieure.

Cette sphère étant conductrice, le potentiel est le même en tous les points. Amenons de l'infini sur la surface extérieure une masse positive unité. Nous savons que sous l'effet des masses situées sur $R_3$ le potentiel sera $\dfrac{Q}{R_3}$.

Quant aux masses intérieures, elles se comportent comme si elles étaient concentrées en O, ce qui donne :

$$\frac{Q}{R_3} - \frac{Q}{R_3} = 0.$$

Le potentiel sera donc

$$V_2 = V_3 = \frac{Q}{R_3}.$$

Par suite en tenant compte de (1)

$$V_1 - V_2 = V = \frac{Q}{R_1} - \frac{Q}{R_2}$$

2° **Potentiel en un point d'un cylindre électrisé.** — Dans la plupart des cas la recherche de la fonction potentielle est un problème d'intégration.

*Ainsi, soit un cylindre dont la dimension longitudinale est infinie par rapport à son rayon contenant une quantité Q d'électricité à sa surface. Déterminer le potentiel à la surface.*

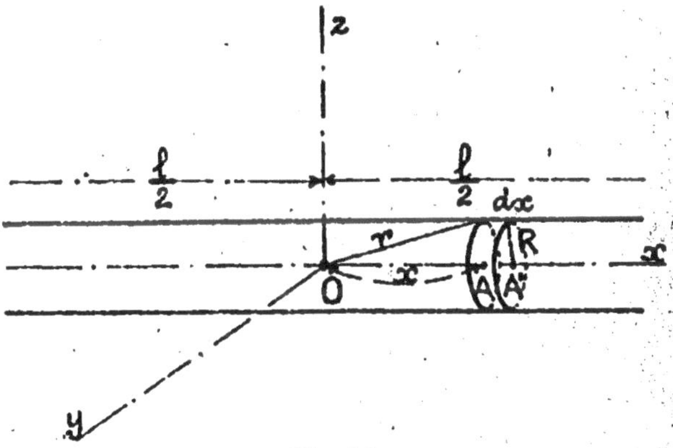

C'est le cas d'un câble électrisé dont la longueur est toujours infinie par rapport au rayon. Le câble étant bon conducteur, le potentiel est le même en tous les points. Cherchons (fig. 46) le potentiel en un point O de l'axe; si $l$ est la longueur du câble, on pourra admettre que de part et d'autre du point O se trouvera la longueur $\frac{l}{2}$. Découpons, à une distance $x$ du point $o$, un cylindre élémentaire de hauteur $dx$. Nous pouvons supposer que toutes les masses électrisées situées sur ce cylindre sont à la même

Fig. 46.

distance $r$ du point $o$; par conséquent, le potentiel élémentaire est au signe près :

$$dV = \Sigma \frac{Q}{r}$$

c'est-à-dire

$$dV = \frac{\sigma \times 2\pi R\, dx}{r}$$

$\sigma$ étant la densité. Ainsi le potentiel est :

$$dV = 2\pi R\sigma \frac{dx}{\sqrt{R^2 + x^2}}$$

et par suite on aura :

$$V = 2 \int_0^{\frac{l}{2}} 2\pi R\sigma \frac{dx}{\sqrt{R^2 + x^2}} = 4\pi R\sigma \int_0^{\frac{l}{2}} \frac{dx}{\sqrt{R^2 + x^2}}$$

$$\int_0^{\frac{l}{2}} \frac{dx}{\sqrt{R^2 + x^2}} = \left[ L(x + \sqrt{R^2 + x^2}) \right]_0^{\frac{l}{2}} = L\left(\frac{l}{2} + \sqrt{R^2 + \frac{l^2}{4}}\right) - LR$$

négligeons $R^2$ devant $\dfrac{l^2}{4}$, on aura finalement :

$$V = 4\pi R\sigma (Ll - LR)$$

$$V = 4\pi R\sigma L \frac{l}{R};$$

mais $2\pi R\sigma l = Q$, donc $4\pi R\sigma = \dfrac{2Q}{l}$, d'où :

$$V = \frac{2Q}{l} L \frac{l}{R}.$$

REMARQUE. — Nous avons supposé le cylindre plein pour pouvoir faire le raisonnement précédent, mais l'on pourrait creuser ce cylindre sans modifier la répartition de l'électricité à sa surface; on ne modifierait évidemment pas ainsi le potentiel à la surface qui sera représenté par la même formule, R étant le rayon extérieur du cylindre creux. On se servira de cette remarque pour trouver la capacité de deux cylindres creux concentriques.

On résoudrait également par une intégration le problème suivant :

*Etant donnée une couronne métallique de rayons* $R_1$ *et* $R_2$ *chargée d'une quantité* Q *d'électricité, trouver le potentiel en un point de l'axe.*

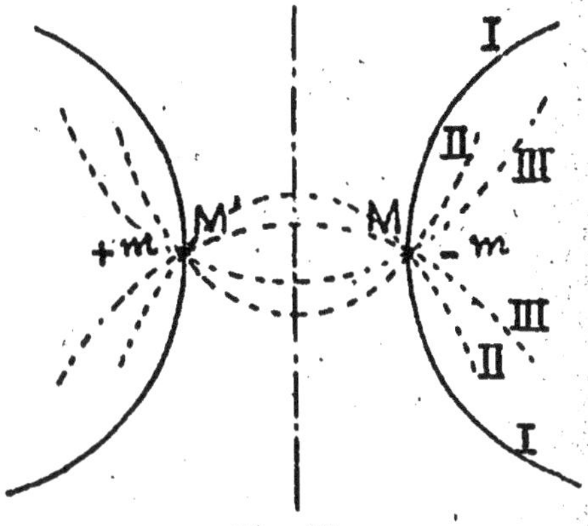

3° **Surfaces équipotentielles de deux points M et M′ (+ et —).** — Le potentiel en un point quelconque sera :

$$V = m \left( \frac{1}{r} - \frac{1}{r'} \right).$$

Fig. 47.

En faisant $V = 1. 2. 3. 4....$ on aura le lieu des points ayant même potentiel.

Les surfaces équipotentielles sont des surfaces de révolution dont les lignes de forces sont les trajectoires orthogonales et ont l'allure indiquée sur la figure 47.

En faisant $V = o$, c'est-à-dire $r = r'$, on a un plan perpendiculaire au milieu de MM′.

# CHAPITRE VII

## CAPACITÉS. CONDENSATEURS

**Formule fondamentale.** — Si dans la formule $V = \Sigma \dfrac{q}{r}$ nous doublons, triplons les valeurs des masses électriques qui composent le champ, le potentiel va doubler, tripler, ainsi que la quantité d'électricité $Q = \Sigma q$. Donc il y a proportionnalité entre la quantité d'électricité qui compose le champ et le potentiel; par suite, on peut poser, en désignant par C une constante

$$Q = CV.$$

C est ce que l'on appelle la *capacité* du système formé par les masses électriques. Elle dépend de la répartition des masses électriques, et par suite de la forme du conducteur qui leur sert de support.

On prend comme *unité de capacité, la capacité d'un corps contenant l'unité d'électricité sous l'unité de potentiel.* L'unité pratique est le *farad*, qui vaut $9 \times 10^{11}$ unité électrostatique C. G. S.

Le *microfarad* vaut $9 \times 10^{5}$.

**Principe du calcul des capacités.** — Il résulte de ce qui précède que le calcul d'une capacité revient au calcul de la fonction potentielle; c'est le même problème.

De la relation $Q = CV$ on tire $C = \dfrac{Q}{V}$.

**Capacité d'une sphère.** — Ainsi, pour une sphère on a trouvé

$$\frac{Q}{V} = C = R.$$

*La capacité d'une sphère est égale à son rayon.*

Example. — *Quelle est la capacité de la sphère terrestre?*

La $\dfrac{1}{40.000.000}$ partie du méridien terrestre est le mètre. Le méridien terrestre vaut 40.000.000 de mètres, et par suite, si nous désignons par R le rayon de la terre, on a :

$$R = C = \frac{4 \times 10^9}{2\pi}\ \text{cm}.$$

**Capacité d'un cylindre.** — Nous avons trouvé pour un cylindre

$$V = \frac{2Q}{l} L \frac{l}{R},$$

d'où l'on tire :

$$\frac{Q}{V} = \frac{l}{2L \dfrac{l}{R}} = \underline{C}.$$

**Capacité d'un système de deux sphères :**

Supposons (fig. 48) d'abord la sphère creuse isolée. Nous avons vu que si la sphère pleine est en communication avec une machine statique qui la charge d'une quantité d'électricité Q, le potentiel de cette sphère sera :

$$V = \frac{Q}{R_1} - \frac{Q}{R_2} + \frac{Q}{R_3};$$

or $Q = CV$

$$V = \frac{CV}{R_1} - \frac{CV}{R_2} + \frac{CV}{R_3},$$

d'où la capacité de la sphère intérieure

$$C = \cfrac{1}{\cfrac{1}{R_1} - \cfrac{1}{R_2} + \cfrac{1}{R_3}}.$$

que le potentiel de $R_1$ est

$$V_1 = \frac{Q}{R_1} - \frac{Q}{R_2} + \frac{Q}{R_3};$$

Nous avons trouvé celui de la sphère extérieure est

$$V_2 = \frac{Q}{R_3}.$$

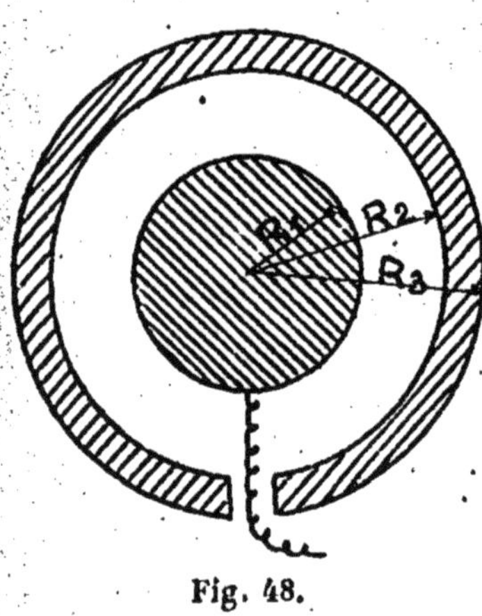



Fig. 48.

Nous aurons donc pour la différence de potentiel entre les deux

$$E = V_1 - V_2 = Q\left(\frac{1}{R_1} - \frac{1}{R_2}\right)$$

et la capacité sera

$$C = \frac{Q}{E} = \cfrac{1}{\cfrac{1}{R_1} - \cfrac{1}{R_2}} = \frac{R_1 R_2}{R_2 - R_1}.$$

**Capacité d'un condensateur plan.** — Augmentons indéfiniment le rayon de ces sphères, en remarquant que le métal de la sphère intérieure est inutile, nous aurons à la limite deux plans parallèles. Supposons ces plans de faibles épaisseurs et supposons en outre les deux sphères séparées par un intervalle très petit, de sorte que $R_1$, $R_2$, $R_3$ soient très voisins les uns des autres. Alors $R_1 R_2 = R^2$ sensiblement, R étant le rayon moyen du système. $R_2 - R_1$ sera l'épaisseur $e$ d'air entre les deux plans, et la capacité deviendra

$$C = \frac{R^2}{e}.$$

Mais quand on peut assimiler à des sphères les plans en

question, leur surface est $S = 4\pi R^2$, d'où je tire $R^2 = \dfrac{S}{4\pi}$, et finalement la capacité des deux plans électrisés distants de $e$ sera

$$C = \frac{S}{4\pi e} \qquad \text{(S surface de l'un des plateaux).}$$

Cette formule est encore vraie quand les deux plateaux ont des dimensions finies.

Remarque. — Le théorème de la dérivée du potentiel permet souvent de calculer très aisément les capacités. Nous allons, par cette méthode, retrouver la formule de la capacité d'un condensateur plan fini.

Soit (fig. 49) un condensateur plan, formé de deux armatures A et B distantes de $e$. L'une est au potentiel $V_1$, l'autre au potentiel $V_2$. On sait que les deux faces sont chargées d'électricité $+Q$ et $-Q$ et que les lignes de force sont normales aux deux plans. Décou-

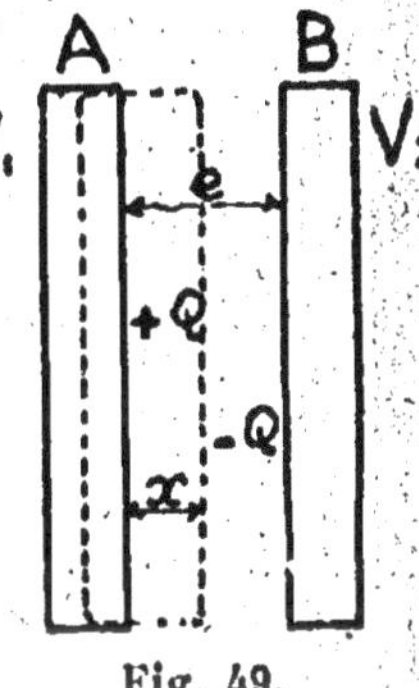


pons alors un prisme ayant pour base la section droite de l'une des plaques et s'étendant jusqu'à une distance $x$ entre les deux plaques.

Appliquons le théorème de Green à la surface ainsi formée, en remarquant que les lignes de force ne pénètrent pas à l'intérieur des conducteurs auxquels elles sont normales ; le champ est $-\dfrac{dV}{dx}$ à la distance $x$.

Le flux total sera $-\dfrac{dV}{dx} S$,

d'où

$$-\frac{dV}{dx} S = 4\pi\sigma S \text{ (th. de Green),}$$

d'où nous tirons

$$-dV = 4\pi\sigma dx.$$

Intégrons quand $x$ varie de $o$ jusqu'à $e$ :

$$E = 4\pi\sigma e,$$

E étant la différence de potentiel $V_2 - V_1$

Mais $\sigma = \dfrac{Q}{S}$, on a donc finalement $E = \dfrac{4\pi eQ}{S}$

$$C = \frac{Q}{E} = \frac{S}{4\pi e}.$$

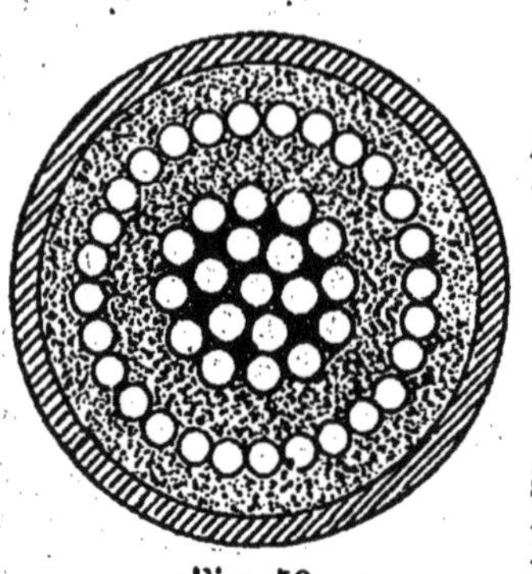

Fig. 50.

Cette méthode s'applique dans un très grand nombre de cas où l'on connaît à priori la direction des lignes de force. On pourrait en particulier l'appliquer de la même manière pour retrouver la capacité d'un cylindre, d'une sphère, etc.

**Capacité d'un système de deux cylindres concentriques.** — On emploie souvent pour le courant alternatif des câbles concentriques constitués comme l'indique la figure 50.

Il s'agit de chercher la capacité d'un tel système. Pour cela, cherchons le potentiel quand l'armature intérieure est chargée d'une quantité Q d'électricité.

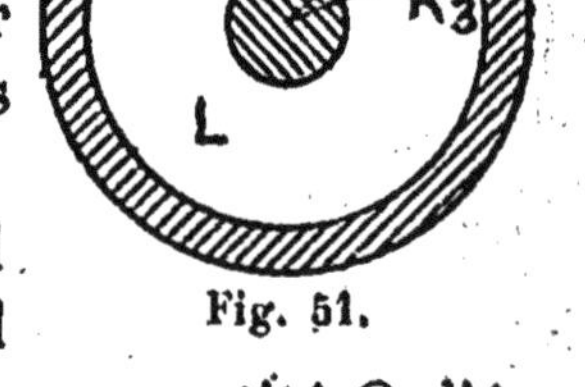


Fig. 51.

Dans le cas général le potentiel d'un cylindre intérieur électrisé est $\dfrac{2Q}{l} L \dfrac{l}{R_1}$, si $R_1$ est le rayon du cylindre. Ici, par un raisonnement identique à celui qui a été fait pour les deux sphères, nous aurons (fig. 51) pour le potentiel du cylindre intérieur :

$$V_1 = \frac{2Q}{l}\left( L\frac{l}{R_1} - L\frac{l}{R_2} + L\frac{l}{R_3} \right);$$

sur la couronne extérieure on aura :

$$V_2 = V_3 = \frac{2Q}{l} L \frac{l}{R_3}.$$

Donc la différence de potentiel entre les deux câbles sera :

$$E = \frac{2Q}{l} \left( L \frac{l}{R_1} - L \frac{l}{R_2} \right)$$

$$E = \frac{2Q}{l} L \frac{R_2}{R_1},$$

d'où finalement :

$$C = \frac{Q}{E} = \frac{1}{\frac{2}{l} L \frac{R_2}{R_1}} = \frac{l}{2 L \frac{R_2}{R_1}}.$$

REMARQUE. — L'emploi des logarithmes (népériens) étant incommode, on passera aux logarithmes vulgaires en multipliant par le module.

Ce qui donne :
$$C = \frac{0,4343\, l}{2 \log. \frac{R_2}{R_1}}.$$

Exercice. — *Deux points électrisés contenant $+5$ U. E. S sont distants de 10 cm. On construit par points la méridienne et par suite la surface équipotentielle $V = 2$ et l'on recouvre ensuite cette surface d'une pellicule métallique dont on demande la capacité. (Licence, Écrit.)*

La méridienne (fig. 52) a la forme d'un huit, elle passe par le milieu O de AA' pour lequel on a bien :

$$2 = 5 \left( \frac{1}{5} + \frac{1}{5} \right).$$

Le point B est défini par :

$$2 = 5 \left( \frac{1}{AB} + \frac{1}{10 + AB} \right).$$

Enfin observons que les points A et A'. développent par influence sur la surface extérieure une charge totale égale à leur somme, soit 10 U. E. S., et, *comme la surface est équipotentielle*, la capacité cherchée est

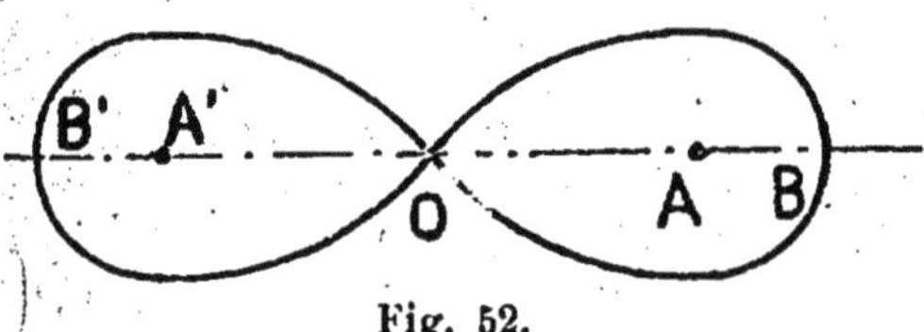

Fig. 52.

$$\frac{Q}{V} = \frac{10}{2} = 5 \text{ U. E. S.}$$

REMARQUE. — Si la surface entourant les points A et A' n'était pas équipotentielle, la charge extérieure qui apparaîtrait par influence serait bien encore de 10 U. E. S., mais elle ne serait pas répartie suivant une position d'équilibre spontanée, et le raisonnement précédent ne serait plus applicable pour la détermination de la capacité.

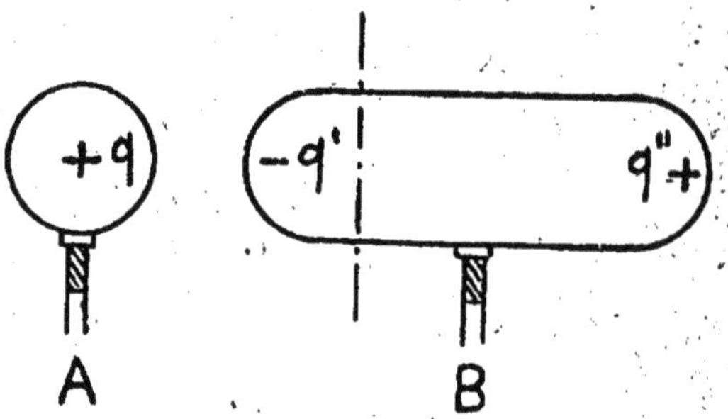

**Phénomène d'influence. Force condensante. Condensateur.** — Approchons (fig.



Fig. 53.

53) d'une sphère électrisée positivement un corps à l'état neutre, le phénomène d'influence se produit et le potentiel à a surface de la sphère, qui était :

$$V = \Sigma \frac{q}{r}$$

uand elle était seule, devient :

$$V' = \Sigma \frac{q}{r} - \Sigma \frac{q'}{r'} + \Sigma \frac{q''}{r''}.$$

On retranche à V plus qu'on ne lui ajoute, par suite V' est plus petit que V. Mais $Q = \Sigma q$ n'a pas varié à la surface, par conséquent la capacité a augmenté. Cette augmentation pourra être rendue maximum en mettant à la terre le corps influencé, car $\sum \dfrac{q''}{r'''}$ va ainsi devenir nul.

Soit C la capacité de A lorsque le corps influencé n'existe pas, C' la capacité quand le corps influencé est mis à la terre. Le *rapport* $\dfrac{C'}{C}$ *est ce que l'on appelle la force condensante.*

Ex. : la force condensante d'une sphère sera $\dfrac{R_2}{R_2 - R_1}$.

**Pouvoir inducteur spécifique.** — Si entre le corps électrisé et le corps influencé on interpose un diélectrique : plaque de verre, plaque de mica, l'expérience démontre que, toutes choses égales, la capacité augmente encore, et l'on appelle *pouvoir inducteur spécifique du diélectrique le rapport de la capacité avant et après la suppression du diélectrique.*

Ce rapport est toujours *plus grand que 1*, sauf pour l'hydrogène, où il est égal à 0,99.

On réserve plus spécialement le nom de *condensateur* au système formé par deux corps conducteurs séparés par un diélectrique.

Le condensateur classique est la *bouteille de Leyde*, constituée par un diélectrique de verre (bouteille) et deux armatures, l'une formée d'une couche de papier métallique généralement mise à la terre, l'autre de clinquant communiquant avec une boule de métal.

Une autre forme de condensateur classique est le condensateur d'*Œpinus*, composé de deux plateaux métalliques séparés par un plateau de verre.

Parfois les bouteilles de Leyde sont démontables et se composent de deux garnitures métalliques séparées par un récipient de verre.

Pour passer du calcul d'une capacité sans diélectrique à une capacité avec diélectrique, par définition, il suffit de multiplier par le pouvoir inducteur spécifique K du diélectrique.

Ainsi nous avons trouvé que le condensateur d'Œpinus avait pour capacité dans l'air : $C = \dfrac{S}{4\pi e}$.

Si K est le pouvoir inducteur spécifique du diélectrique, on a :

$$C = \frac{KS}{4\pi e}.$$

**Rôle du diélectrique.** — On admet que dans un conducteur une différence de potentiel, constamment renouvelée, produit un écoulement continu d'électricité appelé *courant électrique*. Dans un diélectrique elle produira une sorte d'ébranlement qui se propagera, de proche en proche, avec une vitesse de transmission tout à fait comparable à celle de la lumière. Et si l'on désigne par V la vitesse de la transmission, T la durée de la période du phénomène, le produit $VT = \lambda$ s'appelle la longueur d'onde de la propagation. Cette propagation peut être comparée à la compression, de proche en proche, d'une infinité de petits ressorts constituant le diélectrique.

On peut mettre en évidence ces propriétés du diélectrique par diverses expériences classiques.

Si l'on décharge une bouteille de Leyde brusquement, puis qu'on l'abandonne à elle-même, on peut en tirer une nouvelle étincelle : c'est la *décharge résiduelle*. Prenons un condensateur d'Œpinus que nous chargeons en établissant une différence de potentiel entre les plateaux, puis éloignons les plateaux et gardons seulement le plateau de verre. Ce plateau doit être à l'état de contrainte, d'après ce qui précède, puisque ses molécules sont comprimées en quelque sorte. En effet, si on réunit les deux faces du plateau avec les mains, on éprouve une secousse, tandis qu'on ne peut retirer des plateaux métalliques que des étincelles insignifiantes.

On obtiendrait un résultat analogue avec la bouteille de Leyde démontable.

On fait souvent encore une autre hypothèse, pour expliquer le rôle du diélectrique, qui est particulièrement commode. On admet que le diélectrique se polarise, comme le fer doux s'aimante, par influence; c'est-à-dire que, sous l'influence des charges des plateaux, le diélectrique se répartit en tranches alternativement $+$ et $-$ comme le fait un aimant, ainsi que nous l'expliquerons au chapitre du magnétisme, en sorte qu'il n'apparaît d'électricité libre qu'aux extrémités du diélectrique, comme aux pôles d'un aimant uniforme.

On peut mettre cette conception en évidence par l'expérience suivante. Dans l'essence de térébenthine d'une cuvette A (fig. 54) pénètrent

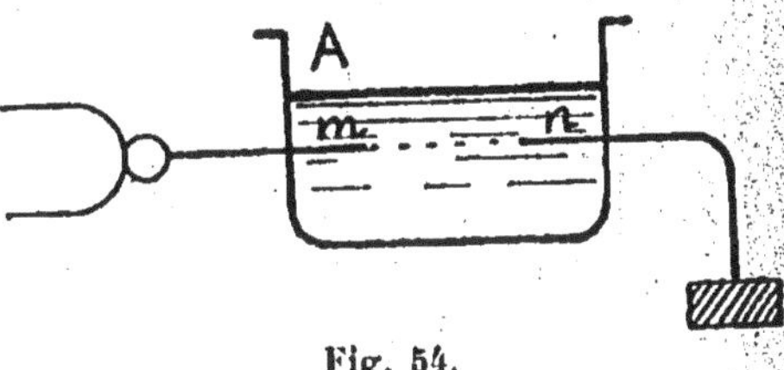

Fig. 54.

deux pointes $m$ et $n$ à des potentiels différents (en communication avec une machine statique et avec la terre). Des filaments de soie flottent dans le liquide et s'orientent en file entre les deux points dès que la différence de potentiel est établie.

Considérons alors un condensateur à armatures isolées de la source, et soit $\sigma$ la densité avant l'introduction du diélectrique; comme à l'extrémité du diélectrique il apparaît une densité $\sigma_1$ par suite de l'influence, il ne reste en réalité, à la surface du condensateur, que la densité

$$\sigma - \sigma_1 = \sigma' < \sigma.$$

Le rapport $\dfrac{\sigma}{\sigma'}$ n'est autre chose que ce que nous avons appelé le *pouvoir inducteur spécifique*.

Il est bien évident que si on rétablissait la communication avec la source, celle-ci rétablirait la densité initiale $\sigma$.

On peut, par cette conception, expliquer les phénomènes précédents, par exemple la décharge résiduelle.

En effet, par une décharge du condensateur, le diélectrique n'est pas ramené complètement à l'état neutre, il lui reste une densité superficielle $\sigma_0$. Mais puisqu'il n'existe plus de différence de potentiel entre les deux armatures, nous devons admettre que la densité superficielle sur les plateaux tombe aussi à $\sigma_0$. D'autre part, avec le temps, le diélectrique perd son état de contrainte, en sorte que sa densité superficielle d'extrémité tombe au-dessous de $\sigma_0$, tandis qu'elle reste $\sigma_0$ sur les plateaux; on peut alors tirer une nouvelle étincelle, et ainsi de suite.

Le phénomène de polarisation ayant pour siège le diélectrique, il est naturel que de l'énergie apparaisse quand on réunira les deux faces du diélectrique par un conducteur.

Remarques. — 1° Le rapport $\dfrac{\sigma}{\sigma'} = K$ dépend de la durée de la décharge, de sorte que pour définir entièrement K, Maxwell propose d'adopter $K = \lim \dfrac{\sigma}{\sigma'}$ pour $t = 0$.

2° Puisque l'idée de polarisation électrique est analogue à celle d'aimantation par influence, nous pourrons définir, comme nous le verrons en magnétisme : l'induction de polarisation, l'intensité de polarisation, etc.

3° On voit que la notion de pouvoir inducteur spécifique conduit à admettre que si deux masses $q$, $q'$ agissent l'une sur l'autre suivant la loi

$$f = \frac{qq'}{r^2} \text{ dans l'air,}$$

cette loi devient :

$$f = \frac{1}{K} \frac{qq'}{r^2}$$

dans le milieu de pouvoir inducteur spécifique K[1].

---

1. On a donc $K_1 = \dfrac{1}{K}$. $K_1$ est la constante de Coulomb.

En particulier le champ entre les armatures isolées étant H dans l'air, deviendra $\dfrac{H}{K}$ si on glisse un diélectrique entre les armatures. Toutefois, si les armatures étaient toujours en communication avec la source, le champ ne changerait pas avant ou après l'introduction du diélectrique.

**Exercice.** — *Que devient la capacité d'un condensateur plan dont les armatures sont distantes de e, si l'on introduit suivant le plan médian* :

1° *Un diélectrique plan d'épaisseur* e′<e?

2° *Un plateau métallique de même épaisseur ?* (Licence. Écrit.)

Remarquons que l'on a :

$$C = \frac{KS}{4\pi e} = \frac{S}{4\pi \dfrac{e}{K}},$$

donc une épaisseur de diélectrique $e$ correspond à une épaisseur d'air $\dfrac{e}{K}$, et on aura dans le premier cas :

$$C = \frac{S}{4\pi\left[\dfrac{e'}{K} + e - e'\right]}.$$

Dans le deuxième cas, on a deux condensateurs identiques en série à lame d'air d'épaisseur $\dfrac{e - e'}{2}$, donc (page 73) $C = \dfrac{c}{2}$ :

$$C = \frac{S}{4\pi(e - e')}.$$

**Couplage des capacités.** — On peut coupler les capacités :

1° En surface, ou batterie, ou quantité;

2° En série, tension ou cascade;

3° Montage mixte.

**Capacité équivalente à plusieurs capacités en dérivation.** — Etablissons une différence de potentiel V commune à toutes les capacités (fig. 55).

La 1$^{re}$ prend une charge :

$$Q_1 = C_1 V.$$

La 2$^e$                  $Q_2 = C_2 V.$

La 3$^e$                  $Q_3 = C_3 V.$

Une capacité C qui prendrait la charge de tout le système serait définie par

$$\Sigma Q = CV = (C_1 + C_2 + C_3)V$$

d'où
$$C = \Sigma C_1.$$

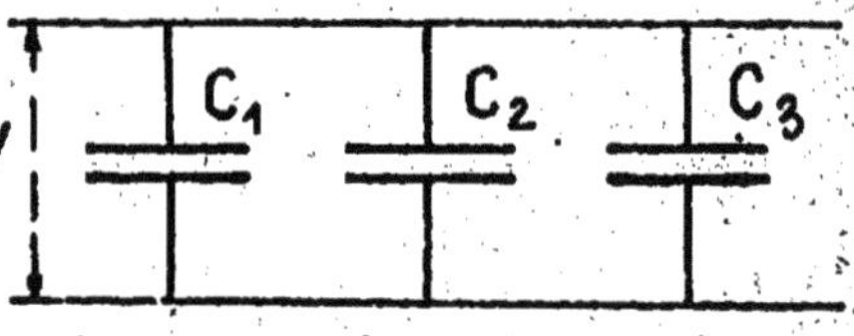

La capacité équivalente est égale à la somme des capacités élémentaires.

Fig. 55.

**Capacités en série ou en cascade.** — Soient (fig. 56) $C_1$, $C_2$, $C_3$ des capacités en série sous une différence de potentiel V. Appelons $V_A$ le potentiel en A et $V_B$ en B, et remarquons que, sous l'effet de cette différence de potentiel, la première armature va prendre une certaine charge Q qui, par influence, va provoquer la décomposition du fluide neutre de l'ensemble des deux armatures $\alpha$ et $\beta$ en sorte qu'elle va attirer une quantité égale à $+ Q$ sur $\alpha$ et $- Q$ sur $\beta$. En désignant par $V_1$ le potentiel commun de $\alpha$ et $\beta$ on a :

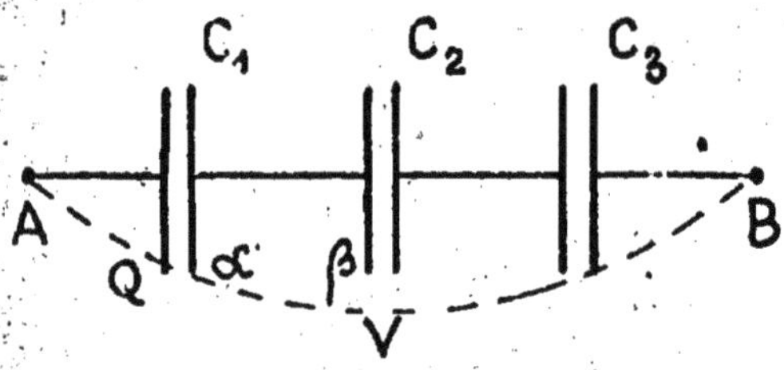

Fig. 56.

$$V_A - V_1 = \frac{Q}{C_1}$$

et de même

$$V_1 - V_2 = \frac{Q}{C_2}$$

$$V_2 - V_B = \frac{Q}{C_2}$$

$$V_A - V_B = V = Q \left( \frac{1}{C_1} + \frac{1}{C_2} + \frac{1}{C_3} \right).$$

La capacité équivalente sera :

$$\frac{1}{C} = \frac{1}{C_1} + \frac{1}{C_2} + \frac{1}{C_3}.$$

**Energie d'un condensateur chargé.** — Quand on fait varier de $dQ$ la quantité d'électricité contenue dans un condensateur sous la différence de potentiel V, l'énergie qu'il faut développer est $dW = VdQ$, par définition de la différence de potentiel. Mais on a
$$Q = CV$$
$$dQ = CdV, \quad \text{d'où} \quad dW = CVdV.$$

On aura cédé au condensateur toute l'énergie qu'il contient, si on amène la charge de O à Q, ou le potentiel de O à V, donc :

$$W = \int_0^V CV \, dV = \frac{1}{2} CV^2$$

ou encore

$$W = \frac{1}{2} QV.$$

REMARQUE. — 1° Cette formule justifie les effets de la foudre, car entre un nuage et la terre formant condensateur, il existe des différences de potentiel se chiffrant par des millions de volts. On conçoit que l'énergie disponible dans une décharge atmosphérique : $\frac{1}{2} CV^2$ donne l'impression d'une puissance formidable.

2° Pour une même différence de potentiel par condensateur unité, il est facile de voir que l'on emmagasinera toujours la même quantité d'énergie, soit qu'on ait N condensateurs en série ou en parallèle; ce sera $\dfrac{NCV^2}{2}$ dans tous les cas.

**Application.** — *Deux sphères de rayons R, R' sont chargées aux potentiels V, V'; on les met en communication par un fil fin et l'on demande la quantité de chaleur qui apparaît dans ce fil.* (Licence. Écrit.)

Le potentiel final $V_1$ qui s'établit dans le système est donné par

$$RV + R'V' = (R + R')V_1,$$

car nous exprimons que la quantité totale d'électricité n'a pas varié. Donc :

$$V_1 = \frac{RV + R'V'}{R + R'}.$$

La variation Q d'énergie du système apparaîtra sous forme de chaleur dans le fil et l'on aura, en désignant par J l'équivalent mécanique de la chaleur :

$$JQ = \frac{1}{2}\left[RV^2 + R'V'^2 - \frac{(RV + R'V')^2}{R + R'}\right] = \frac{1}{2}\frac{RR'(V - V')^2}{R + R'}.$$

Application numérique. — $R = 50$ cms, $R' = 240$ cms.

$V = +100$ U. E. S., $V' = -100$ U. E. S. $Q = \dfrac{1}{50}$ de petite calorie on a $J = 4,17 \times 10^7$ ergs.

**Effets de la décharge d'un condensateur.** — L'étincelle éclate entre les armatures d'un condensateur quand l'état de contrainte du diélectrique a dépassé les limites acceptables. Si les deux armatures constituent un condensateur ordinaire, la différence de potentiel est ramenée à O, aux décharges résiduelles près. Dans le cas de deux sphères électrisées à des potentiels différents, la décharge à travers le diélectrique aura simplement pour effet de les ramener au même potentiel. L'effet de la décharge rétablissant brusquement l'état neutre est de percer le diélectrique. C'est la *décharge disruptive*.

Le rapport de la tension produisant la décharge disruptive à travers le diélectrique ou à travers l'air est ce que l'on appelle la *rigidité électrostatique*. Cette rigidité, déterminée une fois pour toutes pour les principaux diélectriques, sert à construire les condensateurs et à déterminer les groupements suivant les tensions qu'on veut leur imposer.

Les effets de la décharge disruptive sont :

1° *Mécaniques :* le diélectrique est percé comme dans l'expérience du perce-verre.

2° *Calorifiques :* on peut volatiliser une feuille d'or très mince.

3° *Lumineux :* exemples, l'éclair, l'aigrette lumineuse produite par une pointe en relation avec un corps électrisé. Dans les gaz raréfiés on obtient ce que l'on appelle un effluve avec des bandes stratifiées, brillantes et obscures (tube de Geissler). Si on pousse très loin le vide, jusqu'à quelques millièmes de millimètre de mercure, on arrive au tube de Crook et aux rayons cathodiques, qui sont produits par le mécanisme suivant :

Si, dans l'ampoule (fig. 56) où on a fait le vide, on place l'électrode négative ou *cathode* en A, il se produit une fluorescence suivant la direction A*ab* rectiligne (la position de l'électrode B ou *anode* étant indifférente). En *ab* l'échauffement de température est considérable.



Fi5. 56 *bis.*

Les principaux résultats sont :

1. Les rayons sont déviés par un aimant;
2. En remplaçant l'élément *ab* par une plaque d'aluminium,

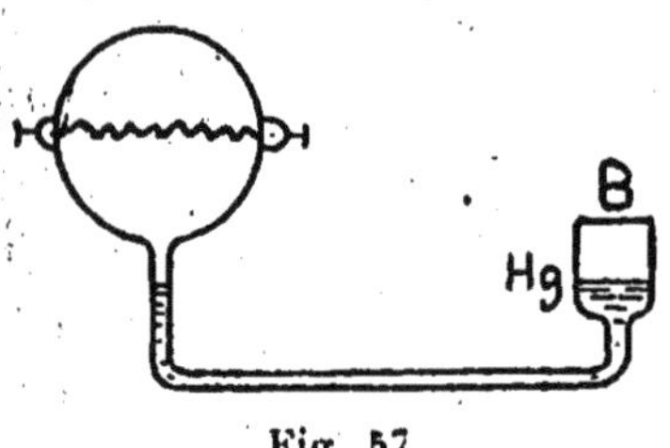
Fig. 57.

Lenard a constaté en 1894 que les rayons cathodiques traversaient cette plaque, ils se propageaient en ligne droite, rendaient lumineux le platino-cyanure de baryum et influençaient une plaque photographique.

Rœntgen, en 1896, en reprenant les expériences précédentes, arriva aux rayons X. Leurs propriétés peuvent se résumer ainsi :

Les rayons X se propagent en ligne droite.

Ils ne sont plus déviés par l'aimant.

Ils sont bons conducteurs de l'électricité et déchargent les corps électrisés.

Ils traversent le bois, le cuir, le papier, l'aluminium, les muscles. C'est le principe de la radiographie.

4° *Chimiques*. La décharge produit des effets chimiques. Elle condense l'oxygène pour produire l'ozone, décompose l'$AzH^3$.

La décharge peut être *conductive*. Elle produit alors un dégagement de chaleur, ainsi qu'il est facile de le constater au thermomètre de Riess. La boule A (fig. 57) communique avec un réservoir B de mercure, lors de la décharge, l'air se dilate par échauffement et le mercure est repoussé.

A l'air libre, le passage de la décharge dévie une aiguille aimantée.

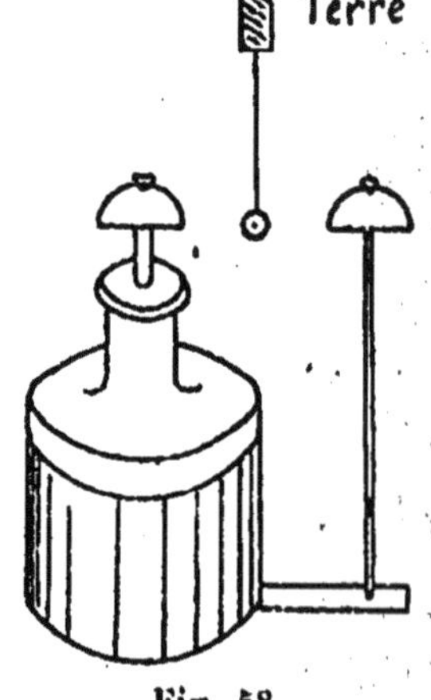

Fig. 58.

En dehors de la décharge disruptive et conductive, on peut réaliser ce que l'on appelle les *décharges lentes*, ainsi que le mettent en évidence les expériences classiques de Franklin et le carillon électrique (fig. 58), dont le fonctionnement est le suivant :

Prenons une bouteille de Leyde et réunissons à un timbre l'armature extérieure. Entre les deux timbres, disposons un pendule qui peut osciller de l'un à l'autre. Tout le système est isolé, sauf le pendule[1]. Si l'on charge le condensateur, le pendule se met à osciller d'un timbre à l'autre en produisant un carillon électrique par une série de décharges lentes, ainsi qu'on peut l'expliquer en suivant la marche du phéno-mène sur un exemple simplifié.

Soient (fig. 59) A et B deux sphères, l'une intérieure chargée $+ q$, l'autre, au sol, chargée $- q$.

A ce moment, le potentiel de A est $V = Q \left( \dfrac{1}{R} - \dfrac{1}{R'} \right)$. Isolons B et mettons A à la terre, c'est-à-dire au potentiel 0; une partie de son électricité va s'écouler dans la terre, et A va garder une charge $Q_1$, telle que $\dfrac{Q_1}{R} - \dfrac{Q}{R'} = 0$, puisque la sphère extérieure a toujours la charge Q.

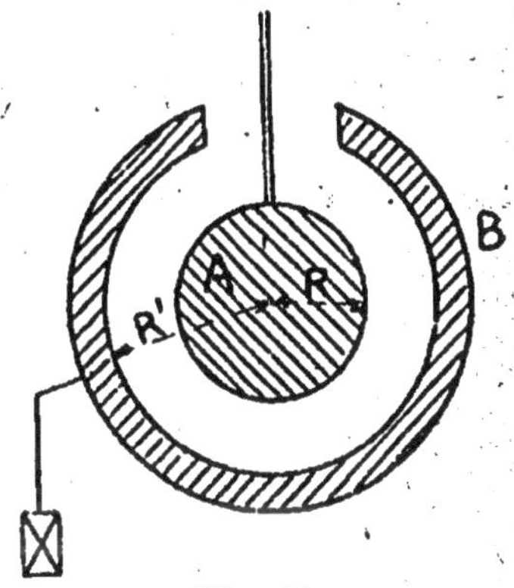

Fig. 59.

Avec le même corps relié à la terre, abandonnons A et touchons B, celui-ci va abandonner une nouvelle quantité d'électricité pour ne garder que $- Q_1$. Le potentiel de A va devenir : $Q_1 \left( \dfrac{1}{R} - \dfrac{1}{R_1} \right) = V'$. Tout à l'heure il était $Q \left( \dfrac{1}{R} - \dfrac{1}{R'} \right) = V$. On a donc $\dfrac{V}{V'} = \dfrac{Q}{Q_1} = \dfrac{R'}{R}$. Ainsi entre deux opérations successives les

---

1. Qui est en relation avec la terre.

potentiels ont varié de V à V', tel que $\dfrac{V}{V'}=\dfrac{R'}{R}$, $V'=V\dfrac{R}{R'}$. Le voltage décroît donc en progression géométrique ainsi que la charge.

**Exercices.** — *Electromètre à plateau de Thomson.* — Considérons (fig. 60) deux plans indéfinis parallèles formant condensateur, uniformément chargés d'électricité, l'un au potentiel $V_1$, l'autre $V_2'$

$$V_1 - V_2 = E.$$

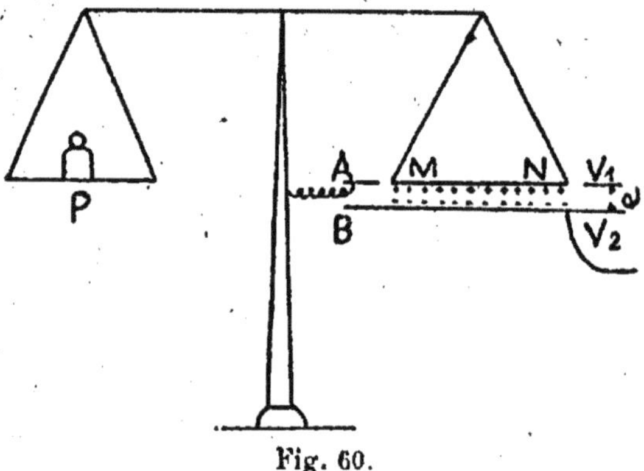


Fig. 60.

Découpons dans le premier une surface MN (on conserve autour de cette surface un anneau fixe dit anneau de garde pour éliminer les erreurs dues à l'influence des bords du plateau), et évaluons l'attraction exercée sur ce disque par le plateau inférieur, supposé fixe. On sait qu'un plan indéfini attire une masse positive unité avec une force $f = 2\pi\sigma$. La surface S de MN contient une quantité d'électricité $S\sigma$, donc $F = 2\pi S\sigma^2$; mais :

$$\sigma = \frac{Q}{S} = \frac{CE}{S} = \frac{E}{4\pi e}$$

$e$ étant la distance qui sépare les deux plateaux, d'où :

$$F = \frac{2\pi S\,E^2}{(4\pi e)^2} \qquad F = \frac{S}{8\pi}\left(\frac{E}{e}\right)^2.$$

Il résulte de là un moyen très simple de mesurer des différences de potentiel qui a été imaginé par Thomson. Il suffit, en principe, de peser à l'aide d'un poids P l'effort qu'il faut effectuer pour ramener à la distance $e$ les deux faces du condensateur. Si l'on met à la terre la face inférieure, on aura le potentiel absolu du plateau, et l'on aura une méthode de mesure absolue d'un potentiel. Cette méthode est très délicate.

**Principe de l'électromètre à quadrants.** — Une autre disposition employée également par Thomson est d'un usage beaucoup plus pratique : un cylindre (fig. 61) constitué par 4 quadrants $A_1$, $A_2$, $A_3$, $A_4$ contient à l'intérieur une aiguille ou palette B suspendue par un système uni ou bifilaire. Cette aiguille s'écarte peu de sa position d'équilibre. Les quadrants $A_1A_4$, $A_2A_3$ sont reliés entre eux; soient $V_1$ et $V_2$ leurs potentiels. La palette est réunie à une source au potentiel absolue V. Cherchons l'effort qui va déplacer

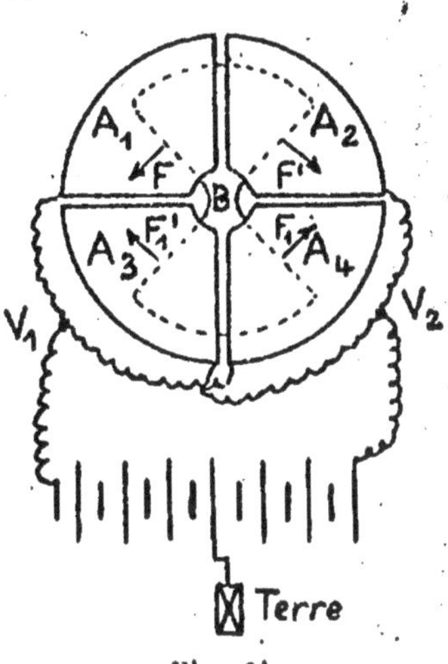

Fig. 61.

l'aiguille. Pour cela remarquons que, par raison de symétrie, les deux faces horizontales produiront deux actions dont la résultante est nulle. Les faces latérales seules produiront des efforts F et F', $F_1$ et $F'_1$; d'ailleurs, à chaque instant il y a équilibre entre le couple de torsion et le couple dû à ces forces. Si nous désignons par $\sigma$ la densité électrique en $A_2$, nous savons que l'effort par cm² est proportionnel au carré de la densité (pression électrostatique). D'ailleurs $\sigma$ est proportionnel à $\dfrac{Q}{S}$, qui est proportionnel à V, différence de potentiel entre l'aiguille et l'une des paires de quadrants. En sorte que le couple dû à F' peut se noter $C_1(V - V_2)^2$, $C_1$ étant une constante. De même, le couple dû au bord de gauche est $C_1(V - V_1)^2$.

Par raison de symétrie, on peut admettre que la constante est la même. Le couple résultant qui fait tourner l'aiguille est par suite la différence des deux précédents, et on l'équilibre par le couple de torsion de l'unifilaire. On a alors :

$$C_1(V - V_2)^2 - C(V - V_1)^2 = K\theta \ ^1$$

ou

$$C_1[2V - (V_1 + V_2)](V_1 - V_2) = K\theta$$

ou

$$\left(V - \frac{V_1 + V_2}{2}\right)(V_1 - V_2) = A\theta.$$

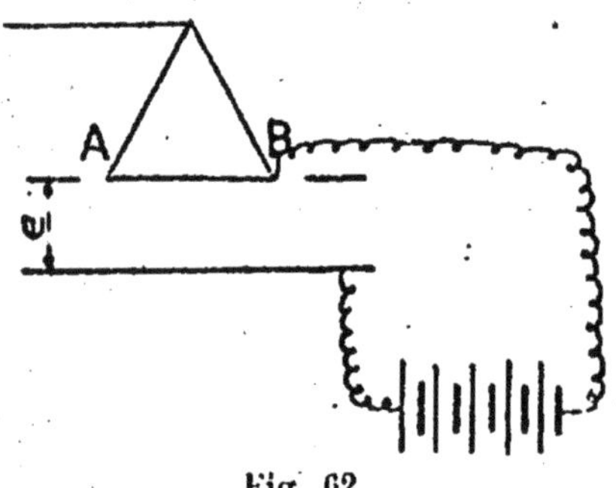

Fig. 62.

Si, par exemple, on réunit $V_1$ et $V_2$ à un système de piles dont le milieu est à la terre, on aura $V_1 = -V_2$, alors

$$2VV_1 = A\theta.$$

Ainsi, connaissant A et $V_1$, la déviation de l'aiguille donnera la mesure de V. La constante $\dfrac{A}{V_1}$ se mesure à l'aide d'une pile de fém. V connue.

3° *On considère l'électromètre à plateau de Thomson dont les deux armatures sont réunies à une pile de différence de potentiel* E. *Le condensateur se charge, et on suppose que le plateau* AB *se rapproche infiniment peu de la face inférieure. Quelle sera l'énergie fournie par la pile pendant ce déplacement?* (Ecole supérieure d'Electricité. Oral.)

---

1. On peut poser l'égalité (1) *à priori* en écrivant (V. page 81) que la varation élémentaire d'énergie du système est égale au travail du couple de torsion. On a pour l'énergie :

$$W = \frac{1}{2}C(V - V_1)^2 + \frac{1}{2}C'(V_1 - V_2)^2.$$

Or les capacités C et C' sont proportionnelles aux surfaces S S' de l'aiguille sous les paires de quadrants et $S + S'S = C^{te}$ par suite $dS = -dS'$ et $dS = \lambda d\theta$

$\lambda$ étant une constante $\quad dW = \frac{1}{2}K'dS[(V - V_2)^2 - (V - V_1)^2] = K''\theta d\theta$

en remplaçant $dS$ par $\lambda d\theta$ on tombe sur l'équation (1) en posant $K = \dfrac{2K'}{\lambda K'}$.

Pendant le déplacement élémentaire, remarquons que la pile, étant la seule source d'énergie, doit fournir :

1° Le travail des forces électriques pendant le déplacement élémentaire de AB (fig. 62).

2° La variation d'énergie du condensateur. Or nous avons trouvé que la force attractive du plateau était $F = \dfrac{S}{8\pi}\left(\dfrac{E}{e}\right)^2$. Donc le travail élémentaire des forces électriques sera pour le déplacement de

$$dT = \frac{S}{8\pi}\left(\frac{E}{e}\right)^2 de = \frac{S}{4\pi e}\frac{E^2}{2e} de = C\frac{E^2}{2e} de.$$

Calculons la variation d'énergie du condensateur. A la distance $e$, l'énergie $\dfrac{1}{2}CE^2$ du condensateur est :

$$W = \frac{1}{2}\frac{S}{4\pi e}E^2$$

pour une variation $de$, la variation d'énergie du condensateur sera en valeur absolue :

$$dW = \frac{1}{2}\frac{SE^2}{4\pi e^2} de \qquad dW = \frac{CE^2 de}{2e}.$$

Ainsi la variation d'énergie du condensateur est égale au travail des forces électriques, et conséquemment la pile fournit le double du travail des forces électriques. On peut énoncer plus généralement le théorème suivant, dont l'exercice précédent n'est qu'un cas particulier :

*Toute augmentation d'énergie d'un système de conducteurs, maintenus à potentiels constants,*

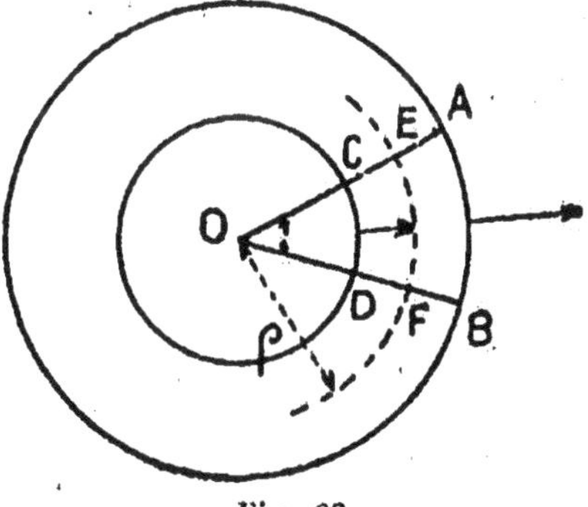


Fig. 63.

6

*est accompagnée de la cession au milieu extérieur d'une quantité égale de travail mécanique.* C'est ainsi que le disque AB pourrait exécuter un travail extérieur égal à l'accroissement d'énergie du condensateur.

*4° Etablir la formule de la capacité de deux cylindres concentriques par le théorème de la dérivée du potentiel.* Considérons (fig. 63) une section droite des deux cylindres et deux plans OA, OB passant par l'axe. Il est évident que ACDB est un tube de force et que les surfaces équipotentielles sont des cylindres concentriques. Appliquons le théorème de Green à la surface fermée CDEF contenue entre le cylindre intérieur, un cylindre concentrique de rayon $\rho$, les plans OA, OB et deux plans horizontaux distants de $l$.

On a :

$$-\frac{dV}{d\rho}S_{EF} = 4\pi\sigma S_{CD}$$

or

$$\frac{S_{EF}}{S_{CD}} = \frac{\rho}{R_1} \qquad \sigma = \frac{Q}{2\pi R_1 l}$$

donc :

$$-\frac{dV}{d\rho}\frac{\rho}{R_1} = \frac{2Q}{R_1 l}$$

$$-dV = \frac{2Q}{l}\frac{d\rho}{\rho}$$

$$V_2 - V_1 = \frac{2Q}{l}L\frac{R_1}{R_2} = E$$

$$\frac{Q}{E} = C = \frac{l}{2L\frac{R_2}{R_1}}$$

———

# CHAPITRE VI

## LE COURANT ÉLECTRIQUE

**Loi de Pouillet.** — Certains appareils (piles, dynamos) ont pour effet de maintenir constante une différence de potentiel entre deux points, et par suite de rendre permanents les effets de la décharge conductive observés au thermomètre de Riess, en produisant :

1° un dégagement de chaleur;

2° une déviation de l'aiguille aimantée.

On dit que le conducteur est le siège d'un courant allant du potentiel le plus élevé vers le potentiel le moins élevé. Comme il n'y a pas accumulation d'électricité dans le fil, il est nécessaire que la *quantité d'électricité* qui traverse une section quelconque dans un temps donné soit partout la même, quel que soit en ce point le diamètre du conducteur.

Nous appellerons *intensité* cette quantité d'électricité traversant par seconde une section quelconque du conducteur. Si donc il passe une quantité Q d'électricité pendant le temps $t$, l'intensité sera

$$I = \frac{Q}{t} \quad \text{d'où} \quad Q = It.$$

C'est la *loi de Pouillet.*

D'où il résulte que *l'unité d'intensité d'un courant est la quantité d'électricité qui traverse une section quelconque en une seconde.* Si cette quantité est évaluée en C. G. S., nous aurons l'unité d'intensité C. G. S. Si elle est évaluée en coulombs, l'intensité correspondante prend le nom d'*ampère.*

Ainsi, un courant de 5 ampères pendant 5 secondes correspond à 25 coulombs.

**Loi de Ohm.** — Elle a été établie par Ohm, d'après les travaux de Fourier sur la transmission de la chaleur, et par Pouillet en étudiant la pile thermoélectrique. Fourier a établi, dans son étude sur la transmission de la chaleur, que si on maintient deux plans parallèles indéfinis, limitant une masse homogène, à des températures T et $t$, la quantité de chaleur qui traverse une surface S (fig. 64) située entre les deux plateaux est par seconde :

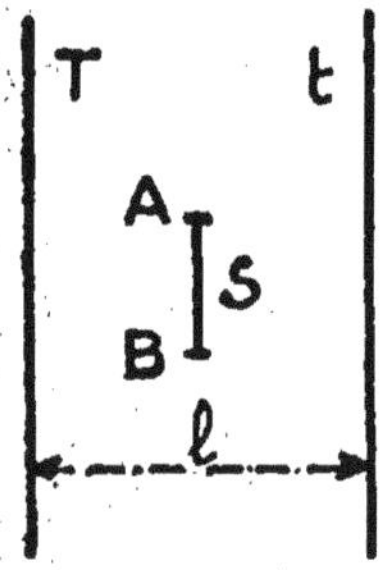

$$Q = K \frac{T - t}{l} S,$$

K étant le coefficient de conductibilité du milieu,

$l$ étant la distance des deux plans.

Fig. 64.

Ohm eut l'idée d'étendre ce résultat à l'électricité et de poser (fig. 65) :

$$I = C \frac{V_B - V_A}{l} S,$$

C étant le coefficient de conductibilité électrique du conducteur,

$V_A$, $V_B$, les potentiels aux extrémités,

$E = V_A - V_B$ est la différence de potentiel entre A et B.

On met généralement la loi de Ohm sous la forme

$$I = \frac{E}{\dfrac{l}{s}}$$

$R = \dfrac{l}{cs}$, qui ne dépend que du conducteur, prend le nom de *résistance* du conducteur.

On appelle l'inverse de la conductibilité la résistivité du métal $\frac{1}{c}=\rho$ et $R=\rho\frac{l}{s}$. La résistivité est donc numériquement égale à la résistance d'un conducteur ayant 1 cm. de longueur et 1 cm² de section, de même qu'une capacité est numériquement égale à la quantité d'électricité dont il faut augmenter la charge d'un corps, pour augmenter son potentiel d'une unité. Mais une capacité n'est pas une quantité d'électricité, et une résistivité n'est pas une résistance. En effet, $\rho=R\frac{s}{l}$ est homogène à une longueur, et $\rho$ est homogène à une résistance multipliée par une longueur. C'est pourquoi on prend pour mesure pratique d'une résistivité l'*ohm par cm²* *et par cm.*, ou encore l'"*ohm centimètre*. Cette unité étant trop grande, on prend généralement le *microhm centimètre*, qui est 10⁶ fois plus petit. Si donc on donne une résistivité en microhm centimètre, il faudra transformer les longueurs en cm., les surfaces en cm².

EXEMPLE. — Quelle est la résistance d'un fil de 1 km. de long, 5 mm. de diamètre, dont la résistivité est 1,6 microhm centimètre?

Nous aurons :
$$R=1,6\frac{100.000}{\pi\frac{\overline{0,5}^2}{4}}\cdot10^{-6}=8^\omega,14^1.$$

REMARQUE. — Parfois, en pratique, on emploie la formule approchée :
$$R=\frac{1}{60}\frac{l}{S}$$

pour le cuivre, dans laquelle $l$ est en mètres et S en millimètres carrés.

*Influence de la température.* — La mesure des résistances, à des températures variables, montre qu'elles sont influencées

---

1. La notation $8^\omega,14$ signifie 8ohms,14.

par la température suivant une loi parabolique, ce qui revient à dire que la résistivité à $t°$ est

$$\rho_t = \rho_0 \, (1 + at + bt^2).$$

On ne fait en général usage de $b$ que pour des mesures précises, car $b$ est toujours très faible; on se borne alors à une formule à deux termes. Le coefficient $a$ a pour valeur 0,0038 pour le cuivre.

*Système de conducteurs.* — La loi d'Ohm s'applique sans modification à deux conducteurs disposés bout à bout, pourvu que l'on prenne pour

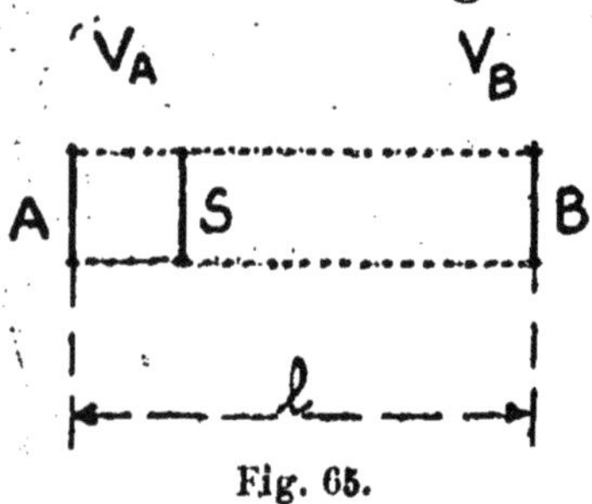

Fig. 65.

résistance du système la somme des résistances. On a en effet (fig. 65 *bis*) :

$$V_A - V_B = R_1 I, \quad V_B - V_C = R_2 I,$$

d'où

$$V_A - V_C = (R_1 + R_2) I.$$

REMARQUE. — La loi d'Ohm $E = RI = \rho \dfrac{l}{s} I$ peut se noter $E = \rho l \delta$

en désignant par $\delta$ la densité de courant à travers la section $\delta = \dfrac{I}{s}$.

**Lois de Kirchhoff.** — 1° *En un nœud de conducteurs, la somme algébrique des courants est nulle, si on considère comme positifs les courants se rapprochant du nœud, négatifs les autres.* $\Sigma i = 0$.

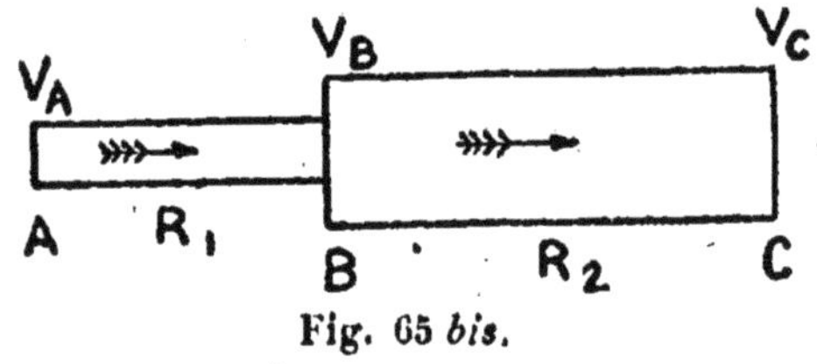

Fig. 65 *bis*.

Cela résulte de ce fait qu'il n'y a aucune accumulation d'électricité au point de bifurcation considéré A (fig. 66). On a visiblement $i_1 - i_2 - i_3 = 0$.

2° *Etant donnée une maille fermée de conducteurs tels que* ABCD, *alimentée d'une façon quelconque, contenant des forces électromotrices* + *ou* —, *telles que* e, *et parcourue par des courants de sens quelconque, on a* : $\Sigma e = \Sigma ir$.

(r étant la résistance parcourue par le courant $i$, y compris, s'il y a lieu, la résistance du générateur ou du récepteur $e$.) On convient de regarder comme positifs tous les courants tournant dans un sens arbitraire (ici $i_1$, $i_3$), et de même comme forces électromotrices positives celles qui tendraient à produire des courants dans le sens positif.

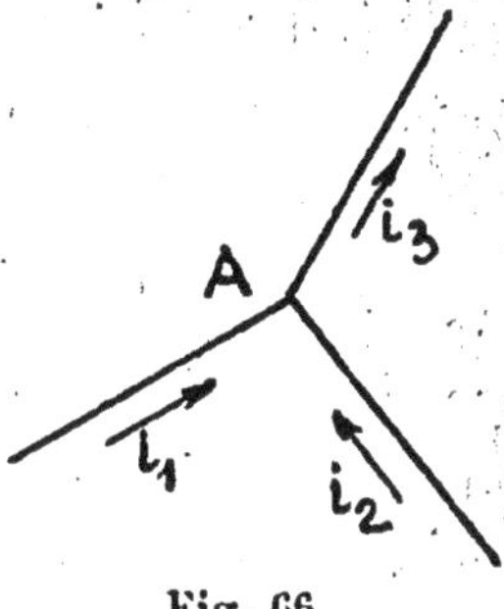

Fig. 66.

Supposons d'abord (fig. 67) qu'il existe une seule force électromotrice positive dans AB, et appliquons la loi d'Ohm à la branche AB. Remarquons que la différence de potentiel de A en B se compose de la perte par frottement dans le conducteur diminuée de la dénivellation brusque due au générateur $e$, car dans le cas de la figure, le générateur produit un courant positif, et l'on a :

$$V_A - V_B = i_1 r_1 - e,$$

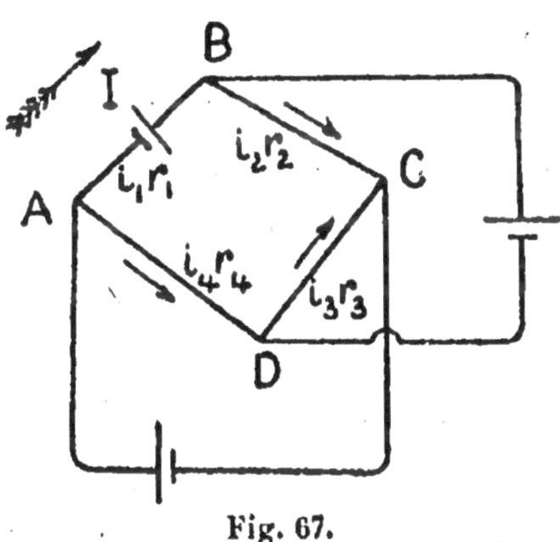

Fig. 67.

$r_1$ étant la résistance totale de la branche AB. De même de B en C.

$$V_B - V_C = i_2 r_2,$$

puis

$$V_D - V_C = i_3 r_3 \qquad V_A - V_D = i_4 r_4,$$

d'où nous tirons :

$$e = i_1 r_1 + i_2 r_2 - i_3 r_3 - i_4 r_4,$$

ce qui est bien la loi énoncée si on tient compte des signes.

Plus généralement, s'il existait d'autres forces électromotrices $+$ ou $-$ dans la maille, on trouverait de même $\Sigma e = \Sigma ir$.

APPLICATIONS. — *Loi des circuits dérivés*. — On appelle résistance équivalente R d'un système $r_1$, $r_2$, $r_3$ (fig. 68) la résistance qui pourrait remplacer ces trois résistances sans modifier le courant dans la ligne. On a

$$E = r_1 i_1 = r_2 i_2 = r_3 i_3 = RI$$

$$\frac{i_1}{\frac{1}{r_1}} = \frac{i_2}{\frac{1}{r_2}} = \frac{i_3}{\frac{1}{r_3}} = \frac{I}{\frac{1}{R}} = \frac{i_1 + i_2 + i_3}{\frac{1}{r_1} + \frac{1}{r_2} + \frac{1}{r_3}}$$

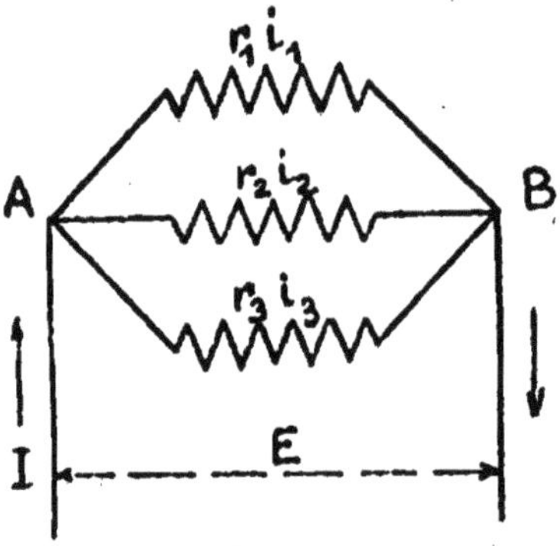

Fig. 68. 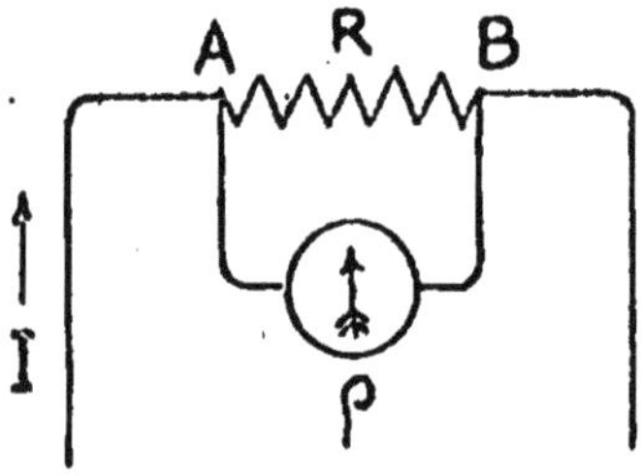       Fig. 69.

mais les numérateurs sont égaux d'après la première loi de Kirchhoff, et l'on a

$$\frac{1}{R} = \Sigma \frac{1}{r}.$$

**Problème du shunt.** — Pour l'usage des ampèremètres on a à résoudre le problème suivant :

Quelle résistance R (fig. 69) faut-il brancher aux bornes d'un ampèremètre de résistance $\rho$ pour qu'il ne passe dans l'ampèremètre qu'une fraction donnée $\frac{I}{K}$ du courant total ?

Il passera dans R

$$\frac{(K-1)}{K}\,l$$

donc

$$\frac{1}{K}\,\rho = \frac{K-1}{K}\,IR,$$

d'où

$$R = \frac{\rho}{K-1}.$$

AUTRE APPLICATION. — On monte en parallèle deux piles de 12 et 4 v., de résistances $4\omega$ et $3\omega$. On met en parallèle avec elles un pont de résistance $r = 5\omega$. Déterminer les courants qui circulent dans le système en négligeant les résistances de connexions.

On adopte arbitrairement (fig. 70) un sens de circulation des courants dans le système et on applique les lois de Kirchhoff successivement aux mailles fermées constituées par le système.

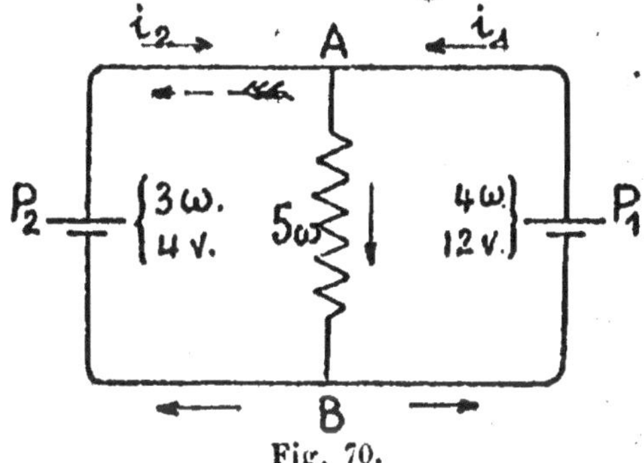

Fig. 70.

On a :
$$12 = 4i_1 + 5I$$
$$4 = 3i_2 + 5I$$

avec $I = i_1 + i_2$, d'où nous tirons $i_1 = \dfrac{8}{5}$    $i_2 = -\dfrac{1}{2}$    $I = \dfrac{11}{10}$.

Le signe de $i_2$ étant négatif, prouve que nous nous sommes trompé dans l'estimation du courant $i_2$, qui circule en réalité comme l'indique la flèche pointillée. On voit que la pile $P_1$ débite non seulement sur la résistance, mais encore à travers la pile $P_2$.

**Loi de Joule.** — Quand un courant prend naissance, son apparition donne lieu à une certaine quantité d'énergie qui se manifeste soit à l'état calorifique (thermomètre de Riess), soit à l'état chimique (phénomènes d'électrolyse), soit par une action électromagnétique (déviation de la boussole). Or il est facile de calculer l'énergie correspondante à une quantité d'électricité Q qui passe du potentiel $V_A$ au potentiel $V_B$. En effet, par définition, une masse positive unité passant de $V_A$ à $V_B$ met en jeu une quantité d'énergie $(V_A — V_B)$. Par suite, la quantité Q mettra en jeu $Q (V_A — V_B) = QE$, d'ailleurs $Q = It$, d'où :

$$W = EIt.$$

(Si E est en volts, I en ampères, $t$ en secondes, W sera en joules.)

Or Joule a montré que dans une résistance toute l'énergie se transforme intrinsèquement en chaleur, et comme $E = RI$, cette quantité de chaleur sera :

$$W = RI^2 t \text{ en joules.}$$

On sait qu'un joule vaut $10^7$ ergs et $\dfrac{1}{4,17} = 0,24$ calories grammes, donc :

$$W = 0,24 \, RI^2 t \text{ petites calories C. G. S.}$$

*Un joule* pendant *une seconde* prend le nom de *watt*.

Remarque. — Souvent, au lieu de prendre comme unité la seconde, on prend l'heure; un joule pendant une heure sera un *watt-heure*. Ce sera une unité 3600 fois plus grande que le watt-seconde.

Exemple : Dans une ligne de $10\omega$, passe un courant de 10 amp. pendant 1000 heures par an. Quelle est l'énergie perdue dans cette ligne annuellement, par effet Joule?

Si nous prenions comme unité le watt-seconde, on aurait :

$$W = 10 \times 10^2 \times 1\,000 \times 3\,600 \text{ (w.-s.)};$$

pour avoir W en watt-heure, il faut diviser par 3 600, d'où

$$W = 10 \times 10^2 \times 1\,000 \ \text{(w.-h.)}.$$

Ce qui revient à faire tout le calcul en prenant $t$ en heures. Cette remarque est souvent utile.

**Effet Peltier. — Effet Seebeck.** — Dans ce qui précède, nous avons supposé la résistance homogène. S'il n'en est pas ainsi (conducteur hétérogène), le phénomène sera compliqué par des effets accessoires appelés *effet Peltier*, *effet Seebeck*.

Soudons, par exemple, un fil de cuivre entre deux fils de fer (fig. 71) et faisons passer un courant. Peltier a montré qu'en dehors de l'effet Joule, et suivant le sens du courant, il se produisait un échauffement à l'une des soudures, et un refroidissement à l'autre. Naturellement, ce

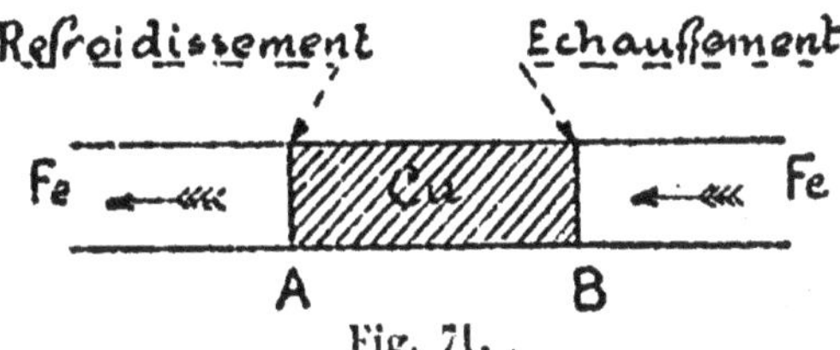

Fig. 71.

phénomène entraîne aux points A et B la production de forces électromotrices de contact. L'énergie nécessaire à l'échauffement, empruntée au courant pendant un temps $t$, sera $eIt$, $e$ étant la force électromotrice à la soudure. Cette énergie d'ailleurs sera restituée en A à la source qui produit le courant. Ainsi, tandis que l'effet Joule produit un dégagement de chaleur en tous les points du conducteur, l'effet Peltier est localisé au point de jonction des métaux; l'un est proportionnel à $I^2$, l'autre à $I$ (puisque $e = c^{te}$).

Il est facile d'ailleurs de mettre en évidence expérimentalement l'effet Peltier. Il suffit de plonger la soudure A dans un calorimètre sensible. On mesurera ainsi $Q + q = a$, quantité de chaleur produite. On recommencera l'expérience en inversant le courant; on aura $Q - q = b$.

$$q = \frac{-b}{2}.$$

Seebeck a montré que l'effet Peltier était réversible, c'est-à-dire que si l'on maintient les soudures A et B à deux températures différentes, par exemple 0 et 100, il se produira une différence de potentiel entre A et B, et, par suite, un courant prendra naissance.

C'est le principe des piles thermoélectriques.

En pratique, l'effet Peltier est négligeable vis-à-vis de l'effet Joule, en sorte que dans un projet, par exemple, il est tout à fait inutile d'en tenir compte, et il ne saurait jouer un rôle que dans des expériences très précises de laboratoire. Il est surtout connu et utilisé par sa réciproque.

**Remarque sur l'échauffement des fils. Loi de Newton.** — Dans les problèmes relatifs à l'échauffement des fils, on doit faire les remarques suivantes :

L'échauffement d'un fil par effet Joule ne croît pas indéfiniment. La température devient stationnaire lorsque la quantité de chaleur cédée au fil par effet Joule par seconde est égale à la quantité évacuée dans le même temps. Il est facile de concevoir que les causes de refroidissement du fil, par l'air extérieur, sont très difficiles à envisager par le calcul. Son agitation notamment joue un rôle considérable, et, suivant qu'un fil est ventilé ou non ventilé, l'élévation de température peut être très différente. Cependant une loi donnée par *Newton* s'applique assez bien, en air calme, pour des différences de température peu considérables entre l'air ambiant et le fil.

*En air calme, la quantité de chaleur perdue par seconde dans l'air, par rayonnement, est proportionnelle :*

*1° A la différence de température entre le fil et le milieu ambiant* $(\theta - t)$;

2° *A la surface de rayonnement (surf. latérale du fil).*

Le facteur de proportionnalité E varie avec la nature du métal du fil et l'état de la surface.

Pour le cuivre nu, propre, on prendra environ : $E = \dfrac{1}{4000}$

par cm² et par degré de différence de température.

Soit R la résistance d'un fil de rayon $r$, de longueur $l$, traversé par un courant I. On a

$$RI^2 = E2\pi r l (\Theta - t);$$

mais $R = \rho \dfrac{l}{\pi r^2}$ et

$$I^2 \rho \dfrac{l}{\pi r^2} = E2\pi r l (\Theta - t),$$

d'où $\qquad I^2 = Kr^3 (\Theta - t) \qquad K = \dfrac{2\pi^2 E}{\rho}.$

APPLICATION. — *Quelle température prendra en air calme un fil de résistivité* $\rho = 2,2$ *microhms centimètres, de diamètre* $1^{mm},65$ *avec un coefficient* $E = \dfrac{1}{4\,000}$, *lorsqu'il est parcouru par un courant de 10 ampères?*

La résistance du fil au mètre courant $R = 0^\omega,008$ et la chaleur joule dégagée par seconde est

$$Q = 0.24 \times 0,008 \times 10^2 = 0,199.$$

La surface du fil est $\pi \times 0,165 \times 100 = 51^{cm^2},8$, en sorte que par seconde et par cm² il arrive sur la surface

$$\frac{0,199}{51.8} = 0^{cal},00374.$$

Or, elle évacue par rayonnement $\dfrac{1}{4\,000}$ de cal. par cm² et par degré. Donc la température d'équilibre sera

$$\frac{x}{4000} = 0,00374 \qquad x = 15° \text{ env.}$$

**Utilisation des effets calorifiques et lumineux du courant.** — On utilise les effets calorifiques et lumineux du courant pour l'éclairage et le chauffage électriques.

1° *Lampes à incandescence.* — Elles se composent d'une ampoule munie d'un filament autrefois en charbon, actuellement métallique, et dans laquelle on a fait le vide à $\frac{1}{100}$ de mm. de mercure environ.

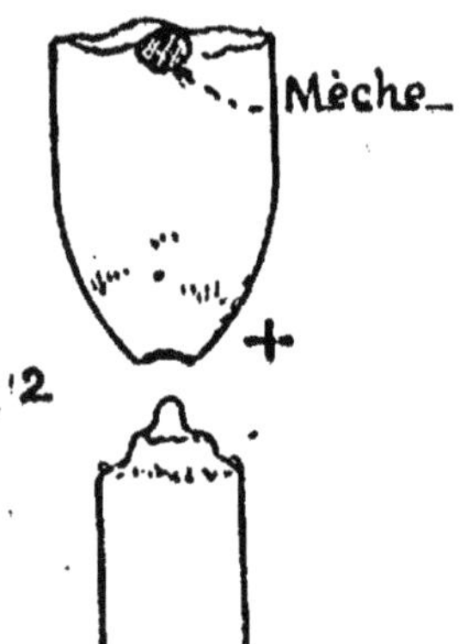



Fig. 72.

La lampe à filament de charbon consomme environ 3ʷ,5 par bougie, la température du filament est de 1500°. La lampe à filament métallique consomme environ 1 w. par bougie. La durée d'une telle lampe est de 600 à 800 heures. On ne construit guère de lampe à incandescence d'un voltage supérieur à 220 volts.

2° *Lampes à arc.* — On fait jaillir l'étincelle entre deux charbons, l'atmosphère étant rendue conductrice par les particules charbonneuses qui se rendent d'un pôle à l'autre. La température des extrémités des charbons est de 3500° environ.

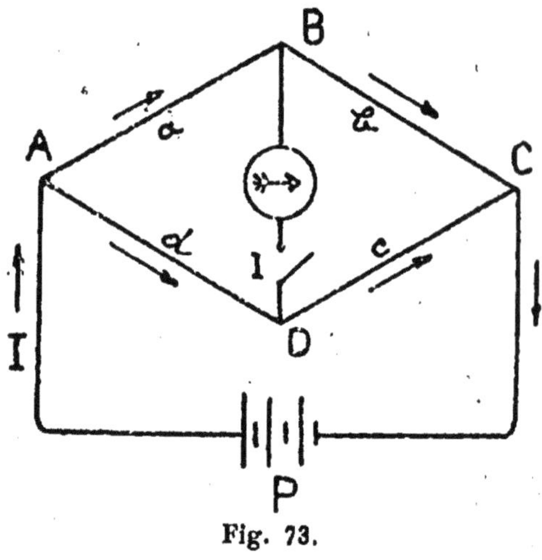



Fig. 73.

Le fonctionnement exige de 38 à 45 v., et l'on peut compter 1 watt environ par bougie. Le charbon positif s'use plus vite que le charbon négatif. C'est surtout (fig. 72) le cratère du charbon positif qui produit la lumière et la renvoie vers le sol. Pour faciliter la formation de ce cratère, le charbon supérieur est généralement muni d'une mèche, c'est-à-dire d'une partie plus friable qui facilite le creusement; l'usure est de deux cm. par charbon et par heure. Comme la distance moyenne doit être maintenue à 4 mm. environ, il faut des appareils appelés régulateurs pour maintenir l'écartement malgré l'usure.

Le chauffage électrique s'obtient à l'aide de résistances de maillechort ou de ferro-nickel.

APPLICATIONS. — **Pont de Wheatstone.** — On sait qu'on appelle ainsi le montage réalisé ci-contre (fig. 73). Cherchons la condition pour qu'il ne passe aucun courant dans le galvanomètre. On dit alors que le pont est équilibré[1]. Prenons *a priori* un sens de circulation des courants, et remarquons que puisqu'il ne

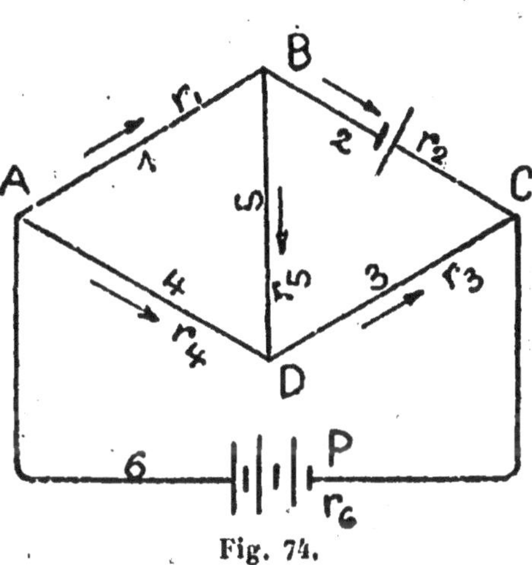


passe aucun courant dans le galvanomètre, le courant dans $a$ et $b$ sera $i_1$; dans $c$ et $d$ il sera $i_2$. On a, d'après la loi d'Ohm, puisque B et D sont au même potentiel;

$$ai_1 - di_2 = 0, \qquad bi_1 - ci_2 = 0,$$

c'est-à-dire $ai_1 = di_2$, $bi_1 = ci_2$ d'où nous tirons $ac = bd$.

Le produit de deux résistances opposées est constant. Si l'on voulait trouver les courants I, $i_1$ et $i_2$, il faudrait appliquer les

---

1. Le pont est équilibré quand une variation de résistance ou de f. e. m. dans une des diagonales ne produit pas de variations d'intensité dans l'autre diagonale, mais seulement dans les branches du pont.

lois de Kirchhoff aux circuits PADC et PABC en tenant compte de $I = i_1 + i_2$.

*Quelle est la résistance équivalente au pont équilibré?*

Ayant déterminé I, et connaissant $\rho$, résistance de la pile, la résistance qui remplacerait le pont sera telle que

$$E = (x + \rho)\, I.$$

Puisque BD peut être considéré comme inexistant, on voit qu'on devra trouver

$$\frac{1}{x} = \frac{1}{a+b} + \frac{1}{c+d}.$$

*Propriétés fondamentales du pont équilibré.* — On peut véri-

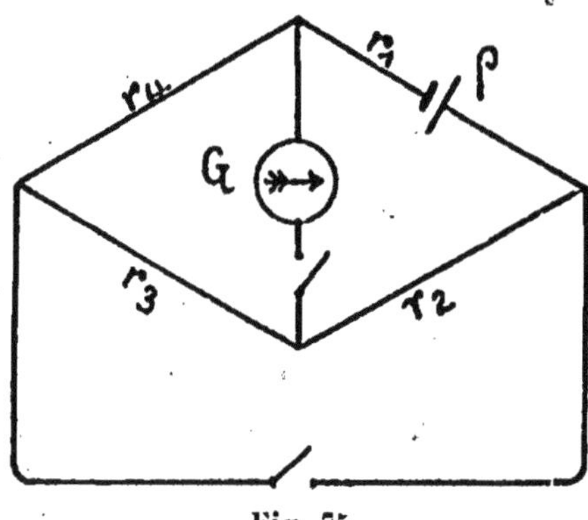

Fig. 75.

fier sur des cas particuliers ou expérimentalement que quand la condition $r_1 r_3 = r_2 r_4$ est remplie, même s'il existe des forces électromotrices dans les branches, une variation de force électromotrice ou de résistance dans une diagonale n'influe en aucune façon sur le courant qui circule dans l'autre, mais seulement sur la répartition des courants dans les autres éléments du pont.

APPLICATIONS. — 1° *Mesure de la résistance d'une pile ou d'un galvanomètre.* — Introduisons la pile P (fig. 75) dans une des branches du pont, et un galvanomètre dans une des diagonales. Réglons les résistances de manière que le pont soit équilibré[1]. Un courant passe dans le galvanomètre, car nous sommes dans un cas particulier du cas précédent. On a :

---

1. Ce que l'on constate en ouvrant et fermant les interrupteurs : la déviation reste constante en G.

$$r_1 r_3 = r_2 r_4 \qquad r_1 = \frac{r_2 r_4}{r_3}.$$

et par suite la résistance de la pile.

Intervertissons maintenant G et P et réalisons de nouveau par tâtonnements la condition d'équilibre, ce que nous constaterons avec les interrupteurs. La même relation nous donnera le moyen de déterminer la résistance d'un galvanomètre avec un seul galvanomètre.

2° *Un fil de résistance* $R_0$ *à 0° est parcouru par un courant constant I. Ce fil est plongé dans un calorimètre contenant de l'eau à 0°. On demande la loi de variation de température en fonction du temps :*

1° *Celui-ci étant protégé contre le rayonnement;*

2° *Quand il y a évacuation de chaleur par le calorimètre suivant la loi de Newton, la température ambiante étant 0. (Ecole supérieure d'électricité. Oral.)*

1° Soit $R_\Theta$ la résistance du fil à l'instant $t$, quand sa température est $\Theta$
$$R_\Theta = R_0 (1 + \alpha\Theta).$$
Pendant un intervalle de temps $dt$, le courant cède au calorimètre une quantité de chaleur $R_\Theta I^2 dt$, et cette quantité de chaleur élève la température de l'eau de $d\Theta$. Si M est la valeur en eau du calorimètre, la quantité de chaleur absorbée par l'eau est $M d\Theta$, d'où

$$R_\Theta I^2 dt = M d\Theta$$

ou
$$R_0 I^2 (1 + \alpha\Theta) \, dt = M d\Theta$$

$$dt = \frac{M}{R_0 I^2} \cdot \frac{d\Theta}{(1 + \alpha\Theta)}.$$

Posons $\dfrac{M}{\alpha R_0 I^2} = A$ et intégrons, il vient :

$$t = AL (1 + \alpha\Theta) + C^{te}.$$

Au temps $t = 0$, la température est nulle, donc la $C^{te}$ est nulle



7

$$1 + \alpha\Theta = e\frac{t}{A} \qquad \Theta = \frac{e\frac{t}{A} - 1}{\alpha}.$$

On voit (fig. 76) que la température croît indéfiniment avec le temps suivant une exponentielle; la tangente à l'origine est donnée par

$$\frac{d\Theta}{dt} = \frac{R_0 I^2}{M}(1 + \alpha\Theta)$$

$$\frac{d\Theta}{dt_0} = \frac{R_0 I^2}{M} = \frac{1}{A\alpha}$$

$$\text{tg.}\,\varphi = \frac{1}{A\alpha}.$$

2° S'il y a rayonnement suivant la loi de Newton, la quantité de chaleur fournie pendant le temps $dt$ est employée à échauffer l'eau du calorimètre de $d\Theta$ et à fournir à l'air ambiant une quantité de chaleur donnée par la loi de Newton (E, coefficient de rayonnement; S, surface extérieure du calorimètre; $\Theta$, excès de la température du calorimètre sur le milieu ambiant supposé à 0°). La quantité de chaleur perdue par rayonnement est $ES\Theta dt$; donc

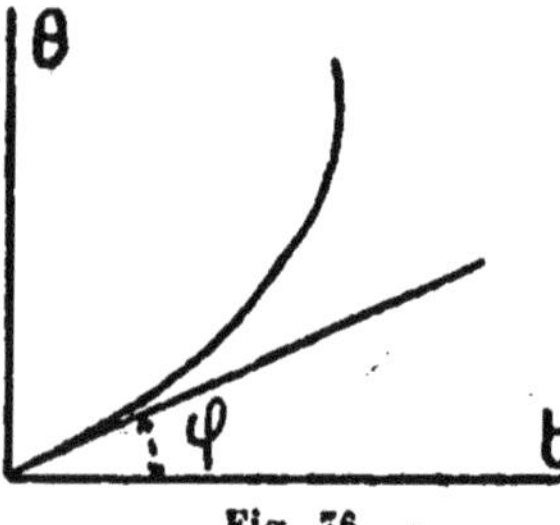

Fig. 76.

$$R_0 I^2 dt = M d\Theta + ES\Theta dt$$

$$R_0 (1 + \alpha\Theta) I^2 dt = M d\Theta + ES\Theta dt$$

$$dt [R_0 I^2(1 + \alpha\Theta) - ES\Theta] = M d\Theta$$

$$dt = \frac{M d\Theta}{R_0 I^2 + \Theta (\alpha R_0 I^2 - ES)}$$

$$dt = \frac{d\Theta}{\lambda + \mu\Theta} \qquad \frac{\alpha R_0 I^2 - ES}{M} = \mu \qquad \frac{R_0 I^2}{M} = \lambda.$$

$$t = \frac{1}{\mu} L (\lambda + \mu\Theta) + C^{te}.$$

On déterminera la $C^{te}$ en remarquant que pour $t=0$, on doit avoir $\Theta=0$.

APPLICATIONS. — 1° *Trouver la valeur de la résistance équivalente au système symétrique ci-contre formé par les résistances* a, b, c. *(École supérieure d'électricité. Oral.)*

Soit E la différence de potentielle arbitraire établie entre A et B et $i_1$, $i_2$, $i_3$, $i_4$, $i_5$, les courants qui en résultent. La résistance équivalente cherchée a pour valeur

$$x = \frac{E}{i_1 + i_2}.$$

Or, on a, en appliquant les lois de Kirchhoff :

(1) $$i_1 + i_2 = i_4 + i_5$$
(2) $$i_4 = i_1 + i_3$$
(3) $$ai_1 + bi_4 = bi_2 + ai_5 = x\,(i_1 + i_2)$$
(4) $$ai_5 = ci_3 + bi_4.$$

Or, changeons $i_1$ en $i_5$ et $i_2$ en $i_4$ et réciproquement, puis ajoutons (1) et (2), (3) et (4), nous constaterons aisément que les équations se reproduisent. Par suite, ainsi que l'indique d'ailleurs la symétrie physique, on peut poser : $i_1 = i_5$, $i_2 = i_4$. Dès lors on tire de (3) :

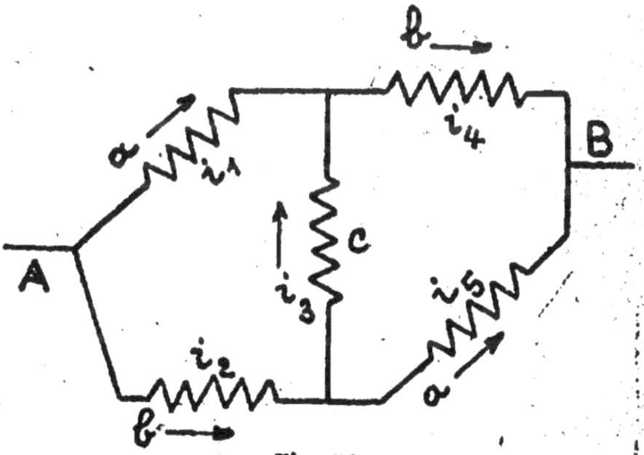

$$ai_1 + bi_2 = x\,(i_1 + i_2)$$

et de (1), (2) et (4)

$$i_2 = \frac{a+c}{b+c}\,i_1$$

$$ai_1 + b\frac{a+c}{b+c}i_1 = xi_1\left(1 + \frac{a+c}{b+c}\right)$$

$$x = \frac{2ab + ac + bc}{2c + a + b}.$$

Fig. 77.

En faisant $c = \infty$, on retrouve bien $x = \dfrac{a+b}{2}$, comme l'indique la loi des circuits dérivés.

2° *Une résistance R et une capacité C sont fermées en série sur une différence de potentiel E. On demande la quantité de chaleur qui apparaît dans la résistance quand le condensateur est chargé.* (École supérieure d'électricité. Oral.)

Remarquons (fig. 78) d'abord que si R était négligeable, la charge serait instantanée, tandis qu'elle varie avec le temps suivant une loi qu'il serait facile de déterminer, quand R a une valeur donnée non nulle. Soit U la différence de potentiel à l'instant $t$ entre les armatures du condensateur; le courant $i$ qui circule à cet instant dans R est $i = \dfrac{E-U}{R}$, et la différence de potentiel entre les extrémités de la résistance R est $E-U$. Donc la quantité de chaleur qui apparaît dans la résistance, pendant le temps $dt$, sera

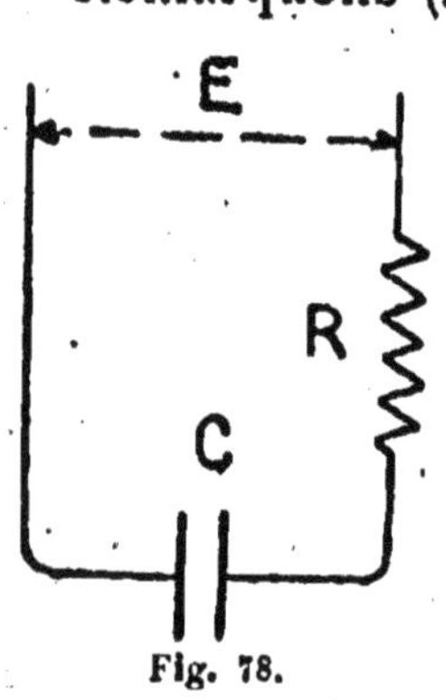

Fig. 78.

$$dq = \frac{(E-U)^2}{R}\, dt.$$

D'ailleurs la charge qui arrive au condensateur pendant $dt$ est :

$$C\,dU = i\,dt = \frac{E-U}{R}\, dt$$

d'où
$$dt = CR\,\frac{dU}{E-U}$$

$$dq = \frac{(E-U)^2}{R} \times CR\,\frac{dU}{E-U} = C\,(E-U)\,dU.$$

Le courant cessera pour $U = E$, et par suite

$$q = \int_0^E C\,(E-U)\,dU = \frac{CE^2}{2}.$$

On voit que la quantité de chaleur est égale à l'énergie emmagasinée dans le condensateur.

REMARQUE. — Pour trouver la loi de la charge ou, ce qui revient au même, de la différence de potentiel aux bornes du condensateur, il suffit d'intégrer

$$dt = CR \int_0^u \frac{dU}{E-U} \qquad t = CRL\frac{E}{E-U}$$

$$U = E\left[1 - e^{-\frac{t}{CR}}\right].$$

On voit (fig. 79) que U ne sera égal à E que pour un temps théoriquement infini.

On résoudrait d'une façon analogue le problème suivant :

*Un condensateur de capacité C est chargé à une différence de potentiel $V_0$. Les deux armatures sont mises en communication par l'intermédiaire d'une résistance élevée R. On demande au bout de combien de temps t le condensateur aura perdu les* $\frac{n-1}{n}$ *de sa charge.*

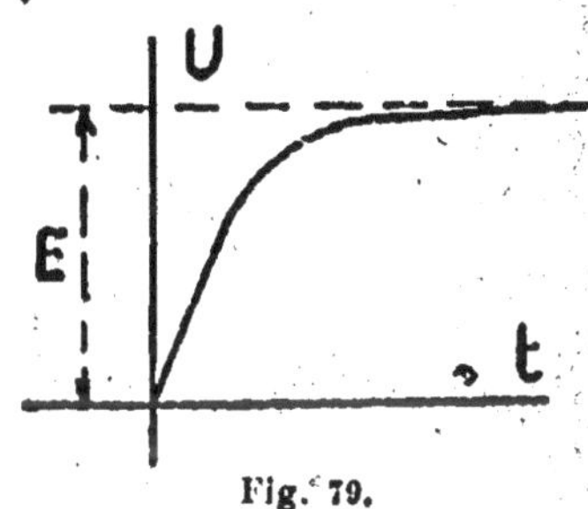

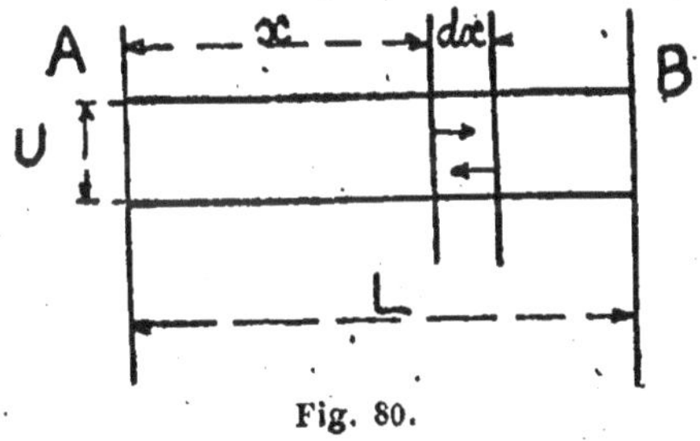

Fig. 79.

APPLICATION NUMÉRIQUE. — C=3,7 microfarads, R=2,981 mégohms, $n=100$. (École supérieure d'électricité. — Écrit, 1905.)

(Voir la solution de ce problème traité à un point de vue plus général au chapitre de l'induction.)

Fig. 80.

3° *Dans une distribution de lampes à incandescence à courant continu, les foyers sont suffisamment rapprochés pour que l'on puisse considérer que le débit total est uniformément réparti sur la longueur totale* L.

*La tension de distribution à l'origine* A *de la canalisation est* U *volts, et la section* S *des fils est constante. Quelle est la chute de tension à la distance* L *de l'origine? La résistivité du cuivre est* ρ.

Sur une longueur $dx$ (fig. 80) située à la distance $x$ de A, on a pour l'aller et le retour une perte de charge $dE = \dfrac{2\rho i\, dx}{S}$, $i$ étant le courant en M.

Or, à l'origine A, le courant est I, et à l'extrémité B il est nul. Comme il est uniformément réparti sur la longueur L, on a

en $x$
$$i = I\,\frac{L - x}{L}$$

donc
$$dE = \frac{2\rho I}{LS}\,(L - x)\,dx$$

et par suite la chute cherchée est :

$$E = \frac{2\rho}{LS} \int_0^L (L - x)\, dx = \frac{\rho L}{S}\,I\,;$$

c'est la moitié de celle qu'on observerait si toutes les lampes étaient concentrées à l'extrémité.

# CHAPITRE VII

EFFETS CHIMIQUES DU COURANT
PHÉNOMÈNES D'ÉLECTROLYSE

**Caractères de l'électrolyse.** — Quand un courant traverse un liquide (acide, base, sels en dissolution, etc.), ce liquide est décomposé par un phénomène que l'on appelle *électrolyse*. Le corps décomposé prend le nom d'*électrolyte*. Les conducteurs y amenant le courant sont les *électrodes* (positive : *anode;* négative : *cathode*).

Les produits des décompositions s'appellent des *ions;* ceux qui se portent sur l'anode portent le nom d'*anions*, les autres de *cathions*.

Les caractères de l'électrolyse sont ainsi définis :

1° Les produits de la décomposition se forment sur les électrodes seulement. Il ne se produit rien au sein de l'électrolyte. La règle du transport est la suivante : *le métal ou l'hydrogène se porte toujours à la cathode, tandis que le radical chimique se porte à l'anode.* Par exemple : $SO^4H^2$ se décompose en H et $SO^4$, H sur cathode et $SO^4$ sur anode.

2° Le métal ou l'hydrogène suit toujours le sens du courant.

3° Les ions libres peuvent réagir, soit entre eux, soit sur l'électrolyte, soit sur les électrodes, en sorte que parfois le résultat final est masqué par ces réactions secondaires. Dans toutes ces réactions purement chimiques, le courant ne joue aucun rôle.

**Exemples d'électrolyse.** — *1° Électrolyse de l'acide sulfurique.*

— On sait que si on décompose l'eau acidulée d'un voltamètre, par le passage d'un courant, $SO_4H_2$ est décomposé en $H_2$ à la cathode et $SO_4$ à l'anode. Pratiquement, par action secondaire $SO_4$ réagit sur l'eau pour fournir $SO_4H_2$ avec production d'oxygène. De sorte que le résultat final est le même que si $H_2O$ était directement décomposée en un volume d'oxygène et deux volumes d'hydrogène. L'eau pure ne conduit pas le courant et n'est pas électrolysée.

2° *Électrolyse d'un hydrate alcalin* KOH. — Si, dans un petit morceau de potasse, on creuse une cavité dans laquelle on coule une goutte de Hg, constituant la cathode, le tout reposant sur une anode de platine, on obtient l'électrolyse de KOH :

$$2KOH = 2K + H_2O + O.$$

L'O se rend à l'anode, K à la cathode, où il s'amalgame avec le mercure. C'est par ce procédé que Davy a préparé pour la première fois le potassium. En utilisant les réactions secondaires, on prépare dans l'industrie les chlorures industriels.

3° *Électrolyse d'un sel oxygéné.* — Soit $SO_4Cu$ par exemple; en prenant deux électrodes de platine, le cuivre se déposera sur la cathode, $SO_4$ en présence de l'eau régénérera $SO_4H_2$. Mais si, au lieu d'une anode de platine, on emploie une anode de cuivre, $SO_4H_2$ agira sur cette électrode en reproduisant $SO_4Cu$. Si bien que finalement tout se passera comme si le cuivre de l'anode s'était transporté sur le cuivre de la cathode. C'est le principe de la galvanoplastie, du raffinage du cuivre.

**Lois de l'électrolyse ou lois de Faraday.** — 1re loi. *L'action électrolytique est la même en tous les points d'un circuit parcouru par un même courant* (c'est-à-dire que dans plusieurs voltamètres en série, les volumes de gaz dégagés seront les mêmes quelles que soient les dimensions des voltamètres).

2e loi. *La masse d'électrolyte décomposée et des ions mis en liberté est proportionnelle à la quantité d'électricité qui a traversé l'électrolyte.*

Si on branche 3 voltamètres identiques comme l'indique la fig. 81, le volume de gaz dans V sera le double de celui de $V_1$ et de $V_2$.

3e loi. *Si un même courant traverse plusieurs électrolytes de natures différentes, les masses d'électrolyte décomposées, pendant le même temps, sont proportionnelles aux masses qui correspondent à une valence des ions mis en liberté.*

C'est-à-dire que si l'on fait passer un même courant dans des bains en série :

de $\underbrace{AzO^3 - Ag}_{\text{monovalent}}$, de $\underbrace{SO^4 = H^2}_{\text{bivalent}}$, de $\underbrace{Au \equiv Cl^3}_{\text{trivalent}}$, de $\underbrace{Pt \equiv Cl^4}_{\text{quadrivalent}}$

dont les masses moléculaires sont : 170, 98, 303, 339, nous recueillerons dans le même temps des produits de décomposition dont les masses seront proportionnelles à $\dfrac{170}{1}, \dfrac{98}{2}, \dfrac{303}{3}, \dfrac{339}{4}$,

car dans le premier cas il y a une valence rompue, deux dans le deuxième, etc.

Il suit de là que dans toute électrolyse le nombre de valences rompues est indépendant de l'électrolyte et proportionnel à la quantité d'électricité qui a passé dans le bain.

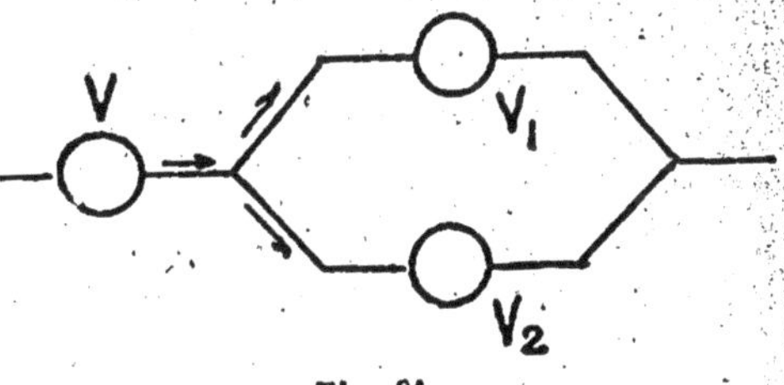


Fig. 81.

**Équivalent électrochimique.** — On appelle équivalent électrochimique d'un corps, la masse de ce corps décomposée par un *coulomb*. Soit alors K cet équivalent électrochimique, la masse décomposée par Q coulombs sera $Q \times K$.

Mais nous avons vu d'autre part que cette masse était aussi proportionnelle à $\frac{170}{1}$ pour $AzO^3Ag$, $\frac{98}{2}$ pour $SO^4H^2$, etc. Donc on peut dire encore que l'équivalent électrochimique est proportionnel à la masse moléculaire M divisée par le nombre de valences rompues $n$. Donc $K = a\,\frac{M}{n}$, $a$ étant le facteur de proportionnalité.

La chimie nous indique que les masses atomiques de l'Ag, de l'H, de l'Au et du Pt sont respectivement 108, 2, 196 et 197. Les masses déposées par une même quantité d'électricité seront, en vertu d'une loi précédente, proportionnelles à 108, $\frac{2}{2}$, $\frac{196}{3}$, $\frac{197}{4}$. Par conséquent les masses déposées par un coulomb seront 108 $a$, $a$, $\frac{196\,a}{3}$, $\frac{197\,a}{4}$.

Quant au coefficient $a$, c'est la masse d'H libérée par un coulomb, et on a trouvé $a = 0^{\text{milligr.}},01036$.

**Formules pratiques.** — Il résulte de ce qui précède que :

1° L'équivalent électrochimique K d'un corps composé sera :

$$K = 0,01036\,\frac{M}{n}\ \text{milligr.}$$

(M, masse moléculaire du corps ; $n$, nombre de valences rompues).

S'il s'agit d'un métal ou de l'hydrogène, M sera la masse atomique du métal ou de l'hydrogène.

2° La masse décomposée par une quantité Q d'électricité, pendant un temps $t$, sera : KQ ou encore $KIt$ (I en ampères, $t$ en secondes, Q en coulombs). La masse sera en milligrammes.

Examples. — Quelle est la masse d'azotate d'Ag décomposée par un coulomb ?

On a $$0,01036\,\frac{170}{1} = 1,76\ \text{milligr.}$$

Quelle est la masse d'Ag déposée par un coulomb?

On a
$$0,01036\,\frac{108}{1}=1,118\text{ milligr.}$$

Quelle est la masse de Cu déposée par un coulomb dans l'électrolyte du sulfate de Cu ($SO^4Cu$)?

Dans ce cas il y a deux valences rompues; on a :
$$0,01036\,\frac{62,5}{2}=0,329\text{ milligr.}$$

**Définition pratique de l'ampère.** — Ces phénomènes d'électrolyse permettent de donner une définition pratique de l'ampère.

On appelle *ampère* un *courant constant* qui dans une solution d'azotate d'argent dépose $0^{gr},001118$ d'argent par seconde.

**Force contre-électromotrice de polarisation de l'électrolyte.** — L'énergie absorbée par la décomposition de l'électrolyte est évidemment empruntée à la source d'électricité. On constate en effet entre les électrodes d'un voltamètre un abaissement du potentiel dans le sens du courant qui mesure la force *contre-électromotrice de polarisation* de l'électrolyte.

Désignons par $e$ cette force contre-électromotrice, I le courant et M la masse de l'électrolyte, C le nombre de calories absorbées par la décomposition de 1 gramme d'électrolyte. On a évidemment :
$$4,17\text{ CM}=e\text{I.}$$

Comme tout est connu dans cette formule sauf $e$, elle permettrait de déduire $e$, si la décomposition n'était pas accompagnée d'effets secondaires et des effets Joule et Peltier.

Remarque. — Pour que la décomposition de l'électrolyte sous l'effet d'une force électromotrice extérieure soit possible, il faut évidemment que la force électromotrice de la source soit supérieure à la force contre-électromotrice de l'électrolyte. Par suite, toute source ne peut produire l'électrolyse. Ainsi, par exemple, la force contre-électromotrice de l'eau acidulée est

1 v. 49, par conséquent un élément Daniell, qui ne produit que 1 v. 08, ne pourra réaliser l'électrolyse de l'eau acidulée. Cependant, il y a lieu de remarquer qu'une force électromotrice insignifiante peut provoquer des effets secondaires dégageant assez de chaleur pour que le phénomène d'électrolyse puisse avoir lieu.

**Réversibilité des phénomènes d'électrolyse.** — La force contre-électromotrice de polarisation subsiste dans certaines dissolutions, même après le passage du courant qui a produit l'électrolyse, l'énergie première se trouvant emmagasinée à l'état de potentiel dans la dissolution. Si donc on réunit par un conducteur les deux bornes de cette pile secondaire, les ions mis en liberté se recombineront, et le fil sera traversé par un courant de sens inverse à celui qui a provoqué l'électrolyse. Ces phénomènes sont utilisés dans les *accumulateurs industriels*.

L'emploi des accumulateurs comportera : 1° la *charge* ou décomposition de l'électrolyte avec une pile ou une dynamo. Il se produira une électrolyse avec diverses actions secondaires et l'on emmagasinera de l'énergie électrique à l'état chimique.

2° la *décharge*. On relie les deux électrodes par un conducteur; les électrodes et l'électrolyte sont le siège de transformations inverses. Les ions, mis en liberté, se recombinent. La force contre-électromotrice d'un accumulateur au plomb varie pendant la charge de 2 v. à 2 v. 5. Pendant la décharge, elle se maintient aux environs de 1 v. 9; et, à la fin de la décharge, elle tombe d'abord à 1 v. 85, puis très rapidement à 0. On arrêtera donc la décharge à 1 v. 85.

**Exemples de résolution des problèmes d'électrolyse.** — (I) *10 éléments Daniell de 1ᵛ,08 envoient un courant dans un voltamètre et dans un bain galvanoplastique en série. Dans le premier on*

recueille 9 cmc. *de gaz par minute. On demande : 1° la masse
de Cu déposée en une heure dans le bain; 2° la masse de Zn
usée par la pile dans le même temps; 3° l'intensité du courant;
4° la résistance totale du circuit.*

1° A 9 cmc. de gaz dégagés par minute dans le voltamètre,
correspond 6 cmc. d'hydrogène dont la masse est

$$6 \times 0,0013 \times 0,069 = 0^{gr},00053.$$

soit en une heure $\quad 0,00053 \times 60 = 0^{gr},0321.$

D'ailleurs les masses d'H et de Cu électrolysées en une heure
sont entre elles comme les équivalents chimiques 1 et 32. Donc,
finalement, la masse de Cu décomposée en une heure est

$$32 \times 0,0321 = 1^{gr},027.$$

2° A 1 gr. d'H correspond 33 gr. de Zn, et cela dans chaque
élément; comme il y en a 10, la quantité de Zn consommé sera

$$10,33 \times 0,0321 = 10^{gr},593.$$

3° La quantité d'H mise en liberté par minute est 0,00053; la
masse d'eau correspondante sera donc $9 \times 0,00053$, par conséquent en une seconde la masse d'eau décomposée sera 60 fois
moins grande ou : $\dfrac{9 \times 0,00053}{60} = 0^{milligr},08.$ Mais un ampère décompose 0,093 d'eau par seconde, par suite le courant que
produit l'électrolyse sera $\dfrac{0,093}{0,08} = 0^{amp},863.$

La résistance totale du circuit sera $R = \dfrac{E}{I}$, c'est-à-dire

$$R = \frac{10,8}{0,863} = 12^{\omega},5.$$

(II) *Un courant passe pendant 5 minutes dans un galvanomètre et un bain d'azotate d'argent, dans lequel il se dépose
$1^{gr},3416$ d'argent. Le galvanomètre indique 36 divisions. On aug-*

mente la résistance du circuit, et la déviation devient 27 : la quantité d'argent déposée par minute est alors 1$^{gr}$,0062. On demande : 1° *les intensités des deux courants utilisés; 2° la relation entre la déviation du galvanomètre et l'intensité du courant qui le traverse.* (La masse d'argent déposée par un coulomb est de 1$^{milligr}$,118.) (Baccalauréat, Clermont, 1897.)

En une seconde la masse d'argent déposée est $m_1 = \dfrac{1,3416}{5 \times 60}$ dans le premier cas, et $m_2 = \dfrac{1,0062}{5 \times 60}$ dans le deuxième. Comme 0$^{gr}$,00118 correspond à 1 ampère par seconde, les intensités correspondantes seront : $\dfrac{m_1}{0,001118} = 4$ amp. et $\dfrac{m_2}{0,001118} = 3$ amp.

D'autre part, on a, en désignant par K la constante du galvanomètre,

$$4 = K \times 36 \qquad \text{d'où} \qquad K = \frac{4}{36} = \frac{1}{9}.$$

La relation entre l'intensité et la déviation du galvanomètre sera $i = \dfrac{\alpha}{9}$.

# CHAPITRE VIII



**Principe de Volta. Force électromotrice de contact.** — Volta a posé le principe suivant :

*Deux métaux différents présentent au point de contact une différence de potentiel qui dépend uniquement de la nature et de la température des métaux au contact, mais qui est indépendante de leur forme, de leurs dimensions, de l'étendue des surfaces en contact et de la valeur absolue du potentiel sur chacun d'eux. C'est la force électromotrice de contact.*

**Loi des contacts successifs. Chaîne métallique.** — Dans une chaîne de métaux hétérogènes, la différence de potentiel entre le premier et le dernier est la même que si ces deux métaux étaient directement en contact, et cela quels que soient les métaux intermédiaires.

En effet, soient A, B, C, D... des métaux en contact; la chute de potentiel du premier contact sera $V_A - V_B$ et ainsi de suite pour les suivants, si bien que la d. d. p. entre le premier et le dernier sera

$$(V_A - V_B) + (V_B - V_C) + \ldots \quad + (V_M - V_N) = V_A - V_N.$$

Ce principe pouvait être prévu, en vertu du principe de la conservation de l'énergie. En effet, relions les extrémités A et N restées libres de la chaîne, il va s'établir entre elles une différence de potentiel dont la valeur absolue sera $V_A - V_N$. Il est nécessaire que cette différence de potentiel contre-balance exactement la somme algébrique des forces électromotrices de la chaîne, sans quoi on aurait une force résultante qui ferait apparaître un courant, et par suite de l'énergie dans la chaîne, sans que l'on puisse retrouver autre part le générateur de cette énergie.

**Chaîne liquide. Pile.** — La loi précédente est en défaut dans deux cas fondamentaux :

1° En un des points de contact les deux corps exercent une action chimique l'un sur l'autre. Cela aura lieu en particulier si un liquide fait partie de la chaîne et réagit chimiquement sur l'un des corps en contact avec lui. Dans ce cas, la différence de potentiel entre les deux corps extrêmes ne sera plus la même que s'ils étaient en contact, et si l'on ferme le circuit en réunissant les corps extrêmes par un fil, il se produira un courant permanent, car l'énergie représentée par ce courant se retrouvera, cette fois, dans l'énergie chimique mise en jeu par le corps attaqué. *C'est le principe des piles hydro-électriques.*

2° Les points de contact des corps de la chaîne, au lieu d'être tous à la même température, comme nous l'avons supposé précédemment, sont maintenus à des températures différentes. Dans ce cas encore, un courant pourra se produire, car l'énergie représentée pourra se retrouver sous forme thermique dans la source de chaleur. *C'est le principe des piles thermo-électriques.*

**Etude des piles hydro-électriques.** — **Fonctionnement à circuit fermé.** — La force électromotrice d'une pile est la cause qui produit le mouvement d'électricité dans le circuit fermé. On la mesure par la différence de potentiel existant entre les bornes de la pile à circuit ouvert.

Il ne faut pas confondre la différence de potentiel à circuit ouvert d'une pile, qui est une véritable constante dépendant seulement des réactions chimiques, avec la différence de potentiel aux bornes de la pile, qui varie avec le courant qui circule dans le système.

C'est qu'en effet, lorsqu'un courant circule dans la chaîne, ce courant traverse aussi bien le liquide de la pile que le circuit extérieur; mais les liquides n'ont pas une résistance négligeable, il en résulte que la partie liquide de la pile présente une résistance très réelle, que l'on appelle la résistance intérieure de la pile (de l'ordre des ohms).

Soit I le courant débité par la pile. Ecrivons que l'énergie EI résultant de l'action chimique se retrouve sous forme de chaleur dans la résistance totale du circuit, composée de la résistance R du circuit extérieur et de la résistance intérieure $\rho$ de la pile :

$$EI = (R + \rho)\, I^2 \qquad I = \frac{E}{R + \rho}.$$

Si donc E est la force électromotrice à circuit ouvert et $\rho$ la résistance intérieure de la pile lorsque celle-ci sera traversée par un courant I, il n'apparaîtra aux bornes que $e = E - \rho I$.

EXEMPLE. — Une pile de 1 v. 4 à circuit ouvert a une résistance intérieure de 2 $\omega$ et travaille sur une résistance extérieure de 5 $\omega$. Quel est le courant qui circule dans le système et la force électromotrice disponible aux bornes?

La force électromotrice de 1 v. 4 travaillant sur un circuit de $(5 + 2)\,\omega$ produira un courant :

$$I = \frac{14}{5 + 2} = 0,2.$$

Il apparaîtra aux bornes $e = 1,4 - 2 \times 0,2 = 1$ v.

Si l'on faisait travailler la pile sur une autre résistance extérieure, il en résulterait une autre valeur de I, et par suite une autre valeur de $c$. *La force électromotrice à circuit ouvert et la résistance intérieure* d'une pile sont les *constantes caractéristiques* de cette pile.

Remarquons que tandis que E ne dépend que des phénomènes chimiques et, par suite, des diverses matières en réaction (électrodes, électrolyte), la résistance intérieure, au contraire, dépend essentiellement des dimensions de la pile et de sa constitution interne. Par suite, E sera caractéristique de tout un genre de piles : type Daniell 1 v. 08, Bunsen 1 v. 8, Leclanché 1 v. 48, etc., tandis que, pour un même type, Leclanché par exemple, la résistance intérieure variera d'après les dimensions de l'élément.

REMARQUE. — C'est la résistance intérieure des piles hydro-électriques qui avait empêché pendant longtemps la découverte de la loi d'Ohm, car les phénomènes réels étaient voilés par la chute de potentiel qui se produisait à l'intérieur de la pile. Lorsque Pouillet eut l'idée d'utiliser comme générateur la pile thermo-électrique dont la résistance intérieure est à peu près négligeable, la découverte de la loi d'Ohm fut un fait accompli.

**Phénomène de polarisation.** — Quand une pile débite dans un circuit, le liquide est électrolysé, l'hydrogène se porte sur le positif et forme autour de ce pôle une gaine gazeuse qui arrête la circulation du courant, et par suite la pile cesse de fonctionner. Pratiquement, le phénomène se manifeste par une chute graduelle de tension de la pile. On atténue cet effet à l'aide de *dépolarisants* qui ont pour effet d'empêcher la formation de la couche d'hydrogène. Les meilleurs dépolarisants sont les *dépolarisants chimiques, liquides et solides*. Ils ont pour but d'oxyder l'hydrogène qui se rend au pôle positif.

Nous citerons l'$AzO^3H$ dans la pile Bunsen, que l'on dispose dans un vase poreux entourant le positif; l'acide chromique, le sulfate de cuivre (pile Daniell). Dans la pile Leclanché, le dépolarisant est solide : c'est le bioxyde de manganèse; on le dispose dans un vase poreux entourant le positif.

La présence des vases poreux présente l'inconvénient d'augmenter la résistance intérieure de la pile, le courant étant obligé de traverser les pores humides des vases. Dans les piles Leclanché de type récent, on s'est efforcé de supprimer, par des artifices, le vase poreux.

**Groupement des piles. Puissance maximum. Rendement correspondant.** — Les piles se groupent en *série* (les forces électromotrices et les résistances intérieures s'ajoutent) ou en *parallèle* (la force électromotrice du système est celle d'une seule pile, et la résistance intérieure, d'après la théorie des circuits dérivés, sera égale à la résistance d'une seule divisée par le nombre de piles).

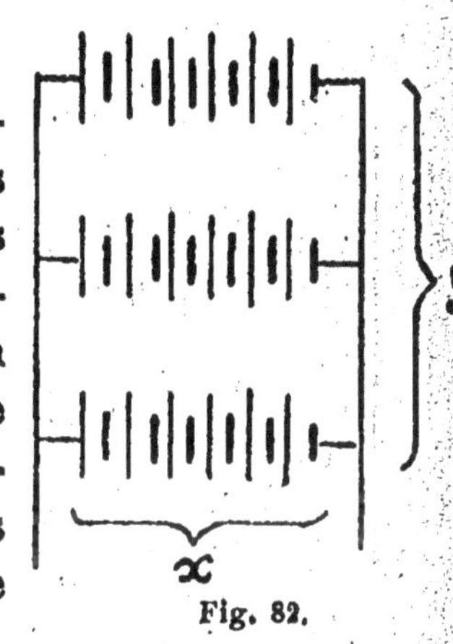
Fig. 82.

Dans la plupart des cas, on emploie des groupements mixtes formés, par exemple (fig. 82), de $x$ piles en série et de $y$ groupes en dérivation.

Soient E la force électromotrice d'une pile, $p$ sa résistance intérieure, la force électromotrice du système sera $x$E, et sa résistance intérieure $\dfrac{px}{y}$.

Dans les problèmes où entrent des groupements de piles, il sera bon de remplacer le groupement par une pile équivalente ayant comme f. e. m. $x$E et comme résistance intérieure $\dfrac{px}{y}$.

Quel que soit le groupement, la force électromotrice disponible aux bornes varie avec l'intensité débitée. On peut donc se demander dans quelles conditions doit travailler une pile ou un groupement de piles pour donner sa puissance maximum. Cette puissance, lorsque le courant est I, est

$$P = eI \qquad \text{avec} \qquad I = \frac{E - e}{\rho}$$

$\rho$ étant la résistance intérieure

$$P = e \, \frac{E - e}{\rho}.$$

P sera maximum en même temps que le numérateur qui est un produit de deux facteurs dont la somme est constante ; P sera donc maximum quand les deux facteurs seront égaux :

$$e = E - e \qquad e = \frac{E}{2},$$

Le courant correspondant sera $\frac{E}{2\rho}$, c'est-à-dire la moitié du courant de court-circuit, et pour obtenir ce résultat il nous faut travailler sur $R = \frac{e}{I} = \rho$, donc sur *une résistance extérieure égale à la résistance intérieure*. Le rendement de la pile dans ces conditions sera

$$\frac{eI}{EI} = \frac{1}{2}.$$

*Ainsi, pour qu'une pile donne toute la puissance dont elle est susceptible, il faut qu'elle travaille sur une résistance extérieure égale à sa résistance intérieure; son rendement est alors 0,50.*

La pile est donc un mauvais instrument industriel, mais elle convient très bien aux usages temporaires (sonneries, télégraphie, téléphonie, etc.). Le négatif est toujours le zinc, dont le prix est malheureusement assez élevé.

EXERCICE. — *Etant donnés* n *éléments de caractéristiques* (E, $\rho$) *et une résistance extérieure* R, *comment faut-il grouper ces* n *éléments pour obtenir dans la résistance R le courant maximum?*

Soient $x$ le nombre d'éléments en série, $y$ le nombre d'éléments en dérivation.

La pile équivalente a pour force électromotrice $x\mathrm{E}$ et pour résistance intérieure $\dfrac{\rho x}{y}$; le courant débité sera

$$I = \frac{x\mathrm{E}}{\rho\dfrac{x}{y} + \mathrm{R}}$$

$$I = \frac{xy\mathrm{E}}{\rho x + \mathrm{R}y} \qquad \text{or} \qquad xy = n \tag{1}$$

donc

$$I = \frac{n\mathrm{E}}{\rho x + \mathrm{R}y}.$$

I sera maximum quand le dénominateur sera minimum; or il est la somme de deux facteurs dont le produit est constant, donc le minimum aura lieu pour

$$\rho x = \mathrm{R}y. \tag{2}$$

Ce qui exprime que la résistance intérieure $\dfrac{\rho x}{y}$ est égale à la résistance extérieure R.

Les formules ci-dessus (1) et (2) donneront également $x$ et $y$.

**Piles thermo-électriques.** — Si l'on échauffe la soudure de deux métaux hétérogènes (cuivre et bismuth, par exemple), il se produit un courant allant de la source chaude à la source froide par effet Seebeck.

Cette force électromotrice dépend :

1° de la nature des deux métaux en contact, mais non de leurs dimensions;

2° de la différence $\theta = \theta_2 - \theta_1$ des températures des soudures chaudes et froides ;

3° de la valeur moyenne de ces températures $\dfrac{\theta_1 + \theta_2}{2}$. Cela veut dire que si l'on maintient les deux soudures à 65° et 15° $(0=50)$ $\frac{0_1 + 0_2}{2} = 40$, on n'obtient pas la même force électromotrice qu'en les maintenant à 80° et 30° $(0=50)$ $\frac{0_1 + 0_2}{2} = 55$. En général, on maintient $0_1$ à 0° dans la glace fondante, alors $0 = 0_2$.

Portons (fig. 83) en abcisses les températures 0, et en ordon-

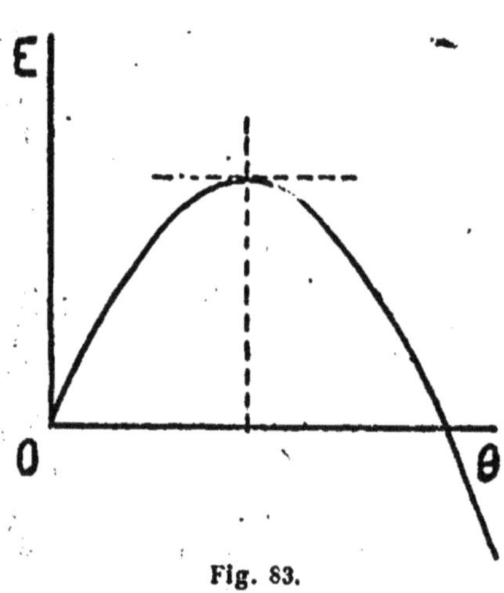

Fig. 83.

nées les forces électromotrices correspondantes ; nous obtenons une courbe parabolique. L'axe de cette parabole est parallèle à l'axe O*e*. On voit que lorsque 0 varie, la force électromotrice de la pile thermo-électrique va en croissant, passe par un maximum, pour une certaine température, puis décroît et passe, pour une température déterminée, par 0 et enfin s'inverse au delà de cette température. C'est le phénomène de l'inversion thermo-électrique.

Remarquons que, $a$ et $b$ étant deux indéterminées, la parabole de la force thermo-électrique aura pour équation

$$E = a\,0 + \frac{b0^2}{2}.$$

E est maximum pour la valeur de 0 qui annule sa dérivée, c'est-à-dire pour $a + b0_{max.} = 0$.

On peut par tâtonnement déterminer $E_{max.}$ et la valeur de $\Theta_{max.}$ correspondante, ou mieux la température d'inversion qui en est le double.

On en déduira $a$ et $b$.

On appelle pouvoir *thermo-électrique* $p$ de deux métaux le rapport de variation infiniment petite de la force électromotrice $d\mathrm{E}$ à la variation de température $d\theta$ qui la provoque. On a donc $p = \dfrac{d\mathrm{E}}{d\theta}$, et par suite, connaissant l'équation de la parabole thermo-électrique :

$$p = \frac{d\mathrm{E}}{d\theta} = a + b\theta.$$

Or, on peut écrire entre deux températures $t_1$ et $t_2$ :

$$\mathrm{E} = \int_{t_1}^{t_2} d\mathrm{E}$$

et comme
$$p = \frac{d\mathrm{E}}{d\theta} \qquad \text{et} \qquad d\mathrm{E} = p\,d\theta$$

$$\mathrm{E} = \int_{t_1}^{t_2} p\,d\theta$$

$$\mathrm{E} = \int_{t_1}^{t_2} (a + b\theta)\, d\theta.$$

Cette formule sera utilisée plus loin.

REMARQUE. — Les forces électromotrices thermo-électriques sont très faibles; par exemple, pour 0 et 100° la force électromotrice du couple fer-cuivre est de $\dfrac{1}{1000}$ de volt environ; celle du couple antimoine-bismuth est de $\dfrac{5}{1000}$ de volt.

**Diagramme de Tait.** — Construisons la droite $p = a + bt$ et observons que l'intégrale $\displaystyle\int_{t_1}^{t_2} p\,d\theta$ est l'aire du trapèze $a_1 b_1 t_1 t$ (fig. 84).

Tait a proposé de construire les droites figuratives du pouvoir thermo-électrique, quand on connaît $a$ et $b$.

Pour déterminer $a$ et $b$, on associe le métal que l'on veut étudier à un métal fixe, généralement le plomb. On obtient ainsi une série de droites que l'on trouve dans les aide-mémoire.

pour les métaux usuels. Soient (2) et (3) les droites représentatives du fer et du platine. Il résulte de ce qui précède que la différence de potentiel produite entre $t_1$ et $t_2$, par le fer et le plomb par exemple, serait mesurée par l'aire $a_1 b_1 t_1 t_2$; entre le platine et le plomb, elle serait $a_2 b_2 t_1 t_2$. Donc entre le

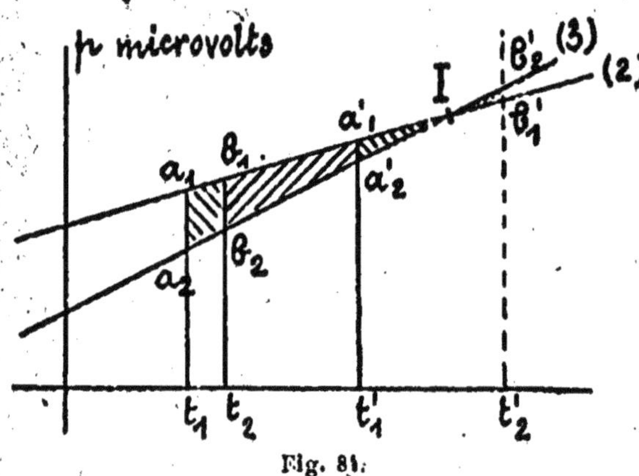



Fig. 84.

fer et le platine elle sera mesurée par l'aire $a_1 b_1 a_2 b_2$.

REMARQUE. — Si les températures $t_1'$ et $t_2'$ sont situées de part et d'autre du point I d'intersection des deux droites, il est visible qu'on doit retrancher du triangle $a_1' I a_2'$ le triangle $b_1' I b_2'$. Le point I correspond à la température d'inversion des deux métaux considérés.

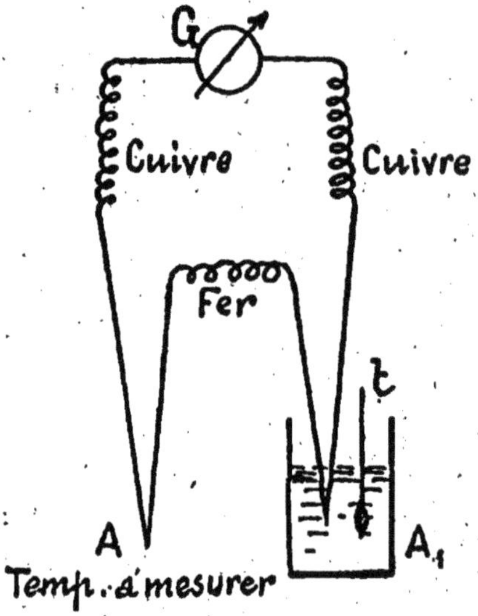

Les piles thermo-électriques se composent d'un nombre considérable d'éléments (Melloni, Clamond, etc.). Leur force électromotrice est toujours très faible, de l'ordre de $\frac{1}{100}$ de volt environ.



Fig. 85.

Dans la pratique, les piles thermo-électriques ne sont pas employées industriellement; ce sont des appareils de laboratoire. Ces piles thermo-électriques servent souvent à mesurer les hautes températures avec précision.

On cherche (fig. 85) à quelle température il faut amener le couple fer-cuivre A, pour annuler exactement au galvano-mètre G le courant produit par un couple identique en contact avec la température à mesurer A.

*Effet Thomson.* — Thomson a établi que les courants thermo-électriques n'ont pas seulement comme origine les dénivella-tions électriques brusques qui se produisent aux soudures mêmes, mais aussi à celles qui se produisent entre deux tran-ches infiniment voisines et inégalement chaudes. Toutefois, les secondes sont négligeables devant les premières. Cet effet, comparable à l'effet Peltier vis-à-vis de la loi de Joule, s'appelle *effet Thomson.*

** **

**Accumulateurs. Formation naturelle et artificielle.** — On a vu, d'après l'électrolyse de l'eau acidulée, que si l'on réunissait par un conducteur les deux électrodes un certain temps après que l'électrolyse est terminée, on obtenait la production d'une force contre-électromotrice d'électrolyse. Cette propriété peut servir à emmagasiner l'énergie électrique.

Si l'on prend comme électrodes deux plaques de Pb plongées dans l'eau acidulée, on constate que la plaque positive, toujours un peu oxydée, se transforme en plomb spongieux, tandis que la plaque négative s'oxyde. Car, pendant l'électrolyse, l'hydro-gène se rend à l'électrode positive et l'oxygène à l'électrode négative. En réalité, le phénomène est plus complexe, et des actions secondaires se produisent, l'oxyde de plomb se combine avec $SO^4H^2$ pour donner $SO^4Pb$. Pendant la décharge, des réac-tions inverses ont lieu : la plaque oxydée se désoxyde, et le sulfate remet en liberté l'acide sulfurique, tandis que la plaque réduite s'oxyde. Pendant la charge, la concentration de l'acide va diminuer, et l'inverse se produira pendant la décharge. Ces phénomènes sont utilisés dans les *accumulateurs* d'énergie électrique.

On a observé que plus un accumulateur fonctionne, plus sa capacité augmente. D'où le principe de la formation des accumulateurs par une série de charges et de décharges successives. Cette formation exige plusieurs mois, et une consommation d'énergie électrique considérable. Dans l'industrie on emploie la formation artificielle; on constitue les plaques par un réseau

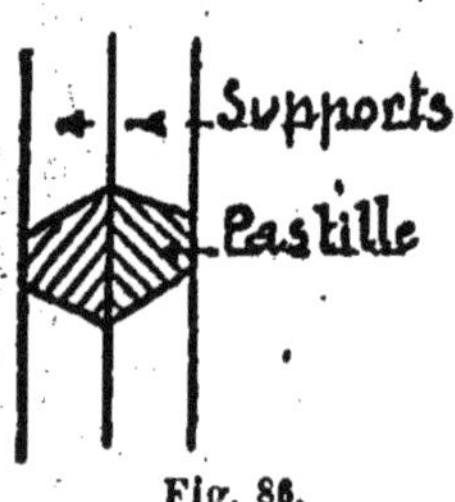

Fig. 86.

de pastilles formées d'oxyde de plomb du commerce (minium) et de litharge. Toutes ces pastilles (fig. 86) sont maintenues dans des plaques de plomb. On dispose les pastilles dans des alvéoles coniques, puis on soude deux plaques face à face.

On interpose entre les plaques positives et négatives des tubes de verre (fig. 87) pour éviter les courts-circuits, qui ont une grande importance, car la résistance intérieure est très faible. La *d. d. p.* étant voisine de 2 volts, on voit qu'un court-circuit franc, avec une résistance de l'ordre de $\frac{1}{100}$ ω, produit un

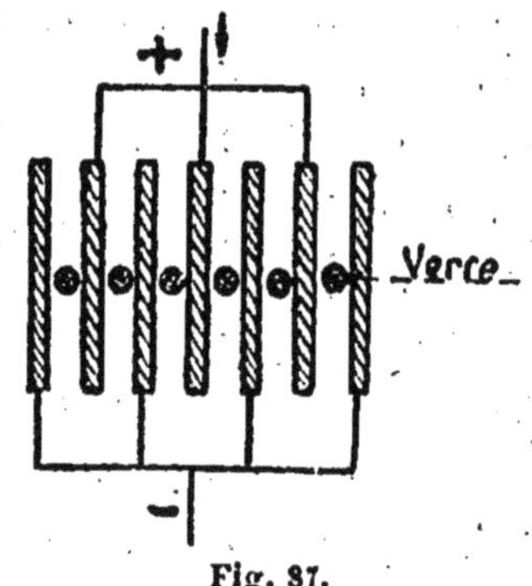

Fig. 87.

courant de court-circuit de l'ordre de 200 amp. Ce courant, passant à travers les plaques, les voile et les détériore considérablement.

APPLICATIONS. — *1° On veut alimenter 10 lampes de 16 v. absorbant chacune 1 amp., avec des éléments au bichromate (2 v. 1 ω de résistance intérieure). Comment faut-il grouper ces piles pour réaliser l'éclairage projeté avec un nombre minimum d'éléments? On supposera négligeable la résistance des conducteurs d'alimentation.*

La résistance équivalente à l'ensemble des 10 lampes est $\frac{1}{10}$ de la résistance d'une seule. Or une lampe absorbe 16 v. sous 1 amp., donc sa résistance est de 16 ω, et la résistance équivalente 1 ω 6.

Soit $z = xy$ le nombre de piles exployées, $x$ en série, $y$ en dérivation. On a $xy = z$, et le problème revient au suivant : Comment faut-il grouper $z$ piles pour produire un courant de 10 amp. dans une résistance de 1 ω 6.

La f. e. m. de la pile équivalente est $2x$, débitant sur une résistance $1{,}6 + \dfrac{x}{y}$.

$$10 = \frac{2x}{1.6 + \dfrac{x}{y}} = \frac{2xy}{1.6\,y + x} \quad (1) \qquad \text{mais } y = \frac{z}{x}$$

$$\frac{2xy}{1.6\,\dfrac{z}{x} + x} = 10$$

d'où
$$2xz = 10\,(1.6z + x^2)$$
$$2z\,(x - 8) = 10\,x^2$$

d'où
$$z = \frac{5x^2}{x - 8}.$$

Pour déterminer $z$ nous écrirons que le nombre de piles est minimum, $z$ sera minimum quand sa dérivée sera nulle, c'est-à-dire quand $(x - 8)\,10x - 5x^2 = 0$

$$5x^2 - 80x = 0 \qquad x = \frac{80}{5} = 16.$$

En portant dans (1) on obtient

$$y = 10 \quad \text{d'où} \quad z = 160.$$

2° *Une pile thermo-électrique formée d'un grand nombre d'é-*

*léments a une résistance de $3^\omega,2$ et produit aux bornes une f. e. m. de 8 v. Elle est chauffée par un bec consommant 180 l. à l'heure. Le mc. de gaz coûte $0^f,30$. On demande d'établir le prix de revient du kilowatt-heure fourni par cette pile et de déterminer son rendement en énergie, sachant que le litre de gaz renferme 5000 calories.*

Remarquons tout d'abord que la quantité de gaz brûlé est toujours la même quel que soit le courant fourni par la pile. Il nous faut donc spécifier dans quelles conditions nous voulons faire débiter la pile; ce sera à puissance maximum. On sait que, dans ce cas, il faut débiter sur une résistance extérieure égale à la résistance intérieure et que le rendement électrique est 0,5. Le courant débité correspondant sera alors

$$\frac{8\,v}{3,2+3,2}=1\text{ amp. }25.$$

Or, dans ce cas, la tension aux bornes est la moitié de la force électromotrice à circuit ouvert, soit 4 v. Donc la puissance utile sera $1,25\times4=5$ w.; en 1 heure, la pile fournira donc 5 watts-heures.

Mais un bec de gaz dépense en 1 heure

$$0,180\times0^f,30=0^f,054,$$

par conséquent 5 wh. reviennent à $0^f,054$, 1 wh. revient à $0^f,0108$. Le kwh. reviendra donc à $10^f,80$.

Pour calculer le rendement en énergie, remarquons que les 5 wh. correspondent à $5\times3600=18000$ joules, et les 180 l. de gaz à $180\times5000\times4.17$ joules; par suite le rendement cherché sera

$$\frac{18000}{180\times5000\times4.17}=\frac{1}{5\times4.17}=0,005.$$

On voit combien le rendement d'une pile thermo-électrique est faible.

*3° Deux piles de* E $=8^v$ *et* $6^v$ *ont même résistance intérieure de 1 ohm. Elles débitent en série sur une résistance* $x$. *Est-il possible de déterminer cette résistance, de manière que la différence de potentiel aux bornes de la 2ᵉ pile devienne nulle? Quelle est à ce moment l'intensité dans le circuit et quel est le rendement du système ?* (Ecole supérieure d'électricité. Oral.)

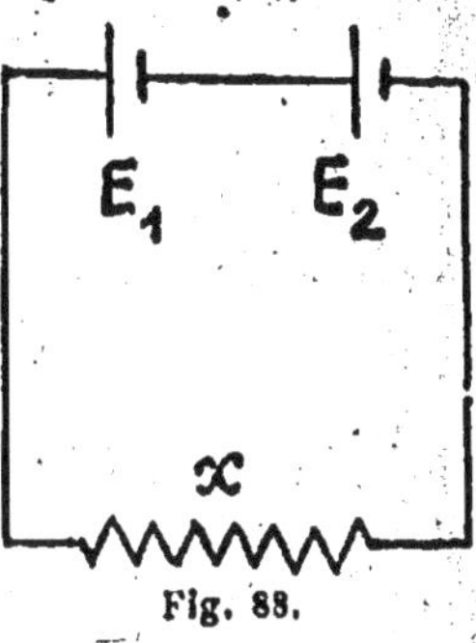

Fig. 88.

La force électromotrice aux bornes de la deuxième pile (fig. 88) sera nulle quand la chute ohmique dans sa résistance intérieure de 1 ω sera de $6^v$, c'est-à-dire quand le courant de circulation sera de $6^A$. A ce moment on aura

$$\frac{E_1 + E_2}{2 + x} = 6 \text{ ou } \frac{14}{z + x} = 6$$

$$x = \frac{1}{3} \text{ d'}\omega.$$

Le rendement du système sera

$$\frac{x\,I^2}{(E_1 + E_2)\,I} = \frac{2}{14} = \frac{1}{7}.$$

# CHAPITRE IX

## MAGNÉTISME

**Faits expérimentaux. Aimants naturels et artificiels.** — Certains échantillons d'oxyde de fer naturel possèdent la propriété d'attirer la limaille de fer : on les appelle pierres d'aimant, et la cause qui produit cette aimantation porte le nom de *magnétisme*.

D'ailleurs, la propriété d'aimantation peut être communiquée à un barreau de fer ou d'acier que l'on frotte du milieu vers les extrémités et toujours dans le même sens, avec deux aimants naturels convenablement disposés (méthode de la double touche). On trouve dans les Cours de physique diverses autres méthodes (touches séparées, etc.).

Si l'on plonge un barreau aimanté dans de la limaille de fer, celle-ci s'attache en houppes aux extrémités; il semble que la propriété magnétique se trouve ainsi concentrée aux extrémités de la tige en des points que nous appellerons les pôles de l'aimant et dont nous préciserons tout à l'heure la définition. Ces pôles paraissent d'autant plus voisins de l'extrémité de l'aimant, que la tige est plus longue et plus déliée. Vers le milieu de l'aimant est une zone neutre qui paraît sans action sur la limaille de fer. D'autre part, si on dispose au-dessus d'un aimant une feuille de papier saupoudrée de limaille de fer et si l'on frappe, sur cette feuille, de petits coups de manière à faciliter l'orientation de la limaille de fer, on voit celle-ci former des traînées comparables à des toiles d'araignée et se rendant d'un pôle à l'autre. Ces traînées sont très concentrées dans le voisinage des pôles, se raréfient dans la zone neutre, et cela d'autant plus que le barreau est plus délié : elles forment ce que l'on appelle un *spectre magnétique* (fig. 89).

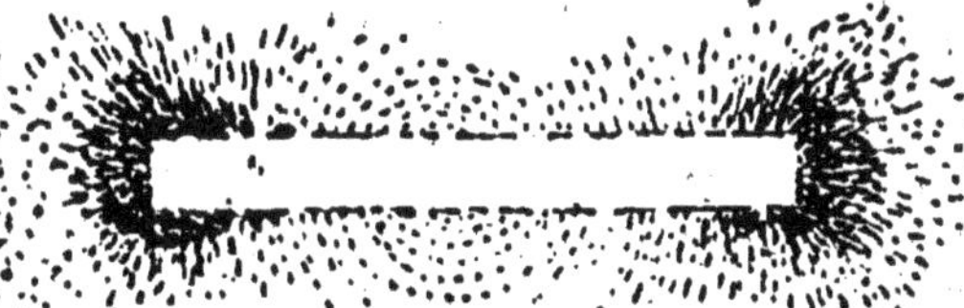

Fig. 89.

**Magnétisme terrestre. Définition précise des pôles.** — Disposons (fig. 90) une aiguille aimantée sur un pivot; on constate que l'extrémité bleue, par exemple, se dirige dans une direction fixe, et cette direction ne varie pas sensiblement d'un point à l'autre du globe. La pointe bleue est toujours dirigée vers l'hémisphère nord, et l'autre vers l'hémisphère sud : de là les noms de *pôle nord* et *pôle sud* donnés aux extrémités de l'aiguille. Si on dispose une aiguille aimantée parallèlement à un puissant aimant permanent, on constate que l'aiguille aimantée se place parallèlement à l'aimant, le pôle sud dirigé vers le pôle nord et réciproquement; on dit que *deux pôles de noms contraires s'attirent.* On vérifie aisément que *deux pôles de même nom se repoussent.*

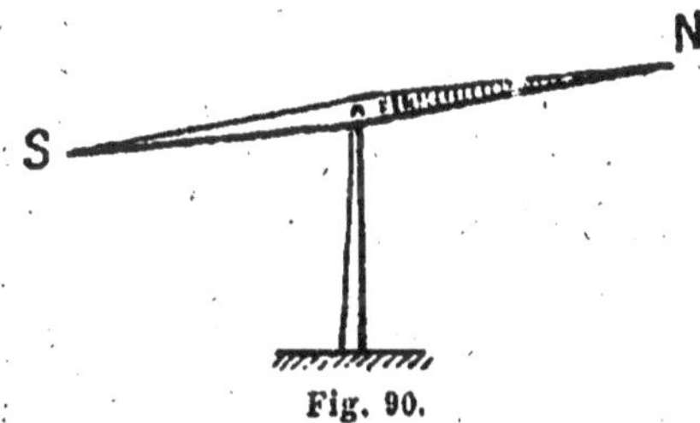

Fig. 90.

Par suite de l'orientation fixe des aimants montés sur pivot, on est fondé à penser que la terre se comporte comme si un aimant était disposé à son centre, ayant son pôle sud dans l'hémisphère nord, et réciproquement.

Nous étudierons en détail les éléments de cet aimant hypothétique terrestre; bornons-nous à examiner les conséquences de cette hypothèse.

Imaginons (fig. 91) une aiguille aimantée AB suspendue de telle façon qu'elle soit entièrement libre de prendre toute direction dans l'espace ; supposons-la déliée et suffisamment longue pour que les propriétés s'exagèrent à la limite, c'est-à-dire que ses pôles se concentrent aux extrémités. Supposons qu'il en soit de même pour l'aimant terrestre. Vu la distance très grande de cet aimant au point considéré, nous pouvons admettre que les répulsions et attractions sont dirigées vers les deux pôles de l'aimant situé au centre de la terre, et de plus qu'elles sont égales sur les points A et B. Soient F et F' l'action répulsive et attractive de l'un des pôles terrestres sur le point A ; $F_1'$, $F_1$ les mêmes actions sur le point B. Ces actions peuvent être considérées comme égales, vu le grand éloignement. Si on compose ces forces deux à deux, elles ont des résultantes $\varphi$ et $\varphi'$ égales, parallèles et de sens contraires, donc, constituant un couple : c'est le couple terrestre. On a supposé que

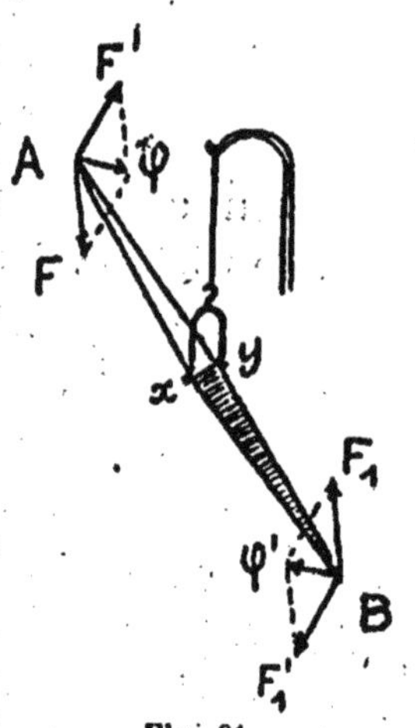



Fig. 91.

l'aiguille était filiforme. Dans la pratique, il n'en est pas toujours ainsi. On admettra alors que chaque région de l'aiguille, de part et d'autre d'une ligne neutre, contient des masses magnétiques, et on appellera *pôle* de chacune de ces moitiés le point d'application de la résultante des actions de l'aimant terrestre sur chacune de ses extrémités.

**Égalité des masses positives ou négatives. Répartition de ces masses.** — Il est facile de démontrer expérimentalement que l'action de l'aimant terrestre se réduit toujours à un couple. Pour cela, il suffit de prouver que l'action résultante n'a ni composante horizontale ni composante verticale. En effet, l'action de l'aimant terrestre n'a pas de composante verticale, car le poids d'un barreau ne change pas suivant qu'il est aimanté ou non. Il n'y a pas de composante horizontale, car un aimant abandonné sur un flotteur s'oriente dans la direction nord-sud, par une rotation sur lui-même et sans mouvement de translation.

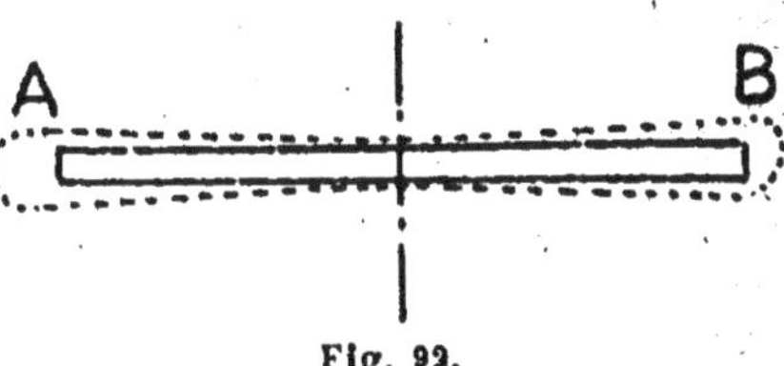

Fig. 92.

Mais alors, si l'action terrestre se réduit à un couple, on peut admettre que les masses magnétiques distribuées dans chaque région du barreau sont en même nombre et symétriquement disposées de part et d'autre de la ligne neutre. La répartition de ces masses croît de la ligne neutre aux pôles, comme l'indique la figure 92.

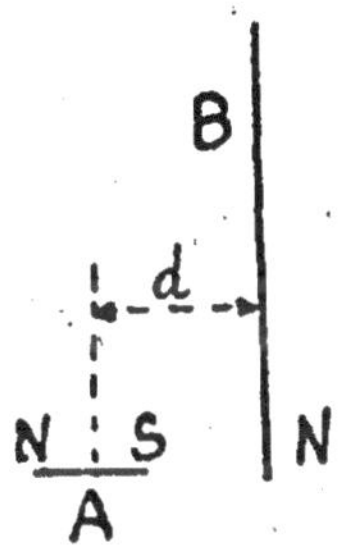

Nous concevons d'ailleurs, d'après des remarques antérieurement faites, que plus le barreau s'allongera et deviendra fin, plus les masses magnétiques seront en petite quantité sur le barreau et se reporteront presque exclusivement aux extrémités et, à la limite, pour un barreau extrêmement long par rapport à ses dimensions transversales, on peut admettre que tout le magnétisme est situé sur la surface des extrémités.

$$\frac{T'}{T} = \sqrt{\frac{\mathcal{H}}{\mathcal{H}+F}}$$

Fig. 93.

**Action réciproque de deux pôles. Lois de Coulomb.** — Nous avons vu que deux pôles de même nom se repoussent, et que deux pôles de noms contraires s'attirent.

Coulomb a cherché la loi de ces actions en supposant qu'il s'agissait d'actions entre deux masses magnétiques prises sur un pôle nord et un pôle sud. Il utilisait pour cela la balance de torsion légèrement modifiée[1]. Le fil de torsion portait une chape dans laquelle on pouvait suspendre l'aiguille aimantée par son centre de gravité. Cette aiguille était suffisamment longue pour qu'on puisse négliger l'action d'un pôle vis-à-vis de l'action de l'autre. L'aiguille était suspendue dans le plan du méridien magnétique, c'est-à-dire dans le plan passant par la verticale et par la direction NS, de façon à ce que dans la position normale le fil n'ait aucune torsion. Puis, on approchait de l'extrémité de l'aiguille un pôle d'une longue aiguille (par exemple de même nom) et on négligeait l'action terrestre vis-à-vis de l'action directe; puis on faisait les mêmes opérations que pour les masses électriques.

Grâce à ces expériences, on put acquérir la notion des masses.

Une masse magnétique est égale à 1, 2, 3 fois une autre masse magnétique, si elle produit une action 1, 2, 3 fois égale à la première sur un pôle donné situé à la même distance.

Si l'on prend une des masses comme unité, on a tout de suite la mesure de l'autre. On trouve que *l'action réciproque est proportionnelle aux masses et en raison inverse du carré des distances.*

$$f = K' \frac{mm'}{r^2}.$$

Le système d'unités dans lequel $K' = 1$ s'appelle le système d'unités C. G. S. électromagnétiques ou en abrégé système UEM.

---

1. On peut encore employer la méthode des oscillations. A est un aimant très court, et B un autre très long (fig. 93). On fait osciller A en présence de B, puis sous l'action du champ terrestre $\mathcal{H}$ seul, en opérant dans les deux cas dans le plan du méridien magnétique. On a (page 139) :

$$T = 2\pi \sqrt{\frac{K}{M\mathcal{H}}} \qquad T' = 2\pi \sqrt{\frac{K}{M(H + \mathcal{H})}} \qquad \frac{T'}{T} = \sqrt{\frac{H}{H + \mathcal{H}}}$$

H est le champ de l'aimant; on constate que

$$H = \frac{d^2}{\lambda}.$$

Par suite de cette loi, tout ce que nous avons dit pour les masses électriques s'étend aux masses magnétiques.

On appelle *champ magnétique* tout espace dans lequel un pôle magnétique éprouve une action de la part des masses du champ.

On appelle *intensité du champ* en un point, la force en grandeur, direction et sens H sollicitant l'unité de masse magnétique disposée en ce point.

L'unité de champ C. G. S est le *gauss*. C'est l'intensité d'un champ dans lequel la force agissant sur l'unité de masse serait une dyne. Si l'on abandonne la masse magnétique à elle-même, elle se déplace suivant une *ligne de force* tangente en chaque point à l'intensité du champ.

La surface formée par toutes les lignes de force constitue un *tube de force*. Le produit H $ds$ cos $\alpha$, $ds$ : élément de surface, $\alpha$ : angle de la normale avec l'intensité de champ, s'appellera le *flux* à travers la surface $ds$.

Le *potentiel magnétique* en un point sera le travail qu'il faudra accomplir ou restituer pour que la masse unité s'éloigne du point considéré à l'infini dans le champ.


**Aimantation par influence. Magnétisme rémanent.** — Lorsqu'on place un morceau de fer doux dans un champ magnétique, on reconnaît facilement, à l'aide d'une aiguille aimantée, qu'il devient lui-même un aimant dont l'axe magnétique est dirigé suivant l'axe magnétique primitif. Quand on approche de l'extrémité d'une tige de fer doux l'un des pôles d'un barreau aimanté, on y détermine la formation d'un pôle de nom contraire, et d'un pôle de même nom à l'extrémité opposée. A la suite du premier aimant M (fig. 94) on pourra en disposer plusieurs autres $a$, $b$, $c$, $d$. C'est ce qui se passe dans le spectre magnétique.

Chaque molécule devient un petit aimant et attire la suivante de façon à former une ligne continue.

Si on a employé pour les éléments *a*, *b*, *c*, *d* du fer doux, on constate qu'ils s'attirent énergiquement; si on les sépare, on constate, après séparation, que ce sont des aimants extrémement faibles, à moins que l'on ne prenne des précautions spéciales pour éviter toute vibration, toute élévation de température, et, dans ce cas, ils garderont un magnétisme considérable. Si ce sont des morceaux d'acier, l'expérience montre que les éléments *a*, *b*, *c*, *d* resteront après séparation, quelles que soient les précautions prises, d'assez faibles aimants, très tenaces. On dit que les premiers gardent une grande *aimantation rémanente*, mais avec une faible *force coercitive;* les seconds ont un faible magnétisme rémanent, mais une grande force coercitive.

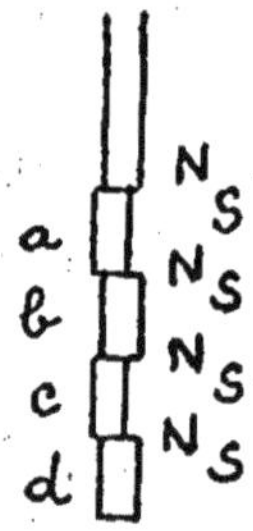

Fig. 94.

**Aimants brisés. — Hypothèses sur la constitution des aimants. — Feuillet.** — Si on prend un barreau aimanté que l'on brise en un certain nombre de morceaux, on transforme le barreau en un nombre aussi grand que l'on veut de nouveaux aimants. Ces aimants représentent des polarités telles qu'elles se succèdent NS, NS. Si, d'ailleurs, on rapproche les morceaux pour reconstituer l'aimant primitif, l'expérience montre que

Fig. 95.

ce barreau présente les mêmes propriétés qu'avant. Si loin que l'on pousse la rupture des éléments du barreau, ces propriétés se vérifient. On est fondé à penser qu'il s'agit là d'une propriété moléculaire qui serait vraie encore à la limite, dans le cas où chaque fragment d'aimant se réduirait à une molécule. Nous appellerons, par suite, *élément magnétique* un aimant linéaire de longueur infiniment petite pour lequel le magnétisme est rigoureusement localisé aux deux extrémités. On donnera le nom de *filet magnétique* (fig. 95) à une file d'éléments présentant tous à leur extrémité les mêmes masses magnétiques $+m$ et $-m$ et placés bout à bout de façon à se toucher par leurs deux pôles de noms contraires. Cette file d'éléments, par suite de sa forme cylindrique, prend le nom de filet solénoïdal. Il est évident qu'un filet solénoïdal se comporte comme si ses extrémités seules portaient les masses magnétiques $+m-m$. Il suit de là que si un filet est fermé sur lui-même, rien ne révélera son action extérieure. Le potentiel dû à un filet sera (fig. 96)

$$V = m\left(\frac{1}{r} - \frac{1}{r'}\right) \text{ en un point M.}$$

Les surfaces équipotentielles seront les mêmes que celles de deux masses électriques élémentaires. Une première hypothèse sur la constitution des aimants vient alors naturellement à l'esprit. Cette hypothèse consiste à

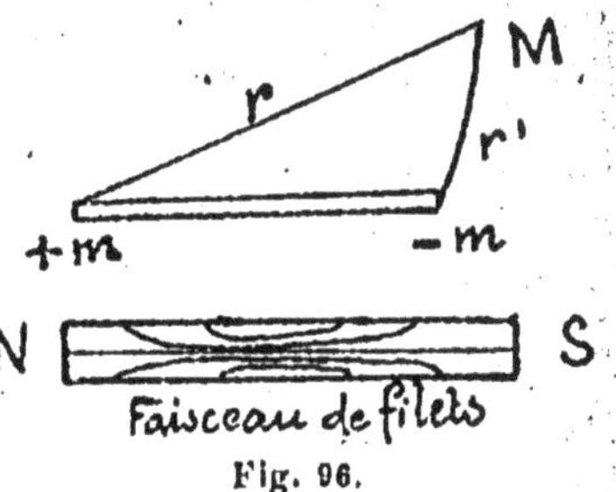

Fig. 96.

regarder un barreau aimanté comme constitué par une gerbe de filets magnétiques. Si ces filets étaient rigoureusement parallèles, les faces terminant le barreau seraient seules aimantées, mais la répulsion mutuelle des masses de même nom oblige les gerbes à s'étaler vers les extrémités, en sorte que le magnétisme apparaît sur toute une région voisine des extrémités. Lorsque le barreau n'est pas aimanté, on admet, soit que les éléments magnétiques forment des filets fermés, soit que ces éléments sont orientés confusément dans toutes les directions et, par suite, n'agissent pas sur un point extérieur.

Les diverses méthodes d'aimantation exposées en physique élémentaire consistent à frotter des aimants l'un sur l'autre; elles ont pour effet d'orienter tous les éléments en filets ouverts.

Cette hypothèse est très simple, mais pour l'assimilation des phénomènes magnétiques et électriques, une deuxième méthode est plus commode : c'est celle dite des *feuillets magnétiques.*

On appelle ainsi un système d'éléments juxtaposés d'épaisseur infiniment petite, ayant tous les pôles de même côté (fig. 97). On appelle densité magnétique $\sigma$ du feuillet la quantité de magnétisme qui recouvre un cm² de la face N; et puissance du feuillet la quantité $\sigma e$, $e$ étant l'épaisseur du feuillet infiniment petite. On voit que cette conception rend également compte des propriétés des aimants. Un aimant sera constitué par des feuillets superposés dont le magnétisme libre restera seul apparent aux extrémités. La répulsion des masses voisines, de même nom, explique encore pourquoi l'action magnétique apparaît sur la région voisine des pôles.

Fig. 97.

**Potentiel d'un feuillet. — Travail dans le déplacement d'un pôle. —** Considérons un feuillet magnétique d'épaisseur infiniment petite $e$ et un point P extérieur (fig. 98). Cherchons le potentiel en P. Prenons sur les deux faces du feuillet deux éléments ayant la même surface $aa_1=$S.

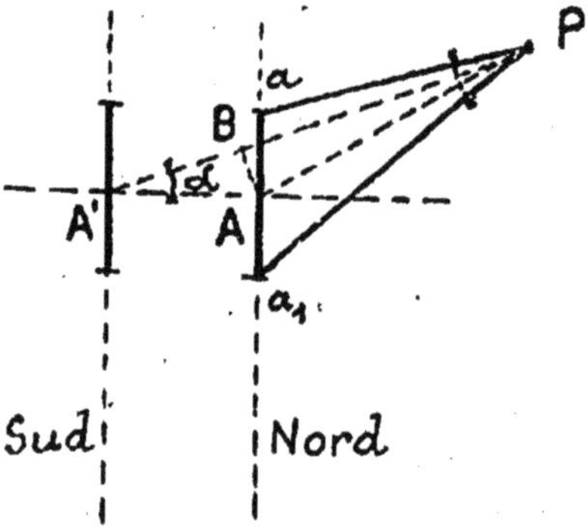

Fig. 98.

La quantité de magnétisme sur chacune de ces surfaces est $S\sigma$, et le potentiel élémentaire

$$dV=S\sigma\left(\frac{1}{\mathrm{PA}}-\frac{1}{\mathrm{PA'}}\right)$$

$$=S\sigma\frac{\mathrm{PA'}-\mathrm{PA}}{\mathrm{PA}\times\mathrm{PA'}}$$

Or, si nous abaissons une perpendiculaire AB sur PA' en remarquant que cette perpendiculaire différerait peu d'un arc de cercle, on voit que $A'B = PA' - PA = e \cos \alpha$.

Quant au produit $PA \times PA'$, il diffère peu de $PA^2$; on peut écrire

$$dV = S_\sigma \frac{e \cos \alpha}{PA^2}$$

Mais $\dfrac{S \cos \alpha}{PA^2}$ est l'angle solide élémentaire $d\omega$ ayant pour sommet le point P et pour base la surface de l'élément $aa_1$. Par conséquent, si l'on étend l'intégration à tout le feuillet, en remarquant que $\sigma e = U$, $V = U\omega$ sera le potentiel du feuillet.

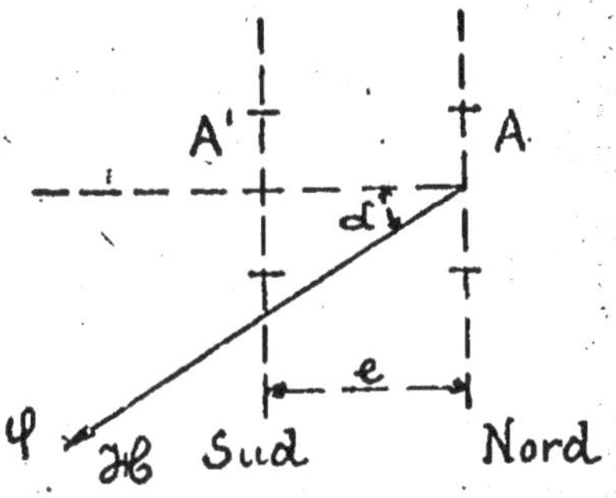

**Théorème.** — *Le potentiel d'un feuillet magnétique en un point P est égal au produit de la puissance U du feuillet par l'angle solide $\omega$ sous lequel on voit du point P la face N du feuillet tout entier.*

Fig. 99.

Remarque. — Si le contour du feuillet a une forme géométrique simple, on trouvera aisément le lieu des points d'où l'on voit ce contour sous un même angle. Ceci nous donnera les surfaces équipotentielles, puis les trajectoires orthogonales donneront les lignes de force.

**Énergie d'un feuillet dans un champ.** — Une masse électrique $q$ placée en un point P d'un champ dont le potentiel est V a une énergie $Vq$; cherchons de même l'énergie d'un feuillet tout entier situé dans un champ.

Prenons (fig. 99) deux éléments équivalents A et A' sur les

1. V. p. 31, note 1.

deux faces du feuillet situé dans le champ H faisant l'angle $\alpha$ avec son axe. On peut imaginer qu'on a réalisé l'état potentiel du feuillet dans le champ en séparant tous ses éléments tels que AA′ d'abord en coïncidence et à l'état neutre, de manière à les amener à la distance $e$ l'un de l'autre.

Le travail pour amener A en A′ est de $d\mathrm{W} = \sigma\mathrm{SH}\cos\alpha e$, mais le produit $\sigma e$ est la puissance U du feuillet.

SH $\cos\alpha$ est le flux de force magnétique pénétrant par la face positive de l'élément. L'énergie $d\mathrm{W}$ de l'élément est donc

$$dW = U d\Phi.$$

L'énergie totale de tout le feuillet sera par suite $U\Phi$.

*L'énergie d'un feuillet placé dans un champ magnétique a pour expression le produit de sa puissance par le flux total pénétrant par la face nord.*

En vertu d'une loi de la nature, si le feuillet est abandonné à lui-même dans le champ il tendra à prendre la position pour laquelle son énergie potentielle est minimum; cela aura lieu quand le flux pénétrant par la face nord sera négatif, et maximum en valeur absolue, autrement dit quand le flux sera *sortant* par rapport à la face nord et le plus grand possible.

Il se passe quelque chose d'analogue quand on abandonne un disque pesant dans le champ de la pesanteur : il se rapproche du sol, puis se dispose à plat de manière à absorber le nombre maximum de verticales qui sont les lignes de force du champ de pesanteur.

REMARQUE. — Considérons un pôle de masse magnétique positive situé à une distance infiniment petite de la surface d'un feuillet, et déplaçons ce pôle suivant une ligne quelconque de façon à l'amener en M′ à une distance infiniment petite de l'autre face (fig. 100).

Le travail qu'il faut effectuer pour amener M de M en M′ est égal à la différence de potentiel du point M en M et en M′. En

M le potentiel est mesuré par l'angle solide sous lequel on voit la face nord du point M, ou, ce qui revient au même, la surface découpée par le cône sur la sphère de rayon 1.

Si on fait tourner M autour du feuillet en suivant la variation des surfaces découpées sur cette sphère, on trouve qu'entre les positions M et M' la variation de l'angle solide ou des surfaces découpées égale la totalité de la sphère, soit $4\pi$. Le travail pour amener le pôle de M en M' est donc $4\pi u$, $u$ étant la puissance du feuillet.

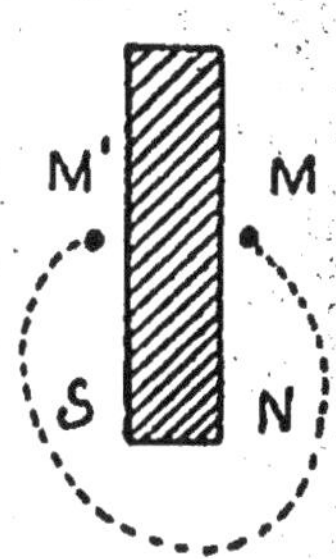



Fig. 100.

**Moment magnétique d'un aimant ou d'un système d'aimants.** — Plaçons un barreau dans un champ uniforme d'intensité H, la résultante des actions de ce champ sont deux forces appliquées aux pôles de l'aimant. L'axe magnétique du barreau est la ligne joignant les deux pôles (fig. 101).

Désignons par $m$ la masse magnétique totale recouvrant la moitié nord du barreau. La résultante des actions du champ H sur la moitié nord du barreau sera $mH$, ce sera $-mH$ sur la moitié sud.

On appelle *moment statique* du barreau le moment du couple agissant sur lui lorsqu'il est dirigé perpendiculairement aux lignes de force du champ.

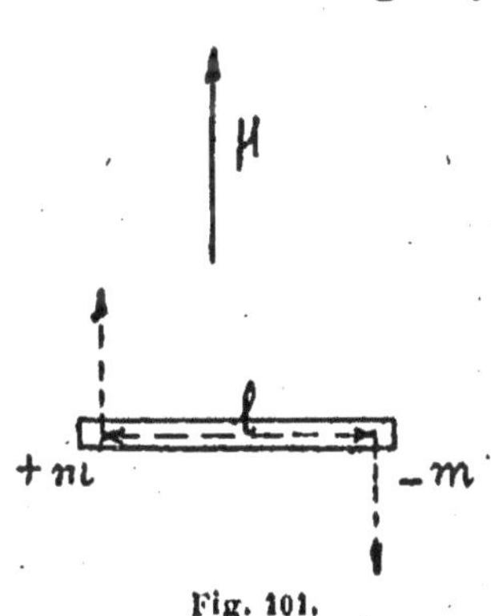



Fig. 101.

Soit $l$ la distance des pôles de l'aimant, le moment statique sera $mlH$.

Le produit $M = ml$ ne dépendant que du barreau aimanté prend le nom de *moment magnétique du barreau*.

Il est commode de représenter le moment magnétique M d'un aimant par un vecteur dont la grandeur est le produit $ml$

et dont la direction est celle de l'axe magnétique du barreau et dont le sens est celui du pôle nord.

On voit sans peine, en partant de cette représentation, que les moments magnétiques de plusieurs aimants se composeront par la méthode des vecteurs.

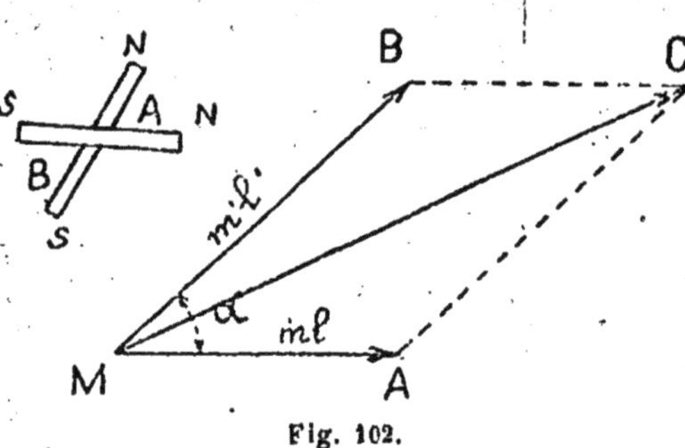

Fig. 102.

Considérons (fig. 102) deux barreaux A et B de moments magnétiques $ml$ et $m'l'$ faisant entre eux l'angle α; ces deux aimants se comporteront dans un champ comme un aimant unique dont le moment serait la somme géométrique des deux autres, c'est-à-dire comme un aimant unique de direction MC et de moment M égal à ce vecteur.

Il suffit pour le vérifier de traiter directement le problème de l'orientation du système d'aimants A,B dans un champ.

APPLICATION. — *Quel est le barreau unique pouvant remplacer 3 barreaux identiques faisant des angles de 120°?*

Par un point du plan, menons (fig. 103) les 3 vecteurs $OM_1$, $OM_2$, $OM_3$ représentant les moments magnétiques des trois barreaux. La résultante de $M_1$ et de $M_2$ est un vecteur égal et opposé à $OM_3$.

Le moment résultant sera nul. On dit que le sytème est *astatique*.

Si on retourne l'un des barreaux bout pour bout, les deux autres restant identiques, le moment résultant sera deux fois le moment magnétique d'un seul barreau.

*Couple d'un barreau dans un champ* $C = MH \sin \alpha$. — Considérons (fig. 104) un barreau AB dont l'axe fait un angle $\alpha$ avec la direction d'un champ H. La plus courte distance des deux forces qui sollicitent les pôles est

$$l \sin \alpha,$$

par conséquent le moment du couple qui s'exerce sur le barreau est $Hml \sin \alpha$ ou encore $MH \sin \alpha$. Cette formule est d'un usage continuel.

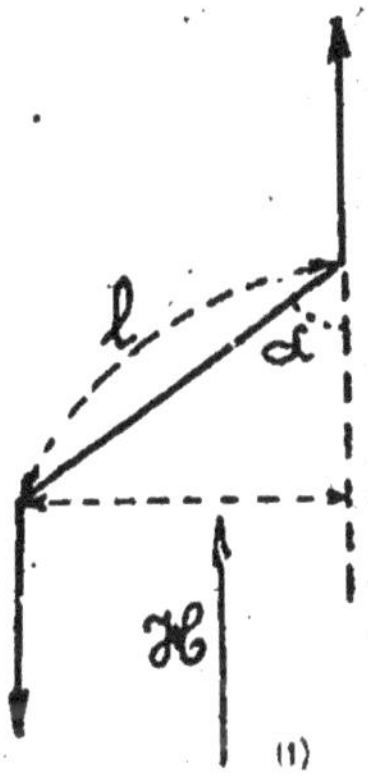

APPLICATION. — *Petites oscillations d'un barreau suspendu par son centre de gravité dans un champ uniforme et écarté légèrement de sa position d'équilibre.*

Si les déplacements sont très petits autour de la position d'équilibre, les oscillations seront très petites, et l'on est dans le cas d'un pendule, car dans le pendule la force qui à chaque instant produit le mouvement est proportionnelle au sinus de l'angle d'écart comme dans le présent cas.

*Par suite, les lois d'oscillation d'une aiguille aimantée dans un champ uniforme sont, pour de petits angles d'écart, les mêmes que pour le pendule composé* (V. page 289).

1° Durée d'oscillation $T = 2\pi \sqrt{\dfrac{K}{MH}}$

K, moment d'inertie du barreau par rapport à l'axe d'oscillation.

2° $\theta = \theta_0 \cos \sqrt{\dfrac{MH}{K}} \times t$ loi des angles d'oscillation en fonction du temps.

3° L'aiguille étant dans sa position d'équilibre, si on lui com-

Fig. 104.

1. Les notations H et $\mathcal{H}$, I et $\mathfrak{J}$, M et $\mathfrak{M}$, R et $\mathfrak{R}$ sont parfois confondues dans la composition du texte. Le lecteur voudra bien rectifier de lui-même. En principe, H ou $\mathcal{H}$ représentent une intensité de champ, I un courant, $\mathfrak{J}$ une intensité d'aimantation, M ou $\mathfrak{M}$ un moment magnétique, R une résistance, $\mathfrak{R}$ une réluctance, etc.

munique une vitesse angulaire $\omega_0$, l'élongation correspondante

sera

$$\theta_0 = \omega_0 \sqrt{\frac{MH}{K}} \, (^1).$$

**Perméabilité et induction.** — Considérons (fig. 105) un barreau aimanté et fractionnons-le en plusieurs parties. L'expérience montre qu'il se produit entre les divers fragments des champs très intenses. On est donc fondé à considérer que les lignes de force du champ magnétique dont nous rendons la présence tangible à l'aide de la limaille de fer, existent encore à l'intérieur de l'aimant et que, très écartées dans l'air, elles se concentrent dans le barreau, en sorte que si l'on pouvait examiner ce qui se passe à l'intérieur, comme dans un tube de verre, on verrait entre A′B′ et AB les lignes de force très concentrées, chacune d'elles étant complètement fermée sur elle-même.

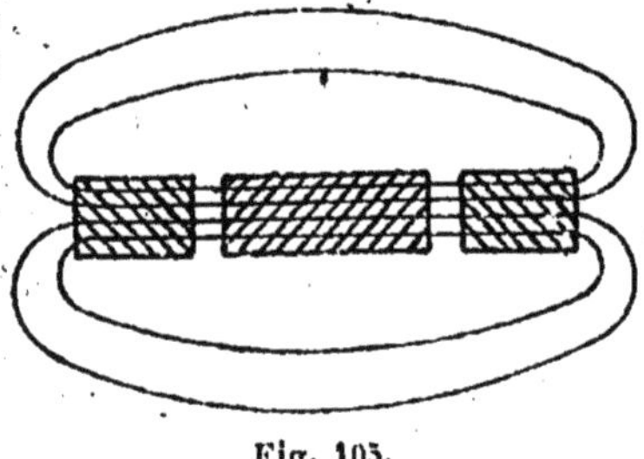

Fig. 105.

On appelle *induction* B en M, à l'intérieur du barreau, la résultante des actions exercées *par lui* sur une masse positive unité, disposée au point considéré à l'intérieur du barreau. Cette action dans l'air serait l'intensité du champ en M.

Le quotient $\dfrac{B}{H} = \mu$ qui mesure le rapport de ces deux actions s'appelle la *perméabilité* du barreau.

Le rapport $\mu = \dfrac{B}{H}$ donne une mesure de la concentration des lignes de force dans le barreau.

En effet, considérons un tube de force ABCD (fig. 106). Ce tube rencontre certaines masses magnétiques du barreau, mais,

<hr>

1. Voir note sur les systèmes oscillants.

toutes les particules de l'aimant possédant des charges égales et contraires, le flux total sortant du tube de force doit être nul; on doit avoir B = HS. Toutes les lignes de force pénétrant dans CD sortent par AB.

**Intensité d'aimantation.** — Isolons par la pensée, dans un barreau aimanté, un élément de volume en un point : cet élément peut être assimilé à un petit aimant dont le moment magnétique est M et le volume V.

Nous dirons que l'aimantation de cet élément de volume est dirigé suivant l'axe magnétique et que son intensité magnétique est

$$\mathfrak{I} = \frac{M}{V}.$$

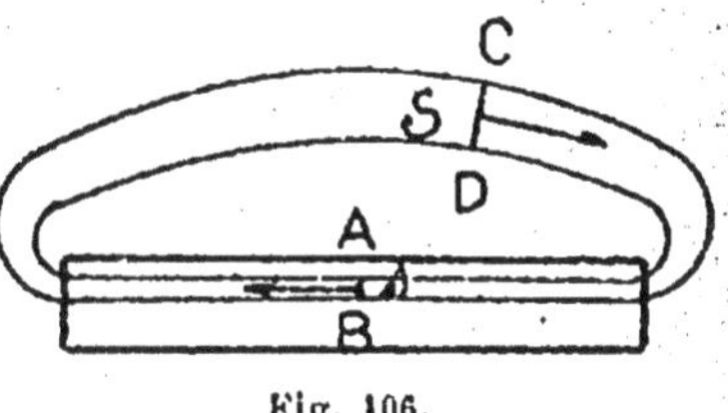
Fig. 106.

En chaque point le barreau magnétique aura une intensité d'aimantation. Nous dirons que l'*aimantation est uniforme* si $\mathfrak{I} = C^{te}$ en grandeur et en direction. Ce cas, assez rare dans les aimants permanents, se *rencontre constamment en électromagnétisme*, quand on réalise des aimants à l'aide de courants. De là sa très grande importance.

Si la direction de l'aimantation et de l'intensité d'aimantation sont les mêmes en chaque point, cela revient à dire qu'un aimant uniforme est composé de filets magnétiques parallèles et identiques. L'intensité d'aimantation constante est égale aussi à $\frac{M}{V}$; M, moment magnétique de tout le barreau, et V son volume. C'est le cas le plus utile dans la pratique.

*Un aimant uniforme ne possède de magnétisme libre que sur ses extrémités.* — C'est le cas envisagé pour un barreau dans lequel la dimension longitudinale est très grande par rapport à la dimension transversale. Dans ce cas $\mathfrak{I} = \sigma$, $\sigma$ densité sur les faces extrêmes de l'aimant. En effet, la quantité de magnétisme totale qui se trouve sur l'aimant, c'est $S\sigma$, par suite, son mouvement magnétique est $S\sigma l$,

$$M = S\sigma l = V\sigma$$

car

$$Sl = V \qquad \sigma = \frac{M}{V} = \mathfrak{I}.$$

**Formules diverses. — Formule** $\mathfrak{B} = 4\pi\mathfrak{I}$. **— Formules fondamentales du magnétisme. —** Nous avons déjà établi les formules :

$$\Phi = \mathfrak{B}S = \mu\mathfrak{H}S,$$

nous allons établir encore la formule :

$$\mathfrak{B} = 4\pi\mathfrak{I}$$

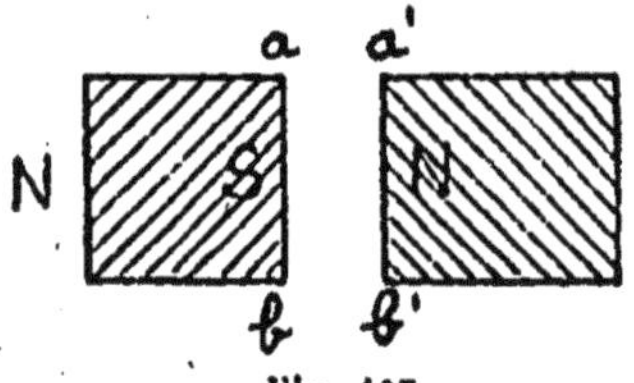


Fig. 107.

S dans le cas d'un aimant très long qui, par suite, peut être supposé uniformément aimanté et dont les surfaces extrêmes sont seules couvertes de magnétisme libre. On sait que, dans ce cas, toutes les lignes de force sont parallèles, entre elles et à l'axe magnétique du barreau ou de l'aiguille.

Coupons (fig. 107) le barreau vers son milieu et rapprochons les deux faces $ab$, $a'b'$. On sait que ces deux faces sont couvertes de quantités égales de magnétisme dont la densité $\sigma$ est égale à l'intensité d'aimantation. L'intensité du champ magnétique dans la coupure est la résultante de deux autres, savoir : celle des couches égales et contraires couvrant les faces de la coupure, et celle des deux faces extrêmes du barreau. Ces deux champs se contrarient, mais nous supposons l'action des couches extrêmes négligeable devant celle de la coupure.

Ceci posé, rappelons que l'action d'un plan uniformément électrisé sur une masse positive unité infiniment voisine est

$2\pi\sigma$. Par analogie, l'action concordante des deux plans $ab$, $a'b'$ sera donc ici $4\pi\sigma$. Or $\sigma = \mathfrak{J}$, donc $\mathfrak{B} = 4\pi\mathfrak{J}$.

Cette formule n'est qu'approchée, si les lignes de force sortent sur toute la longueur du barreau, au lieu de sortir par les extrémités seulement.

**Formule $\mu = 1 + 4\pi\varkappa$.** — On appelle susceptibilité magnétique d'un barreau le quotient $\varkappa = \dfrac{\mathfrak{J}}{\mathcal{H}}$. Considérons un barreau plongé dans un champ magnétique d'intensité $\mathcal{H}$. Ce barreau va s'aimanter par influence et produire, par son propre magnétisme sur une masse positive unité disposée à l'intérieur du barreau, une action $4\pi\mathfrak{J}$ (en supposant l'aimantation uniforme). Par suite, cette masse positive unité, qui était soumise à l'action $\mathcal{H}$ avant l'influence, sera soumise, après l'influence, à l'action $\mathcal{H} + 4\pi\mathfrak{J}$, donc

$$\mathfrak{B} = \mathcal{H} + 4\pi\mathfrak{J} \qquad \frac{\mathfrak{B}}{\mathcal{H}} = 1 + 4\pi\frac{\mathfrak{J}}{\mathcal{H}} \qquad \mu = 1 + 4\pi\varkappa.$$

**Force portante d'un aimant.** — $F = \dfrac{\mathfrak{B}^2 S}{8\pi}$. Reprenons le barreau sectionné en $ab$, $a'b'$. Supposons les deux parties $ab$, $a'b'$ infiniment rapprochées. La force qu'il faudra développer pour séparer les deux tronçons s'appelle *force portante* de l'aimant. Or, lorsqu'on a deux plans $ab$, $a'b'$ chargés d'électricité de noms contraires, on sait que la force attirant les deux plans l'un vers l'autre est égale au produit de la charge de l'un par l'intensité du champ de l'autre. Or, nous savons que l'intensité de champ d'un plan sur un point voisin, c'est $2\pi\sigma$. C'est l'action du plan $ab$ sur l'unité de masse en $a'b'$; comme il y a sur $a'b'$ une quantité $S\sigma$ de magnétisme, l'action totale est $F = 2\pi\sigma^2 S$.

**Mais** $$\sigma = \mathfrak{J} = \frac{B}{4\pi}$$

donc
$$F = \frac{2\pi B^2 S}{16\pi^2}$$

$$F = \frac{B^2 S}{8\pi}$$

F en dynes, B, S en C. G. S.

**Éléments de magnétisme terrestre.** — On appelle *méridien magnétique* d'un lieu le plan passant par la verticale et parallèle à l'intensité du champ magnétique en ce lieu.

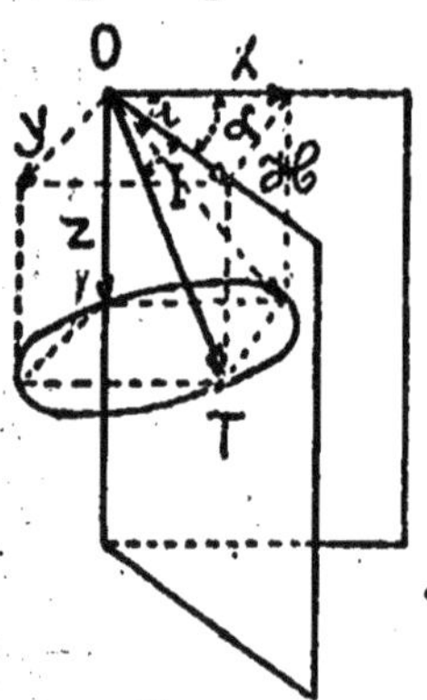
Fig. 108.

Le *méridien géographique* est le plan passant par la verticale du lieu et par l'axe de rotation de la terre.

On appelle *déclinaison magnétique* en un lieu l'angle du plan du méridien magnétique avec le plan du méridien géographique; l'angle est oriental ou occidental suivant que le méridien magnétique est à l'est ou à l'ouest du méridien géographique.

On appelle *inclinaison magnétique* I l'angle que forme l'intensité du champ magnétique avec sa projection sur l'horizontale.

*Relations fondamentales entre les éléments du magnétisme terrestre* $\mathcal{H}$, I, $\alpha$. (*Comp^{te} horiz^{le}, Inclin^{on}, Déclin^{on}*). — Soit (fig. 108) OT la résultante des actions du champ terrestre sur un pôle O. Décomposons-la suivant trois directions OX, OY, OZ rectangulaires; on a :

$$X = \mathcal{H} \cos \alpha \qquad Y = \mathcal{H} \sin \alpha \qquad Z = \mathcal{H} \operatorname{tg} I$$

et aussi
$$\operatorname{cotg.} i = \frac{\mathcal{H} \cos \alpha}{Z}$$

$$\operatorname{cotg.} i = \operatorname{cotg.} I \cos \alpha \tag{1}$$

1. $\widehat{xOT_1} = i$ est la direction que prendra l'aiguille.

La relation (1) montre qu'une aiguille aimantée mobile seulement autour d'un axe horizontal et située dans un plan vertical perpendiculaire au méridien magnétique $\left(\alpha=\dfrac{\pi}{2}\right)$ sera verticale $\left(i=\dfrac{\pi}{2}\right)$; de là un moyen de déterminer simplement le plan perpendiculaire au méridien magnétique et, par suite, celui-ci. Remarquons encore que le lieu du point T, quand $\alpha$ varie, est la circonférence décrite sur $ZT = Z \cot g\, I$ comme diamètre.

**Mesure de la déclinaison.** — La déclinaison se mesure à l'aide d'une aiguille aimantée disposée sur une sorte de théodolite permettant de viser la trace, au lieu considéré, du méridien géographique, déterminé à l'aide d'observations astronomiques.

Si on trace sur le limbe d'une boussole la direction du méridien géographique N. S., l'angle de cette boussole lu sur le limbe de la boussole donnera la déclinaison du lieu. S'il se trouve que l'axe magnétique de l'aiguille ne coïncide pas exactement avec son axe géométrique, on fait deux lectures en la retournant sens dessus dessous et on prend la moyenne des lectures ainsi faites.

En effet, l'axe magnétique reprend exactement la même direction, tandis que l'axe géométrique diffère de la position première de l'angle $\dfrac{\alpha_1 + \alpha_2}{2} = \alpha'$.

**Mesure de l'inclinaison.** — Elle se fait à l'aide d'une boussole d'inclinaison se composant d'un limbe vertical sur lequel peut se déplacer une aiguille mobile sur l'axe horizontal. On l'oriente dans le plan du méridien magnétique et on mesure l'angle de l'aiguille avec l'horizontale. On peut se dispenser d'orienter le limbe dans le méridien magnétique; en effet, soit $\alpha$ l'angle du

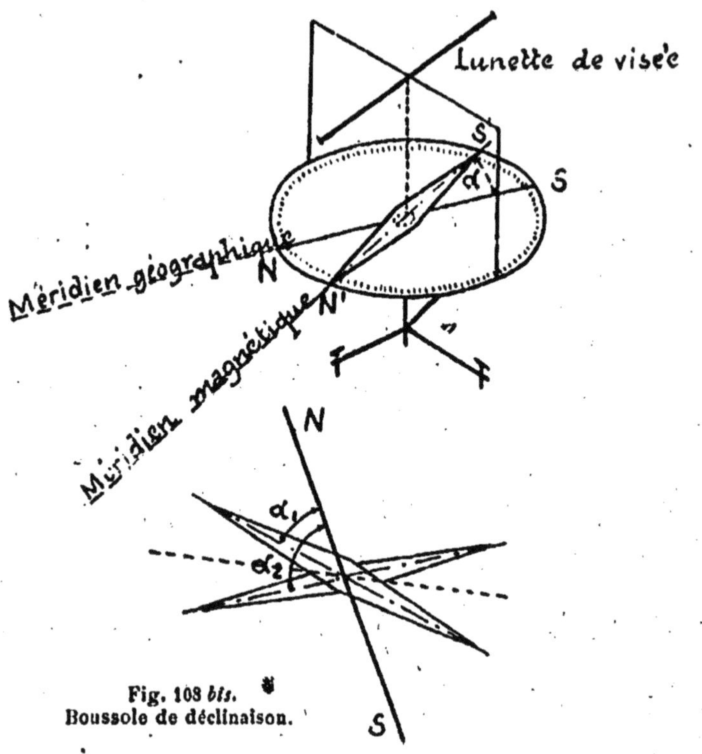



Fig. 108 *bis.*
Boussole de déclinaison.

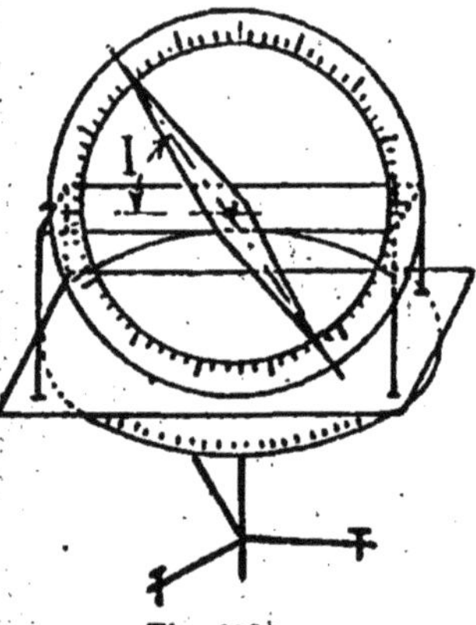



Fig. 108 *ter.*
Boussole d'inclinaison.

plan du limbe avec le méridien magnétique. On a, d'après (1) :

$$\operatorname{cotg} i = \operatorname{cotg} I \cos \alpha \qquad \text{et on lit } i.$$

On fait tourner le limbe exactement de
$\dfrac{\pi}{2}$, on lit alors $i''$ tel que

$$\operatorname{cotg} i' = \operatorname{cotg} I \sin \alpha,$$

d'où $\quad \operatorname{cotg}^2 i + \operatorname{cotg}^2 i' = \operatorname{cotg}^2 I,$

ce qui détermine I.

**Mesure de l'intensité du champ terrestre.** — Pour mesurer l'intensité du champ terrestre, il suffit de mesurer sa composante horizontale II et la déclinaison : on en déduira le champ lui-même. Tout revient à mesurer la composante horizontale du champ terrestre. Pour cela on mesure le produit MII et le quotient $\dfrac{M}{II}$, M étant le moment magnétique d'un barreau aimanté.

*Mesure de* MII. — 1° *Méthode statique.* — Cette première méthode consiste à équilibrer le couple terrestre par un couple de torsion (fig. 109), jusqu'à ce qu'on ait rendu l'axe perpendiculaire au champ terrestre.

Le couple de torsion $C\theta = MII$.

On opère à l'aide d'un tambour gradué permettant de mesurer $\theta$ avec beaucoup d'approximation, comme, par exemple, dans la balance de Coulomb.

2° *Méthode dynamique.* — Cette deuxième méthode est basée sur la durée d'oscillation d'une aiguille aimantée suspendue à un fil sans torsion. L'aiguille se place dans la direction de la composante horizontale du champ terrestre.

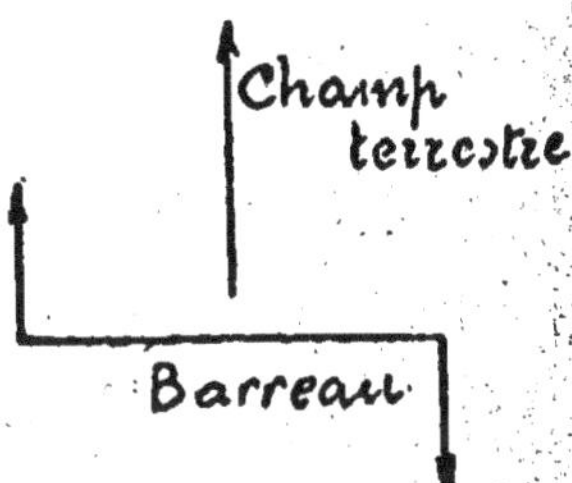

Fig. 109.

Si on écarte cette aiguille de sa position d'équilibre d'un angle $\theta$, il va naître un couple $MII\sin\theta$.

Si $\theta$ est très petit, on a sensiblement $MII\theta$.

Ce sont les conditions d'oscillation d'un pendule simple dont la durée d'oscillation est donnée par

$$T = 2\pi \sqrt{\frac{K}{MII}}.$$

K, moment d'inertie du barreau par rapport à l'axe de rotation.

On observera donc le nombre d'oscillations par seconde, soit N. On a :

$$\frac{1}{N} = 2\pi \sqrt{\frac{K}{MH}}.$$

On peut donc déduire MH.

*Mesure de* $\dfrac{M}{H}$. — Cette méthode est celle de Gauss.

Considérons (fig. 110) un aimant très petit placé en O et sup-posons-le suffisamment petit pour le comparer à un point. Perpendiculaire-ment au plan du méridien magnétique, disposons un aimant AB, à une distance de O suffisamment grande par rapport aux dimensions de AB, pour que OA et OC ne diffèrent pas sensiblement. L'un des pôles, austral par exemple, de l'ai-mant O est soumis :

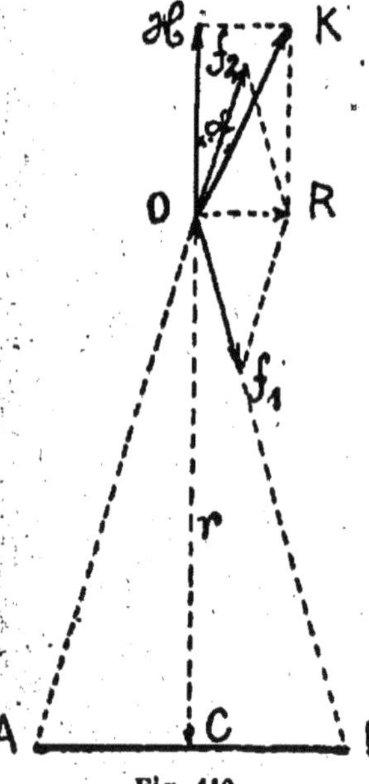

Fig. 110.

1° à l'action de la composante H du champ terrestre;

2° à une force $Of_1$ provenant du pôle B et à une force $Of_2$ provenant du pôle A, attractive et répulsive. Leur gran-deur commune est $\dfrac{m}{OA^2}$, $m$ étant la masse magnétique de A, en supposant que l'unité de masse soit en O. Ces deux forces se composent en une seule R. La résultante de H et de R sera alors le vecteur OK. L'axe de l'aimant prendra la direction OK.

On pourra mesurer $\alpha$ par une méthode optique quelconque; la connaissance de cet angle va nous donner $\dfrac{M}{H}$ (fig. 10).

En effet, les deux triangles $Of_1R$ et AOB sont semblables. On a $\mathrm{tg}\,\alpha = \dfrac{OR}{H}$ et on a, d'autre part, $\dfrac{OR}{AB} = \dfrac{Of_1}{OA}$

$$OR = AB \frac{m}{\overline{OA}^3}$$

$$\frac{m}{H} \frac{AB}{} = \frac{M}{H} \frac{1}{\overline{OA}^3}$$

OA peut être confondu avec $r$; on a donc $\frac{M}{H} = r^3 \operatorname{tg}\alpha$. De la connaissance de MH et $\frac{M}{H}$ on déduit M et H.

REMARQUE. — Le calcul de MH et de $\frac{M}{H}$ a été envisagé au point de vue de la mesure de la composante horizontale du champ terrestre, mais il peut être aussi bien envisagé au point de vue du calcul du moment magnétique d'un barreau. Cependant, en général, on connaît par des tables la composante horizontale du champ terrestre en un lieu donné. Il suffit alors de connaître l'un des facteurs, soit MH, soit $\frac{M}{H}$. On prend souvent le produit MH par la méthode statique ou celle des oscillations. Ainsi l'intensité du champ terrestre à Paris, le 1er juin 1900, est en C. G. S. : composante horizontale, 0,196; composante verticale, 0,423. En chiffres ronds, on admet 0,2 pour la composante horizontale du champ terrestre à Paris; l'inclinaison est de 65° environ, la déclinaison de 15° environ.

REMARQUE. — Ces nombres sont des moyennes, car l'expérience montre que le champ magnétique terrestre varie en un même point, accidentellement avec les aurores boréales, tremblements de terre, etc. Les variations dites périodiques sont de deux sortes : 1° variations de chaque jour où la composante varie légèrement suivant les heures de la journée et des saisons; 2° variations de la valeur moyenne avec le temps.

EXERCICES. — 1° *Le moment magnétique d'un barreau ai-*

manté est de 10.000 unités C. G. S. *Sa densité est 8,8, il pèse* 2$^k$,500. *Quelle est l'intensité d'aimantation moyenne?*

On a : $\Im = \dfrac{M}{V}$.

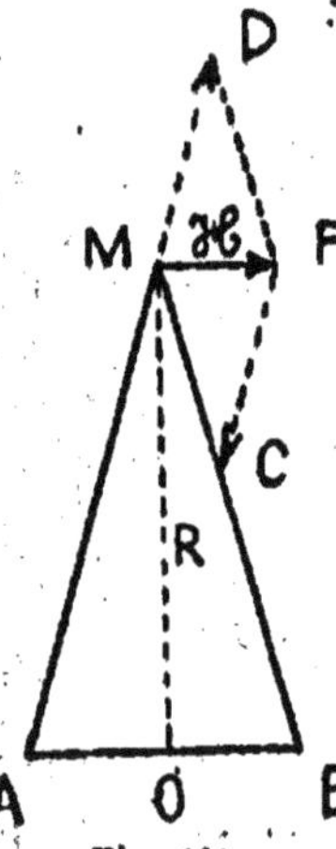


Le barreau pèse 2$^k$,500, son volume est 312$^{cm^3}$.

$$\Im = \frac{10.000}{312} = 32 \text{ unités C. G. S.}$$

2° *En un lieu où l'inclinaison est nulle, le champ terrestre a pour intensité* H = 0,33. *En déduire le moment magnétique de la terre, supposée sphérique, et son intensité moyenne d'aimantation.*

Si l'inclinaison est nulle au point considéré, le champ est horizontal, ce qui exige, par raison de symétrie, que ce champ appartienne à l'équateur magnétique dont le plan est perpendiculaire au milieu de l'aimant terrestre.

On a alors (fig. 111) :

$$\frac{H}{AB} = \frac{MD}{MA}$$

Or, on a sensiblement :

$$MA = MO = R = \frac{40\,10^6}{2\pi} \times 10^2 \text{ cm.}$$

$$R = \frac{2}{\pi}\,10^9.$$

$$\frac{H}{AB} = \frac{m}{R^3} \qquad m \times AB = M.$$

$$M = HR^3 = 0,33 \times \frac{2}{\pi}\,10^9$$

$$\Im = \frac{M}{V} = \frac{HR^3}{\frac{4}{3}\pi R^3} = \frac{0,33}{\frac{4}{3}\pi}$$

$$\Im = 0,08.$$

# CHAPITRE X

## ÉLECTROMAGNÉTISME

**Phénomènes fondamentaux.** — Ces phénomènes ont pour base l'expérience d'Œrsted.

Une aiguille aimantée disposée parallèlement à un fil est déviée de sa position d'équilibre par le passage du courant.

L'expérience est encore rendue plus nette par l'utilisation de cadres multiplicateurs dans lesquels les effets précédents s'ajoutent (fig. 112).

Si on considère un observateur placé de telle manière que le courant entre par les pieds et sorte par la tête, et s'il regarde à l'intérieur du cadre, il verra le pôle nord de l'aiguille se diriger vers la gauche du courant.

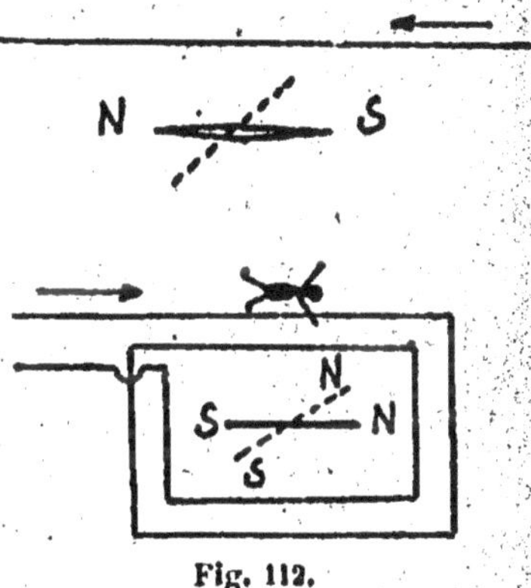


Fig. 112.

**Champ galvanique.** — Pour expliquer le phénomène précédent, Ampère a mis en évidence une série de résultats que nous allons passer en revue.

Si l'on met (fig. 113) de la limaille de fer sur un papier traversé par un fil dans lequel passe un courant, on voit cette limaille s'orienter en cercles concentriques, de manière à représenter un spectre galvanique, tout à fait analogue au spectre magnétique.

Si l'on dispose une petite aiguille aimantée dans ce champ galvanique, elle s'orientera tangentiellement aux lignes de force, suivant la règle dite du tire-bouchon de Maxwell :

*Si l'on enfonce un tire-bouchon dans le sens du courant, le sens de rotation de la poignée donnera la direction du pôle nord de l'aiguille.*

La direction des lignes de force du champ galvanique est celle de ce pôle nord.

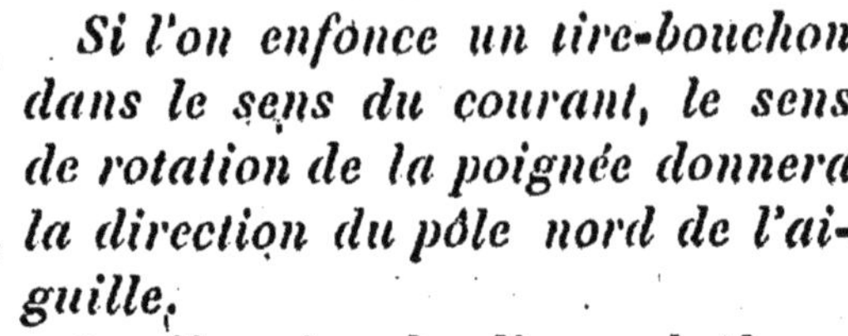

Fig. 113.

Inversement, si on cherche à faire avancer le tire-bouchon dans le sens des lignes de force, le sens de rotation de la poignée donnera le sens du courant dans le fil.

Si, au lieu d'un fil indéfini, nous considérons une spire fermée, chaque élément de la spire se comportera comme un élément de courant en donnant des lignes de force suivant la règle de Maxwell. Le spectre aura l'aspect indiqué fig. 114. Tout se passera comme si la spire devenait un feuillet magnétique ayant un pôle N en avant de la figure et un pôle S en arrière. Nous verrons plus tard que *le feuillet équivalent a pour puissance l'intensité du courant qui circule dans la spire.*

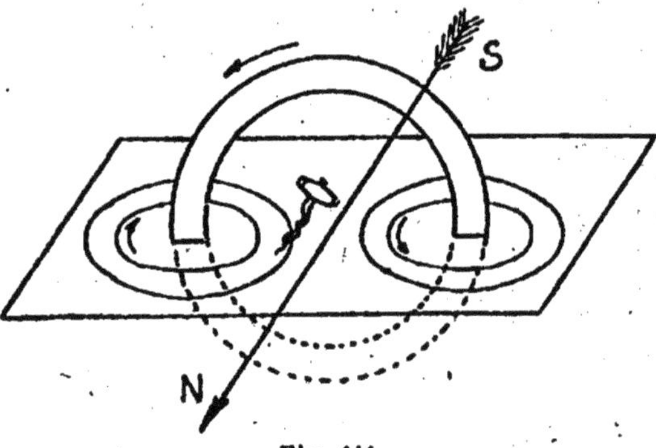


Fig. 114.

Observons que la règle de Maxwell s'applique encore dans ce cas, soit aux lignes de force, soit à la direction du champ.

Si on dispose le tire-bouchon dans le sens des lignes de force du champ galvanique, le sens de rotation de la poignée donnera le sens de rotation du courant dans la spire.

**Action électromagnétique.** — Puisqu'une spire parcourue par un courant se comporte comme un feuillet, il en résulte qu'une spire rendue mobile et pouvant se déplacer dans un champ magnétique devra s'orienter comme le ferait un feuillet.

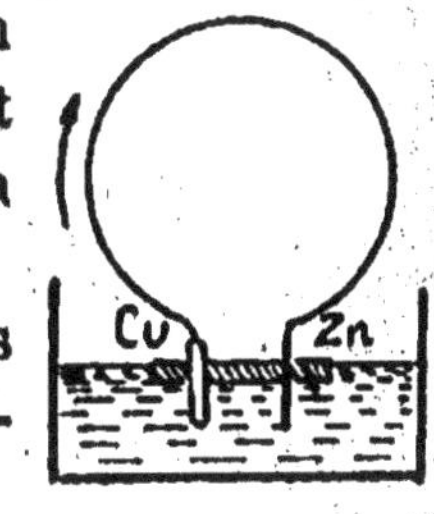


Fig. 115.

On le vérifie par les expériences classiques suivantes, pour le détail desquelles nous renvoyons aux Traités de physique élémentaire.

On dispose (fig. 115) sur un flotteur en liège, placé sur de l'eau acidulée, un couple cuivre et zinc constituant une pile dont on réunit les deux pôles par une spire. On forme ainsi un feuillet dont le pôle nord est à la gauche du courant et qui va s'orienter perpendiculairement au méridien magnétique. C'est ce que l'on observe.

Le même résultat s'obtient aussi avec un cadre reposant (fig. 116) sur deux godets remplis de mercure et servant de pivots. Si on approche un aimant, le cadre dévie, il présente sa face négative au pôle nord de l'aimant et *vice versa*.

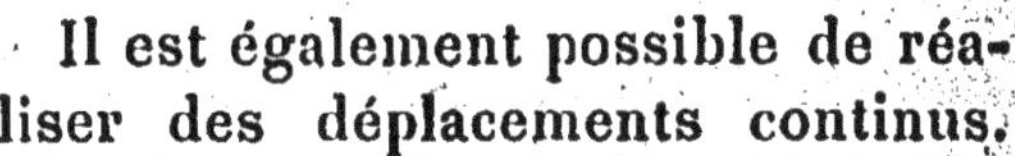

Fig. 116.

Il est également possible de réaliser des déplacements continus. C'est ce qui a lieu avec la roue de Barlow.

C'est (fig. 117) une roue dont les dents viennent plonger dans du mercure. Elle est placée entre les faces d'un aimant dont les lignes de force peuvent être considérées comme perpendiculaires à la face de la roue. On fait circuler un courant du centre vers la périphérie. Il résulte de là la production d'un effort tangentiel constant qui provoque la rotation continue de la roue et l'amène à la vitesse pour laquelle le couple électroma-

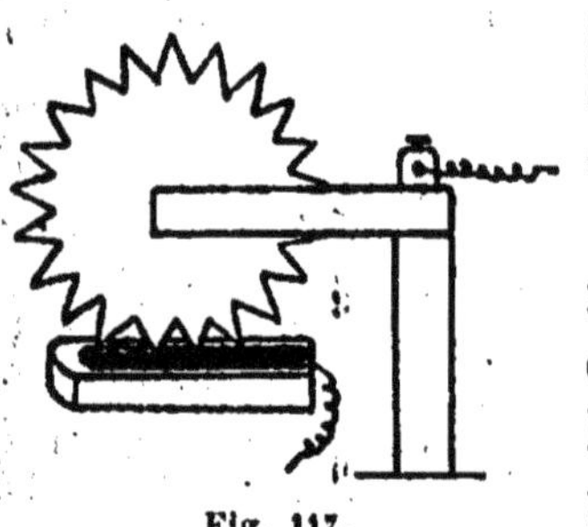

Fig. 117.

gnétique est équilibré par le couple des frottements.

Dans ces expériences, le champ est dû à un aimant. Il peut encore être produit par un courant. Il suffit de

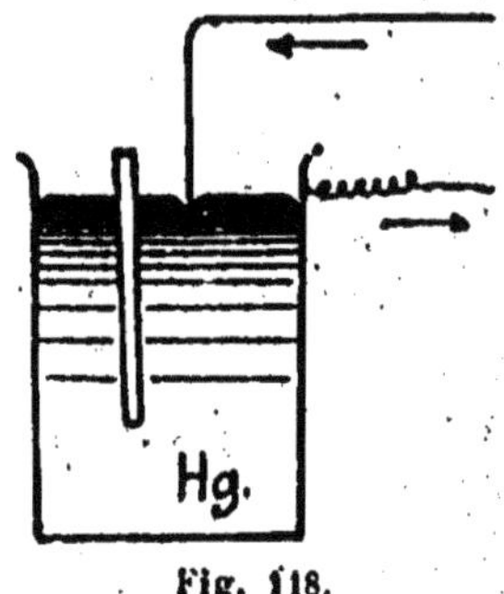


Fig. 118.

prendre (fig. 118) une éprouvette de mercure, dans laquelle on met en suspension un aimant qui flotte.

En produisant un courant on obtient un champ galvanique dans lequel l'aimant se met à tourner.

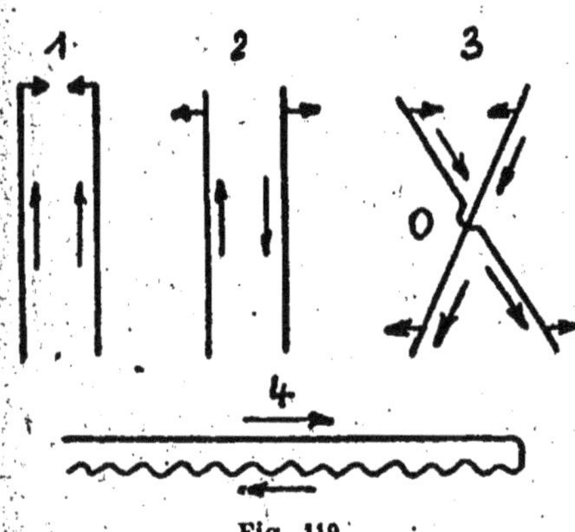


Fig. 119.

Enfin Ampère, à l'aide du cadre mobile, a mis en évidence l'action d'un courant sur un autre courant d'après les lois suivantes (fig. 119) :

*Deux courants parallèles et de même sens s'attirent* (n° 1).

*Deux courants parallèles et de sens contraires se repoussent* (n° 2).

*Deux courants angulaires s'attirent lorsqu'ils se dirigent tous les deux vers le sommet de l'angle, et se repoussent dans le cas contraire.* Il suit de là que les deux actions au point o seront concourantes et que, dans le cas présent, les deux courants tendront à se mettre en parallélisme (fig. 119, n° 3).

Enfin Ampère a montré qu'un courant sinueux produisait la même action qu'un courant rectiligne.

A cet effet, il suffit de réunir le fil parallèle et le fil sinueux, de le faire parcourir par un courant et de constater que le système ainsi formé a une action nulle (fig. 119, n° 4).

**Solénoïdes d'Ampère.** — L'identité des courants et aimants a été démontrée une fois de plus par Ampère à l'aide de solénoïdes composés d'une série de spires parcourues par un courant (fig. 120).

Chacune de ces spires peut être, sans grande erreur, assimilée à une spire indépendante, et, comme elle constitue un feuillet magnétique, l'ensemble doit évidemment se comporter comme un aimant.

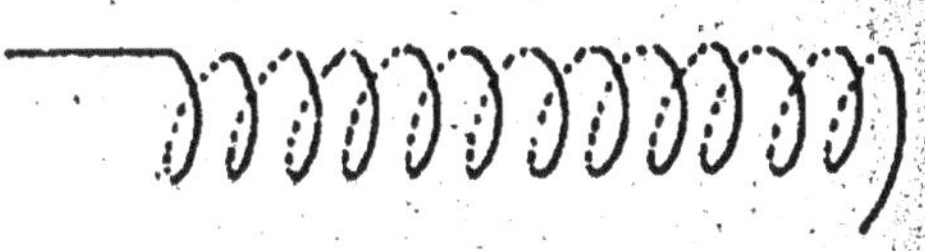

Remarquons qu'une certaine différence existe dans la production d'un aimant solénoïdal et celle d'un aimant véritable.

Fig. 120.

Pour le solénoïde il faut créer un courant, et par suite faire intervenir une énergie extérieure; le champ magnétique, au contraire, n'exige aucune dépense d'énergie.

Ampère admet que l'aimantation d'un barreau, par exemple dans le phénomène d'influence, est réalisée quand toutes les particules sont orientées suivant l'axe magnétique du barreau. Chaque molécule d'un corps se comporte comme si elle était le siège d'un courant circulant dans un circuit élémentaire de résistance nulle. Dans un fil, la résistance n'intervient que par suite du passage du courant d'une molécule à la suivante.

Dans le premier cas (aimantation) les molécules s'orientent purement et simplement; dans le deuxième cas (solénoïde) le courant passe d'une molécule à l'autre.

Observons encore qu'un solénoïde se comportera comme un aimant uniforme, c'est-à-dire que les faces terminales seules posséderont du magnétisme libre; nous ferons usage de cette remarque dans les problèmes.

**Formule de Laplace ou de Biot et Savart.** — Ces savants ont posé une formule fondamentale sur l'action d'un élément de courant sur un pôle pour expliquer la célèbre expérience de Biot et Savart, exposée plus loin[1].

Cette formule, qui sert de base à l'électromagnétisme, ne peut pas se vérifier sur un élément de courant qui est irréalisable, mais elle se vérifie par toutes ses conséquences. Elle s'énonce ainsi :

*Étant donné (fig. 121) un élément de courant* AB *et un pôle de masse magnétique* m *en* M, *cet élément* AB *exerce sur le point* M *une action* df *donnée par la relation*

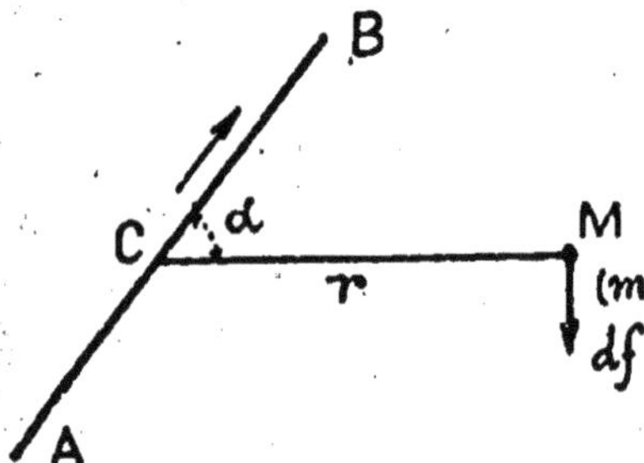

Fig. 121.

$$(1) \qquad df = \lambda \, \frac{m \, \mathrm{I} \, dl \sin \alpha}{r^2}$$

$dl$ : longueur infiniment petite de l'élément AB.

$\alpha$ : angle que fait l'élément avec la droite qui joint cet élément à $m$ ;

$r$ : distance de l'élément à $m$ ;

$\lambda$ : une constante numérique indépendante du milieu.

Cette force est perpendiculaire au plan défini par l'élément de courant et le point M.

Le sens de cette force est tel que le point M se déplace vers la gauche du courant.

REMARQUE. — Pour avoir l'action totale d'un courant sur un

---

1. Divers auteurs attribuent l'honneur de la formule élémentaire à Biot et Savart.

point, il faut faire la somme géométrique de toutes les forces $df$ dues aux éléments constituant le courant.

Dans la plupart des cas, le courant tout entier est situé dans un plan avec M (fig. 122). Le problème revient alors à une intégration.

Souvent même la forme de la spire est donnée par une équation en coordonnées polaires, et la loi de Laplace prend une forme qui est commode dans beaucoup de cas.

Soit $r = f(\omega)$ l'équation de la spire; on sait, d'après la représentation des courbes polaires, que

$$\operatorname{tg} \alpha = \frac{r}{r'_\omega},$$

donc

$$\sin \alpha = \frac{\operatorname{tg}\alpha}{\sqrt{1 + \operatorname{tg}^2\alpha}} = \frac{r}{\sqrt{r^2 + r'^2}},$$

et que

$$dl = d\omega \sqrt{r^2 + r'^2}$$

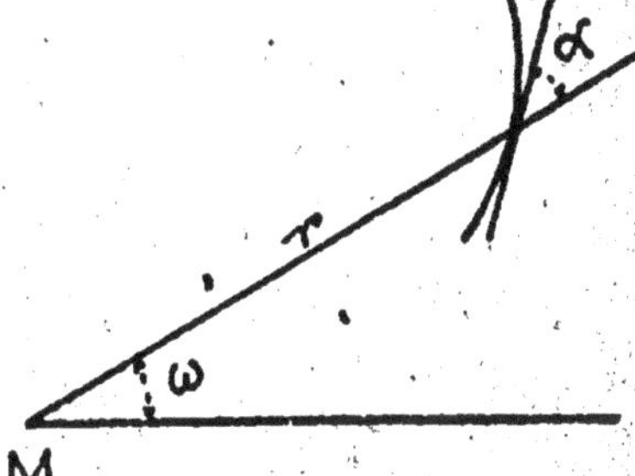

Fig. 122.

(longueur d'un arc de courbe infiniment petit).

Donc

$$df = \lambda \frac{mi\, d\omega}{r} \qquad (2)$$

Nous allons, dans ce qui suit, appliquer les formules (1) et (2) à divers exemples.

**Expérience fondamentale de Biot et Savart.** — Biot et Savart ont établi expérimentalement l'action d'un courant indéfini sur un pôle; c'est à la suite de cette expérience fameuse qu'ils furent conduits à la formule élémentaire.

L'expérience consiste à comparer les actions exercées sur une aiguille aimantée horizontale très courte : 1° par un courant vertical indéfini; 2° par la terre.

Prenons comme plan de la figure un plan passant par le courant et perpendiculaire au méridien magnétique.

Si l'aiguille est très petite par rapport à la distance $d$, elle peut être considérée comme soumise à l'action du champ terrestre augmentée du champ uniforme produit par le courant circulant dans le sens de la flèche. Écartons-la légèrement de sa position d'équilibre : elle oscillera, et l'on sait que les nombres d'oscillations N, N′ à diverses distances $d, d'$ sont proportionnels aux racines carrées des champs magnétiques (puisque

$$T = \frac{1}{N} = \sqrt{\frac{K}{MH}},$$

V. page 139). On aura donc, en désignant par C une constante, par H l'action de la terre et par $h, h'$ les actions du courant aux distances $d$ et $d'$ :

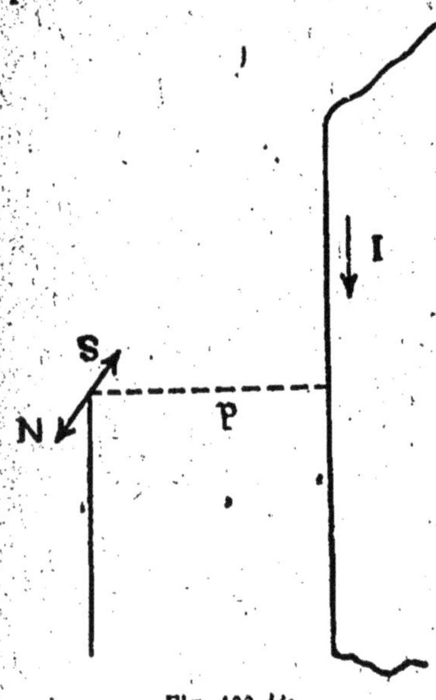

Fig. 122 *bis.*

$n$ nombre d'oscillations dans le champ terrestre seul.

$$n^2 = CH.$$

$$N^2 = C(H + h)$$

$$N'^2 = C(H + h')$$

d'où

$$\frac{N^2 - n^2}{N'^2 - n^2} = \frac{h}{h'},$$

Or l'expérience donne $\dfrac{N^2 - n^2}{N'^2 - n^2} = \dfrac{d'}{d}.$

On en conclut $\qquad \dfrac{h}{h'} = \dfrac{d'}{d} \qquad hd = h'd'.$

D'autre part, $h$ et $h'$ sont évidemment proportionnels aux courants, et par suite le champ dû au courant *est proportionnel à I et en raison inverse de la distance*. D'ailleurs la constante est donnée par l'expérience; elle est égale à 2 si l'on mesure les grandeurs en unités électromagnétiques, donc

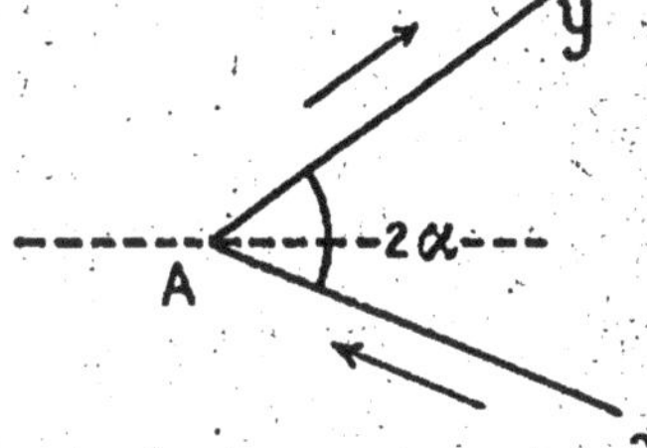


Fig. 122 *ter*.

$$h = \frac{2I}{d}. \qquad (1)$$

REMARQUE. — En opérant de même avec un courant angulaire $xAy$ pratiquement indéfini d'angle $2x$, Biot et Savart ont trouvé que l'action sur un point de la bissectrice extérieure est proportionnelle à $\operatorname{tg} \frac{\alpha}{2}$ et en raison inverse de la distance du point au sommet A.

Ces résultats concordent avec la formule élémentaire. Vérifions-le sur la formule (1).

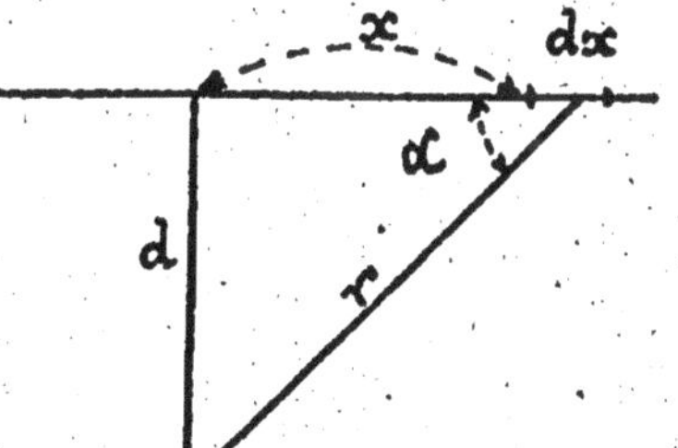


Fig. 123.

APPLICATIONS. — 1° *Action d'un courant rectiligne indéfini sur un pôle.* — Dans le système d'unités électromagnétiques C. G. S. on prend arbitrairement $\lambda = 1$.

Soit alors (fig. 123) un fil indéfini et un point $m$ distant d'une longueur $d$ du fil.

Prenons un élément $dx$ à une distance $x$ du pied de la perpendiculaire; on a :

$$df = \frac{mI\,dx \sin \alpha}{r^2},$$

$$r = \frac{d}{\sin \alpha},$$

$$df = \frac{m\mathrm{I}\,dx\,\sin^3\alpha}{d^2}.$$

Or
$$x = \frac{d}{\mathrm{tg}\,\alpha},$$

$$dx = -\frac{d}{\mathrm{tg}^2\alpha} \cdot \frac{1}{\cos^2\alpha}\,d\alpha = -\frac{d}{\sin^2\alpha}\,d\alpha,$$

$$df = -\frac{m\mathrm{I}d\sin\alpha\,d\alpha}{d^2} = -\frac{m\mathrm{I}}{d}\sin\alpha\,d\alpha.$$

Il faudra faire varier $\alpha$ de $\frac{\pi}{2}$ à 0 et doubler le résultat :

$$\mathrm{F} = 2\int_{\frac{\pi}{2}}^{0} -\frac{m\mathrm{I}}{d}\sin\alpha\,d\alpha = 2\frac{m\mathrm{I}}{d}\int_{0}^{\frac{\pi}{2}}\sin\alpha\,d\alpha = \frac{2m\mathrm{I}}{d}.$$

Remarquons que, chacune des actions élémentaires étant per-perpendiculaire au plan de la figure, la résultante est égale à la somme des actions élémentaires.

En coordonnées polaires on aurait immédiatement :

$$r = \frac{d}{\sin\alpha},$$

$$df = \frac{mi\sin\alpha\,d\alpha}{d},$$

$$f = \frac{mi}{d}\times 2\int_{0}^{\frac{\pi}{2}}\sin\alpha\,dx = \frac{2mi}{d}.$$

Si $m = 1$, on a l'expression du champ

$$\mathrm{H} = \frac{2i}{d}$$

produit par le fil.

2° *Action d'un courant circulaire de rayon R sur un pôle magnétique situé sur l'axe.* — Soit (fig. 124) M le point donné, AB un élément de courant. L'action de M sera MF perpendiculaire au plan MAB, c'est-à-dire dans le plan OMP et égale à

$$df = \frac{mI\,dl\sin\beta}{r^2}.$$

Décomposons cette force en deux, l'une dirigée suivant l'axe MH, l'autre horizontale MG.

Nous n'avons pas à nous occuper des composantes horizontales, qui, par raison de symétrie, vont se détruire deux à deux; la résultante sera dirigée suivant l'axe.

D'autre part $\beta = \dfrac{\pi}{2}$.

La composante verticale

$$df_v = \frac{mI\,dl}{r^2}\cos\widehat{HMF};$$

mais MF est perpendiculaire à MP.

$$\cos HMF = \cos\left(\frac{\pi}{2}-\alpha\right),$$

$$df_v = \frac{mI\,dl}{r^2}\sin\alpha,$$

$$F = \frac{mI\sin\alpha}{r^2}\int dl = \frac{mI\sin\alpha}{r^2}\,2\pi R.$$

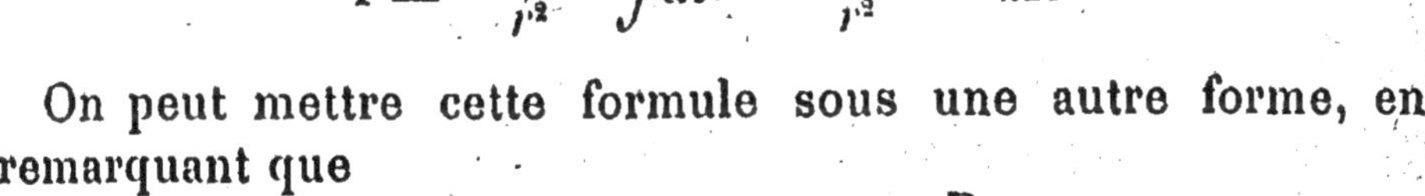

Fig. 121.

On peut mettre cette formule sous une autre forme, en remarquant que

$$r^2 = d^2 + R^2 \qquad \sin\alpha = \frac{R}{\sqrt{d^2 + R^2}},$$

$$F = \frac{mIR.2\pi R}{\sqrt{R^2 + d^2}\,(R^2 + d^2)} = \frac{mI \times 2\pi R^2}{(R^2 + d^2)^{\frac{3}{2}}}.$$

Cas particulier. — La distance $d$ est nulle. Le pôle est au centre de la spire.

$$F = \frac{2\pi mI}{R}.$$

En coordonnées polaires, ce dernier résultat se déduit immédiatement de la formule (2).

11

Pratiquement (fig. 125), si l'on dispose au centre d'une spire une aiguille aimantée suffisamment courte pour que l'on puisse considérer ses deux pôles comme étant au centre, chacun d'eux sera soumis à une force perpendiculaire au plan de la spire et égale à

$$\frac{2\pi m I}{R}.$$

On utilise cette propriété pour la mesure des intensités absolues à l'aide de la boussole des tangentes et des sinus.

Fig. 125.

3° *Champ produit par une spire ayant la forme d'une ellipse au foyer de cette ellipse.* — En coordonnées polaires, l'équation de l'ellipse rapportée au foyer est

$$\frac{1}{r} = \frac{1 + e\cos\omega}{p},$$

$e$ étant l'excentricité et le paramètre étant $p = \dfrac{b}{a}$; intégrons de 0 à $2\pi$ la formule (2) en remplaçant $\dfrac{1}{r}$ par sa valeur; il vient, pour $i = 1$ :

$$H = \frac{2\pi i}{p}.$$

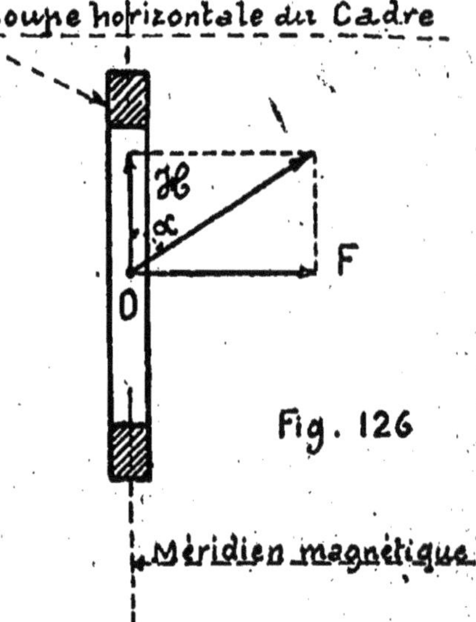



Boussole des tangentes. — Disposons au centre d'un cadre circulaire vertical orienté dans le plan du méridien magnétique une aiguille aimantée très courte, suspendue par un fil sans torsion.

Soit (fig. 126) O l'un de ses pôles, H la composante horizontale du champ terrestre. Le point O est soumis à l'action du champ dû au cadre et du champ terrestre; or, si le cadre est suffisamment aplati, chacune des spires produira sur une masse positive unité une action normale au plan

$$\frac{2\pi I}{R}.$$

L'action résultante des N spires

$$F = \frac{2\pi N I}{R}$$

produira sur l'aiguille de moment M un couple

$$MF \cos \alpha.$$

Le champ terrestre produit en même temps le couple MH sin α, et l'on a

$$MF \cos \alpha = MH \sin \alpha,$$

d'où
$$\operatorname{tg} \alpha = \frac{F}{H} = \frac{2\pi N}{RH} I.$$

Or α est facile à mesurer à l'aide de la méthode optique. Par suite, cette formule donnera I d'après les dimensions géométriques du cadre.

On note souvent $\operatorname{tg} \alpha = GI.$

Cette mesure, ne dépendant que des dimensions de l'appareil et de H qui se détermine lui-même par des mesures directes, est dite mesure absolue.

REMARQUE. — I est obtenu ainsi en C. G. S.; nous verrons plus tard que 1 ampère vaut $\frac{1}{10}$ d'U. E. M. C. G. S.

**Boussole des sinus.** — Elle repose sur un principe tout à fait analogue. Au lieu de laisser l'aiguille se déplacer librement par rapport au cadre, on poursuit celle-ci à l'aide du cadre mobile jusqu'à ramener l'aiguille dans le plan du cadre.

A ce moment, il y a équilibre entre le couple terrestre et le couple dû à l'action du cadre.

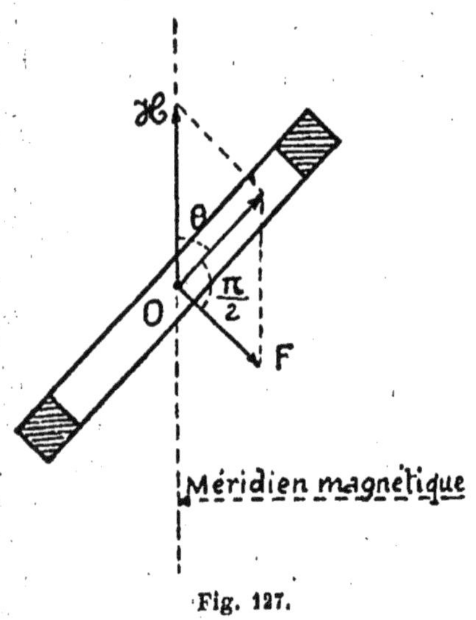



Fig. 127.

Soit alors (fig. 127) H la direction de la composante horizontale du champ terrestre; l'aiguille ramenée dans le plan du cadre par une rotation θ de celui-ci est soumise à deux couples

$$MF \quad \text{et} \quad MH \sin \theta.$$

Écrivons qu'il y a équilibre

$$MF = MH \sin \theta,$$

$$\sin \theta = \frac{F}{H} = \frac{2\pi NI}{RH} = GI.$$

REMARQUE. — Pour transformer ces appareils absolus en appareils relatifs, il suffit d'y faire passer un courant connu pour déterminer, une fois pour toutes, la constante de la boussole.

Si le cadre était constitué par des spires rectangulaires de dimensions $2a$ et $2b$ (fig. 128), on obtiendrait sans difficulté par une intégration le champ produit au centre O, et par suite la constante G du cadre, puisqu'il s'agit de 4 courants rectilignes. Nous laissons au lecteur le soin d'achever ce calcul.

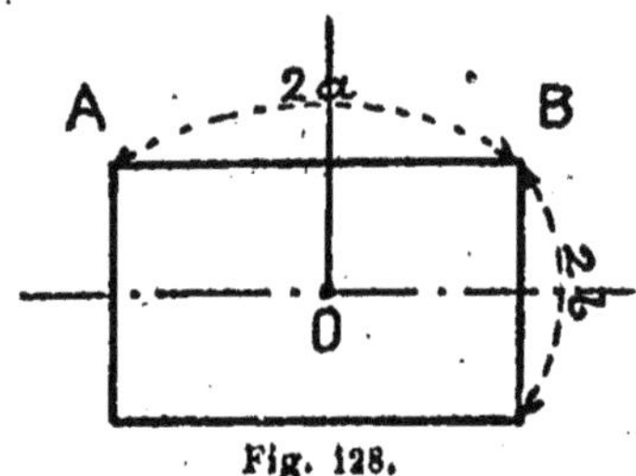



Fig. 128.

**Action d'un pôle d'aimant sur un courant.** — Un pôle produit sur un élément de courant une force $df$ égale et opposée à la force de Biot et Savart en vertu du principe de l'action et de la réaction.

Lorsque le pôle est remplacé par un champ, on peut mettre la formule élémentaire sous une forme plus commode en remarquant (fig. 129) que $\frac{m}{r^2}$ n'est autre que le champ H produit en A par le pôle $m$ et que $\alpha$ est l'angle de ce champ avec l'élément de courant.

Alors $$df = \frac{m\,I\,dl\sin\alpha}{r^2}$$

devient $$df = HI\,dl\sin(\widehat{H\,dl}). \qquad (3)$$

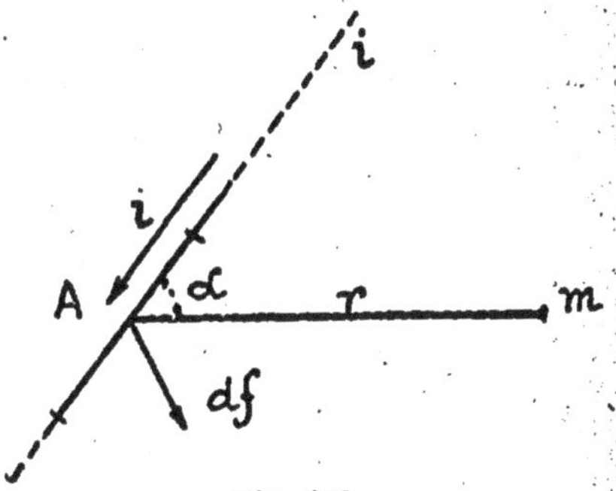

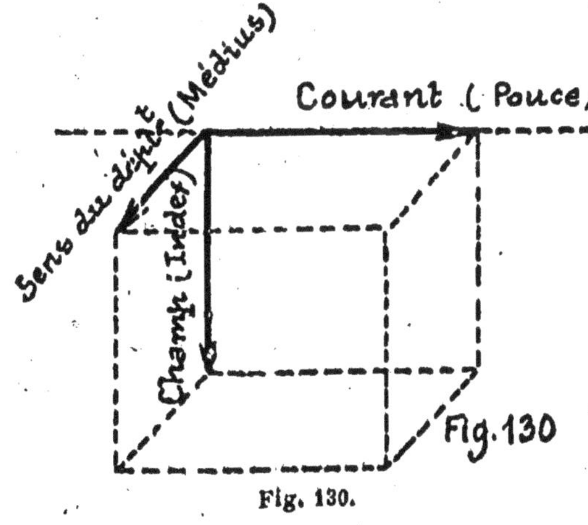

Fig. 129.

**Règle pratique de Fleming.** — On peut retrouver le sens dans lequel le déplacement spontané d'un courant dans un champ aura lieu, à l'aide de la règle dite des trois doigts de Fleming.



Fig. 130.

Si l'on place (fig. 130) l'index de la *main gauche* dans la direction du champ, le pouce dans la direction du courant, le médius donnera la direction du déplacement lorsque ces trois doigts formeront un trièdre trirectangle.

**Travail produit par le déplacement d'un courant en présence d'un pôle ou dans un champ.** — Considérons d'abord (fig. 131) un champ uniforme horizontal H et un courant I vertical de longueur $l$ projeté en A. Il est le siège d'une force

$$F = HlI$$

et tend à se déplacer parallèlement à lui-même dans une direction perpendiculaire à H.

Soit $h$ le déplacement; le travail correspondant emprunté à la source de courant, si le déplacement est spontané, sera :

$$T = Fh = HlhI = I\Phi,$$

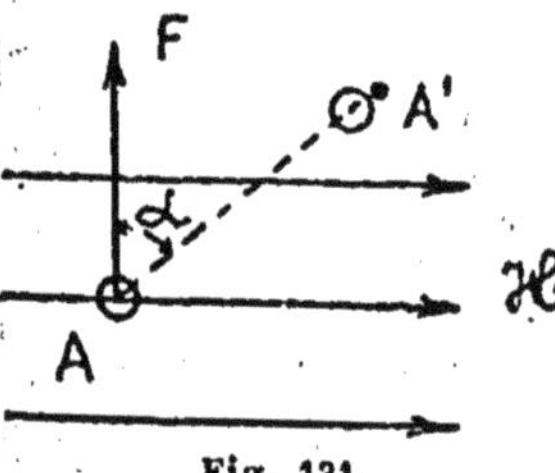

Fig. 131.

$\Phi$ étant le flux coupé par le courant I dans son déplacement.

Plus généralement, si le courant se déplace parallèlement à lui-même de A en A', AA'$=h'$, le travail sera :

$$T = Fh' \cos\alpha = Hlh' \cos\alpha I = \Phi'I,$$

$\Phi'$ étant encore le flux coupé dans le déplacement du courant.

Nous allons généraliser le cas particulier précédent, car il est très important de connaître l'expression du travail accompli par le déplacement d'un courant dans un champ.

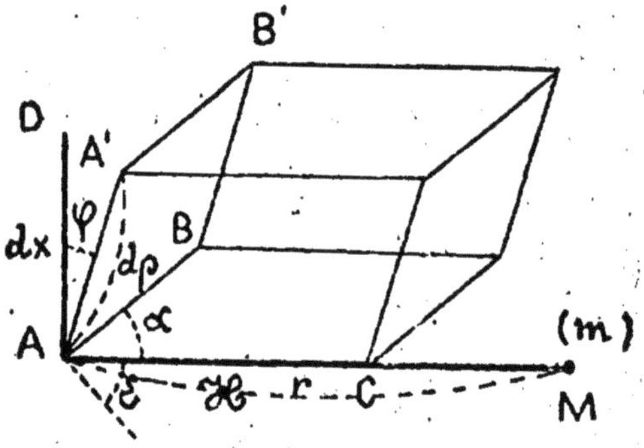

*1° Déplacement élémentaire d'un élément de courant.* — Proposons-nous de déterminer le travail accompli par un élément de courant qui se déplace infiniment peu de AA'$=d\rho$ dans un champ magnétique.

Fig. 132.

Soit AB$=de$ (fig. 132) l'élément de courant, AC$=$H l'intensité du champ. Supposons le plan BAC horizontal; on sait que l'action exercée sur l'élément de courant sera perpendiculaire à ce plan, soit AD.

$$AD = df = \lambda HIdl \sin\alpha.$$

Le travail élémentaire qui sera accompli quand AB passera en A'B' infiniment voisin, sera :

$$d\varpi = df.d\rho\cos\varphi.$$

Transformons cette expression en construisant le parallélipipède sur AB $= dl$, AC $=$ H, AA' $= d\rho$

$$d\varpi = \lambda\, \text{I} \, \text{AC}.\text{AB} \sin\alpha\, \text{AA}' \cos\varphi,$$

AA' cos $\varphi$ est la projection de AA' sur la hauteur du parallélipipède.

AC.AB sin $\alpha$ est la surface du parallélogramme BAC, donc le produit est le volume $d$V du parallélipipède, par suite.

$$d\varpi = \lambda \text{I} d\text{V}.$$

Mais nous pouvons considérer ce parallélipipède comme ayant pour base ABA'B' et pour hauteur la projection du champ H sur la normale à cette face.

Or, par définition même, cela n'est autre que le flux qui traverse la surface (H$ds$ cos $\varepsilon$), par conséquent $d$V n'est autre que $d\Phi$, flux élémentaire coupé par AB pendant le déplacement, et dans le système d'unité électromagnétique où $\lambda = 1$, on a le théorème suivant :

*Le travail élémentaire dû au déplacement d'un élément de courant dans un champ est égal au produit de l'intensité du courant par le flux balayé par l'élément du courant pendant son déplacement élémentaire.* — Si H est produit par un pôle M, on a une autre forme du théorème. Remarquons que H $= \dfrac{m}{r^2}$ et que le volume du parallélipipède qui a pour base ABA'B' et pour hauteur la projection de AC sur la normale est :

$$d\text{V} = \text{ABA'B'H} \cos\varepsilon$$

$$d\text{V} = d\sigma\frac{m}{r^2}\cos\varepsilon,$$

$\varepsilon$ étant l'angle de H avec la normale à ABA′B′; mais $\dfrac{d\sigma \cos\varepsilon}{r^2}$ est l'angle solide $d\omega$ sous lequel on voit du point M l'élément ABA′B′

$$dV = m\,d\omega,$$

donc

$$dW = m I\,d\omega,$$

d'où :

THÉORÈME. — *Le travail dû au déplacement d'un élément de courant en présence d'un pôle* m *est égal au produit de la masse magnétique du pôle par l'intensité du courant et par l'angle solide élémentaire sous lequel on voit le déplacement considéré du point* M.

Par une généralisation facile, on étendra ce résultat sans difficulté à un déplacement fini d'un élément de courant.

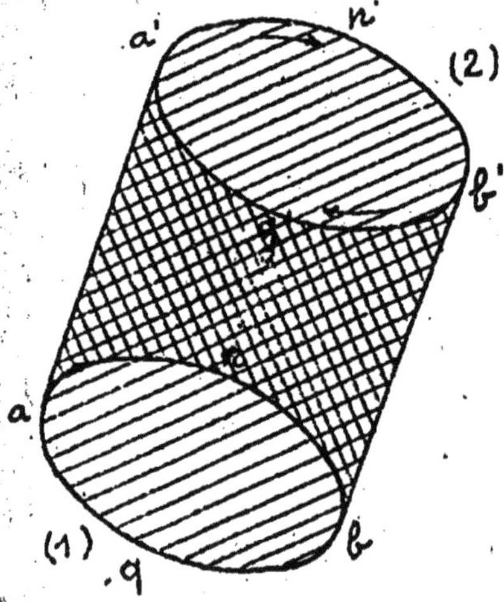

Fig. 133.

**Travail dû au déplacement d'un circuit fermé dans un champ.** — Soit (fig. 133) une spire *anbq* parcourue par un courant I. Cette spire passe, en se déformant au besoin, de la position (1) à la position (2) en présence du pôle M de masse *m*.

Si nous découpons par la pensée un élément sur (1), cet élément, dans son mouvement, va décrire une certaine surface, et le travail élémentaire qui lui correspond sera égal au produit de *mi* par l'angle solide sous lequel on voit de M la surface balayée. Il faudra faire la somme de tous ces angles solides pour avoir le travail total.

Considérons l'angle solide sous lequel on voit la surface *aqbb′q′a′* d'une part, et l'angle solide sous lequel on voit la surface *anbb'n'a'* d'autre part. Ces deux angles solides ont une partie commune correspondant à la région quadrillée. Par suite, la différence des angles solides correspondant à ces deux parties du circuit se réduit à la différence des angles solides sous lesquels on voit du point M les circuits (1) et (2) pris séparément.

Théorème. — *Le travail dû au déplacement d'un circuit fermé d'intensité I, en présence d'un pôle M, est égal au produit de mI par la différence des angles solides $\omega_0$ et $\omega_1$ sous lesquels le circuit est vu du point M dans la position initiale et dans la position finale.*

On convient de regarder comme positif un angle solide $\omega$, quand de M on voit la face sud du feuillet équivalent.

*Autre expression de ce travail.* — Nous avons trouvé également pour le travail élémentaire :

$$d\omega = Id\Phi,$$

$d\Phi$ flux élémentaire balayé par l'élément de courant.

En partant de cette expression, on trouverait, par un raisonnement identique :

Théorème. — *Le travail dû au déplacement d'un circuit fermé d'intensité I dans un champ est égal au produit de I par la différence des flux $\Phi_0$ et $\Phi_1$ qui traversent le circuit dans sa position initiale et finale.*

On convient de regarder $\Phi$ comme positif s'il entre par la face sud du feuillet équivalent.

$$\omega = I(\Phi_1 - \Phi_0).$$

**Énergie d'un courant dans un champ.** — Considérons une spire dans un champ, elle se comporte comme un feuillet, et si elle présente une face convenable pour qu'il y ait répulsion et qu'on l'abandonne à elle-même, elle s'en ira à l'infini.

Réciproquement, si on veut la ramener de l'infini au point considéré, il faudra dépenser un certain travail, qui sera emmagasiné à l'état potentiel.

C'est ce que l'on appelle l'énergie de la spire dans le champ.

Nous connaissons cette énergie, ce sera soit $-I\Phi$, soit $-mI\Omega$, d'après les théorèmes précédents, puisque quand la sphère est à l'$\infty$, l'angle solide d'où elle est vue ou le flux $\Phi$ qui la traverse sont nuls.

$\Omega$ est l'angle solide sous lequel le circuit est vu du point qui produit le champ, $\Phi$ est le flux qui le traverse.

*Sens du déplacement spontané d'une spire dans un champ.* — On sait que les lois de Newton relatives à la pesanteur sont tout à fait analogues aux lois de Coulomb et que, par suite, un corps tombant dans le vide donne une image de ce qui se passera pour un circuit parcouru par un courant et situé dans un champ.

Un disque, attiré vers le sol, se mettra à plat de façon à embrasser le maximum de flux terrestre, en même temps son énergie potentielle tend à devenir minimum.

De même *la spire va se déplacer de manière à embrasser le flux maximum par sa face négative ou sud,* en réduisant autant que possible son énergie potentielle, car $\Phi$ devient maximum, et par suite $-\Phi$ est minimum.

REMARQUE. — La théorie qui précède semble, à première vue, un peu abstraite et compliquée; nous allons voir son importance dans les considérations qui suivent

**Puissance du feuillet équivalent à une spire parcourue par un courant I.** — THÉORÈME FONDAMENTAL. — *Une spire parcourue par un courant I est équivalente à un feuillet magnétique ayant cette spire pour contour et une puissance numériquement égale à l'intensité I du courant.*

En effet, nous avons trouvé que le potentiel magnétique d'une spire parcouru par un courant I est — $I\omega$ en un point M qui voit la spire sous l'angle solide $\omega$. D'autre part, on a trouvé que le potentiel d'un feuillet qui aurait même contour au même point était, avec une convention de signe convenable, — $U\omega$. U étant la puissance du feuillet, si on prend $U = I$, les deux expressions deviendront les mêmes et le feuillet sera équivalent à la spire.

Ce théorème permet l'assimilation complète des solénoïdes et des aimants.

THÉORÈME. — *Si l'on fait décrire à une masse magnétique positive unité un circuit quelconque fermé traversant une fois le plan d'une spire parcourue par le courant I et passant à l'intérieur et à l'extérieur de la spire, le travail correspondant est* : $W = 4\pi i$.

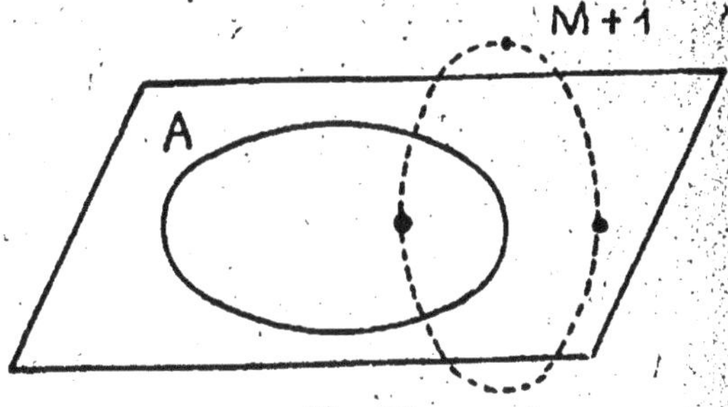

Fig. 134.

En effet, si $\omega_1$ et $\omega_2$ sont les angles solides sous lesquels on voit la spire dans deux positions du point M (fig. 134), le travail W correspondant pour passer de la première à la deuxième sera en valeur absolue :

$$W = I(\omega_2 - \omega_1).$$

Or, dans une rotation complète de M le long d'un circuit fermé, la variation de l'angle solide est $4\pi$,

donc $\qquad\qquad W = 4\pi I,$

si l'on tourne $n$ fois $\qquad W = 4\pi n I.$

Si l'on tourne une seule fois autour d'un cylindre de $n$ spires, le travail sera encore $4\pi n I$[1].

1. Autre démonstration. La masse magnétique $+1$ produit $4\pi$ lignes de forces (th. de Green), qui sont toutes coupées par la sphère dans une rotation complète. Donc (p. 169) le travail correspondant est $\qquad W = 4\pi + I.$

**Moment magnétique d'un solénoïde.** — Puisqu'un solénoïde est assimilable à un aimant, il est important d'en connaître son moment magnétique.

THÉORÈME. — *Le moment magnétique d'un solénoïde formé de N spires de surface S, parcouru par un courant I, est égal à NSI.*

En effet, soit E l'épaisseur d'une spire; comme il y en a N, la longueur du barreau $l = NE$ (1), mais le moment magnétique du barreau qui aurait même section droite que le solénoïde sera

$$M = S\sigma l,$$

$\sigma$, densité d'aimantation sur les faces.

Si U est la puissance $U = E\sigma = I$. (2)

On tire de (1) et (2) $\qquad E = \dfrac{l}{N} \qquad \sigma = \dfrac{NI}{l},$

d'où $\qquad\qquad\qquad M = NSI.$

THÉORÈME. — *L'intensité du champ en gauss à l'intérieur d'un solénoïde creux, ne contenant pas de fer, et supposé infiniment long par rapport à sa dimension transversale, est constante et donnée par la formule :*

$$H = 4\pi n_1 I,$$

$n_1$ est le nombre de spires par cm. du solénoïde. $n_1 = \dfrac{N}{l}$

Considérons un solénoïde en forme de tore (fig. 135). Il est bien évident, par raison de symétrie, que le champ, c'est-à-dire l'action exercée sur une masse positive unité par le solénoïde, est la même en tous les points de la circonférence moyenne du tore et tangente à cette circonférence moyenne.

Evaluons alors de deux façons le travail nécessaire pour faire décrire au point M une circonférence complète, $l$ étant la longueur de la circonférence moyenne.

Le travail est, d'une part, $Hl$.

D'autre part nous avons traversé une fois et une seule fois chacune des spires parcourues par le courant I, et nous avons accompli un travail

$$N4\pi I,$$

donc

$$Hl = N4\pi I,$$

$$H = 4\pi \frac{N}{l} I = 4\pi n_1 I.$$

Augmentons maintenant indéfiniment le rayon du tore; le théorème sera vrai quelque grand que soit ce rayon et à la limite dans le cas d'un solénoïde infiniment long.

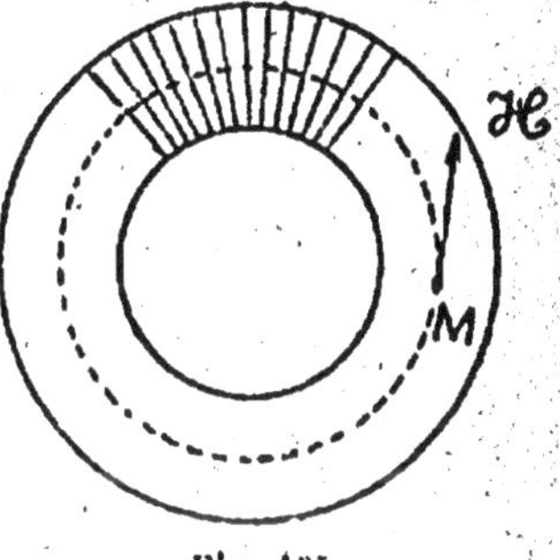

Fig. 135.

Introduction à l'intérieur d'un solénoïde infiniment long d'un noyau en fer doux. — Électro-aimant. — Nous savons que, si l'on introduit dans le solénoïde un noyau de fer, le champ dont l'intensité était H va devenir

$$B = \mu H \quad (B \text{ est exprimé en gauss});$$

$\mu$ étant le coefficient de perméabilité du noyau.

$$B = \frac{4\pi NI}{\dfrac{l}{\mu}}.$$

Le flux correspondant

$$\Phi = BS = \frac{4\pi nI}{\dfrac{l}{\mu S}} = \frac{\mathcal{E}}{\mathcal{R}}$$

$\mathcal{R} = \dfrac{l}{\mu S}$ s'appelle la réluctance du circuit magnétique; $\mathcal{E} = 4\pi ni$

est la force magnétomotrice qui produit le flux $\Phi$. Sous cette forme la formule précédente est analogue à la loi d'Ohm.

**Lois du circuit magnétique. — Notions sur l'électro-aimant.** — On a vu plus haut que le champ à l'intérieur d'un solénoïde infiniment long était donné par

$$H = 4\pi n_1 I.$$

Si I est en ampères, le résultat doit être multiplié par $10^{-1}$ (V. chap. des unités), ce qui donne

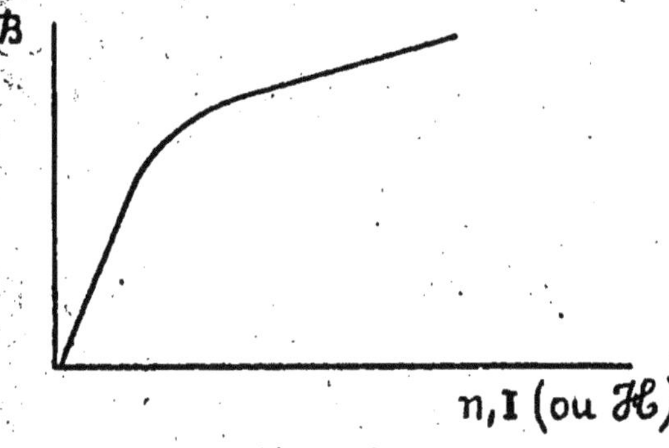


Fig. 135 *bis*.

$$H = 0,4\pi n_1 I. \qquad (1)$$

$n_1 I = \dfrac{n}{l} I$ ; $nI$ s'appelle les ampères-tours du solénoïde, $n_1 I$ les ampères-tours spécifiques.

Si le solénoïde renferme un noyau de fer, on a

$$B = 0,4\pi\mu.n_1 I. \qquad (2)$$

Comme la perméabilité $\mu$ dépend de $n_1 I$, l'induction dans le noyau est une fonction de $n_1 I$ ou de H. Par conséquent, si l'on porte en abcisses les valeurs de $n_1 I$ (ou de H par un changement d'échelle) et en ordonnées les valeurs correspondantes de B mesurées expérimentalement, on aura une courbe de forme caractéristique (fig. 153 *bis*), dite « courbe d'induction » du noyau. Ces courbes ont été établies une fois pour toutes sur des qualités moyennes des métaux usuels : fer, fonte, acier. Nous en montrerons l'usage pour la détermination des principaux éléments d'un électroaimant.

**Conséquences de la formule** $\Phi = \dfrac{\mathcal{E}}{\mathcal{R}}$. — 1° La réluctance de plusieurs circuits en série est la somme des réluctances des divers circuits magnétiques. Même démonstration que pour les résistances (p. 86).

2° La loi des circuits dérivés s'applique aux réluctances (p. 88).

Cependant il faut remarquer que la résistance $\dfrac{l}{CS}$ d'un fil est une constante, car C est fixé à température constante, tandis que la réluctance $\dfrac{l}{\mu S}$ varie avec le champ ou le flux qui la traverse, puisque la perméabilité varie elle-même.

Un électroaimant est un solénoïde à noyau de fer, fonte ou acier, ayant ordinairement la forme d'un fer à cheval.

*Soit à calculer les éléments d'un électroaimant en fer à cheval capable de supporter un poids de 120 kilogr., avec un courant de 1 ampère. L'induction admise dans le noyau de fer est* B$=$15.000 *gauss, à laquelle correspond dans un formulaire une perméabilité* $\mu=$525.

Dire que la perméabilité est $\mu=$525 revient à dire que les ampères-tours spécifiques correspondant à B$=$15.000 pour le métal considéré sont de

$$\frac{15.000}{0,4\pi \times 525}=27,$$

ce que l'on pourrait lire directement sur la courbe d'induction.

On trace, alors par analogie avec des électroaimants existants, un croquis coté du noyau représenté par la figure, et l'on trouve à l'échelle que la ligne de force moyenne est de 22 cm.

La section du noyau est donnée par la formule de la force portante (V. page 143).

$$F = \frac{B^2 S}{8\pi}\text{dynes},$$

$$120 \text{ kg} \times 1.000 \times 981 = \frac{B^2 S}{8\pi} = \frac{\overline{15.000}^2 S}{8 \times 3,14},$$

d'où $$S = 14 \text{ cm}^2;$$

soit pour chaque noyau $7^{cm2}$ et un diamètre de $3^{cm}$.

Pour déterminer le nombre de spires on raisonne comme suit :

La force magnétomotrice doit entretenir dans le noyau 15.000 gauss sur $22^{cm}$ de longueur exigeant 27 ampères-tours par cm. Il faudra donc au total

$$22 \times 27 = 594 \text{ ampères tours,}$$

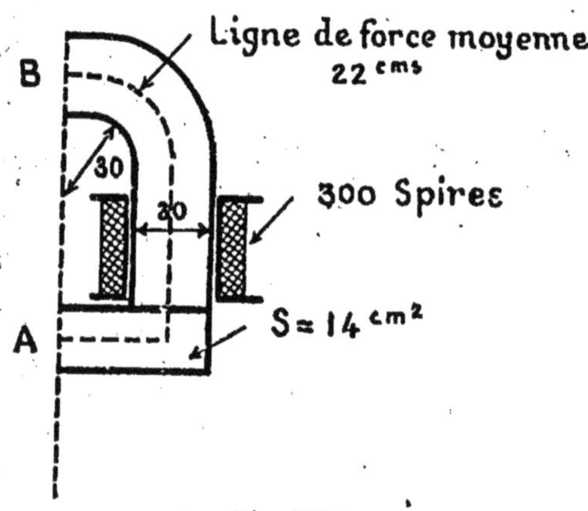


Fig. 135 ter.

soit 600 en chiffres ronds, en supposant que les joints sont parfaitement dressés, c'est-à-dire qu'il y a contact absolu entre les deux parties de l'électroaimant.

Le courant étant de $1^a$, il devra y avoir 600 spires, soit 300 par bobine (V. fig. 135 ter).

REMARQUE. — Si le circuit magnétique le long de la ligne de force moyenne de $22^{cm}$ comportait des inductions différentes $B_1$, $B_2$, $B_3$ sur des longueurs $l_1$, $l_2$, $l_3$ parce que la culasse A, le noyau B, sont constitués par des métaux divers : fer, fonte, acier, on chercherait les ampères-tours spécifiques sur les courbes d'induction des formulaires correspondant à ces divers métaux. On trouverait ainsi :

Pour $\quad$ $B_1$, $\quad$ $a_1$ ampères-tours spécifiques

$\qquad\quad$ $B_2$, $\quad$ $a_2$ $\qquad$ —

$\qquad\quad$ $B_3$, $\quad$ $a_3$, etc.

Le nombre total des ampères-tours serait alors $A = a_1 l_1$

$+ a_2 l_2 + a_3 l_3$, et non plus 600, comme dans l'exemple précédent. On raisonnerait ensuite sur A comme on a raisonné sur 600.

**Intensité d'aimantation d'un solénoïde sans noyau.** — Théorème. — *L'intensité d'aimantation d'un solénoïde sans noyau est* $\mathfrak{I} = n_1 i$.

En effet, rapprochons $B = 4\pi \mathfrak{I}$ de $H = 4\pi n_1 i$, en remarquant que s'il n'y a pas de noyau, $B = H$; donc $\mathfrak{I} = n_1 i$.

Il en résulte qu'un solénoïde se comporte comme un aimant uniforme dont les faces terminales présentent une densité magnétique $\sigma = \mathfrak{I} = n_1 i$.

Cette remarque est souvent utile dans les problèmes.

Exemple : *Quel est le champ produit par un solénoïde de section* S, *de longueur finie* $2l$, *portant* N *spires, parcouru par un courant* I :

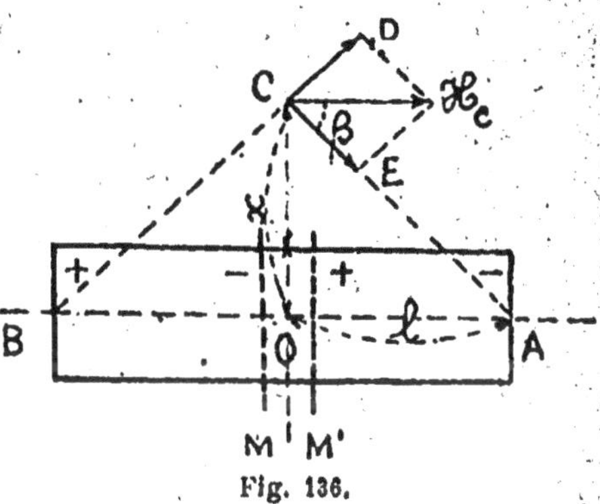

Fig. 136.

1° *en un point* C *à une distance* $x$ *de l'axe;*

2° *au centre* O ? (Licence, Grenoble. Écrit.)

(I) Le solénoïde (fig. 136) est assimilable à un aimant uniforme dont les faces terminales sont recouvertes d'une quantité de magnétisme : $S\sigma = S\dfrac{NI}{2l}$.

Nous supposerons que ce magnétisme est concentré en A et B, en sorte que l'action résultante sur C sera :

$$H_c = 2\,CE\,\cos\beta = 2CE \times \frac{CA}{l} = 2\,\frac{S\sigma}{CA}\,\frac{I}{l} \quad \text{car } CE = \frac{S\sigma}{CA^2}$$

$$H_c = \frac{NSI}{l^2} \times \frac{1}{CA} = \frac{NSI}{l^2\sqrt{x^2 + l^2}}$$

12

$$H_c = \frac{\mathcal{Nb}}{l^2 \sqrt{x^2 + l^2}}$$

en posant $\mathcal{Nb} = NSI$.

(II) L'action en O se compose de l'action ⸱ ; deux faces infiniment voisines M et M', l'une —, l'autre +, et de celle des deux faces B et A de polarités contraires (V. p. 142). Les deux premières produisent une action :

$$4\pi\sigma = \frac{4\pi NI}{2l};$$

les deux secondes, une action en sens inverse :

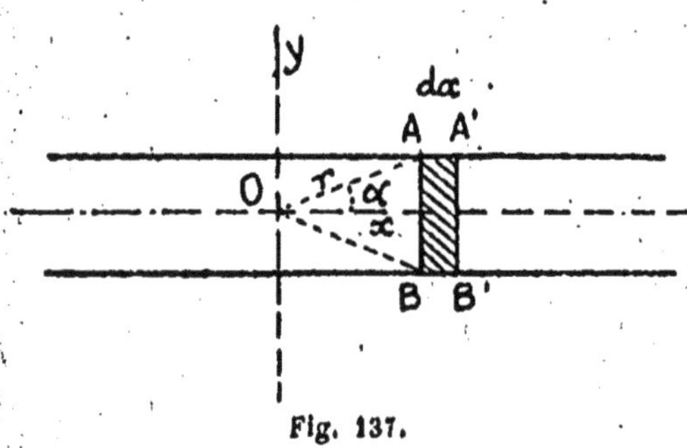


Fig. 137.

$$2 \times \frac{S\sigma}{l^2} = \frac{NIS}{l^3},$$

soit, pour le champ en O :

$$H_0 = \frac{4\pi NI}{2l} - \frac{\mathcal{Nb}}{l^3}.$$

**Exercices.** — *1° Retrouver par le calcul intégral la formule fondamentale* $H = 4\pi n_1 I$.

Soit un solénoïde infiniment long par rapport à sa dimension transversale. Cherchons l'intensité du champ au point $o$, milieu de l'axe de ce solénoïde.

Soient (fig. 137) deux plans AB, A'B' infiniment voisins à la distance $x$ de $o$. Il y a dans cet intervalle $n_1 dx$ spires. Or, nous avons trouvé que l'action d'une spire sur une masse positive unité, à une distance ⸱ sur l'axe, était (page 161) :

$$F = \frac{2\pi IR^2}{(R^2 + x^2)^{\frac{3}{2}}};$$

mais les $n_1 dx$ spires se comportent comme une seule spire parcourue par le courant $n_1 I\,dx$, donc l'action des spires ABA′B′ sur le point $o$ sera

$$dH = \frac{2\pi n_1 I R^2 dx}{(R^2 + x^2)^{\frac{3}{2}}}.$$

Intégrons en prenant comme variable l'angle $\alpha$ sous lequel on voit la moitié de AB, on a alors :

avec
$$x = \frac{R}{tg\,\alpha} \qquad r = \frac{R}{\sin\alpha} = (R^2 + x^2)^{\frac{1}{2}}$$

$$dx = -\frac{R}{tg^2\,\alpha}\frac{d\alpha}{\cos^2\alpha} = -\frac{R}{\sin^2\alpha}d\alpha,$$

$$dH = -2\pi R^2 n_1 I \frac{R}{\sin^2\alpha}d\alpha\frac{\sin^3\alpha}{R^3},$$

$$H = 2\int_{\frac{\pi}{2}}^{o} dH \qquad \text{donc} \qquad H = 2\int_{o}^{\frac{\pi}{2}} 2\pi n_1 I \sin\alpha\,d\alpha,$$

$$H = 4\pi n_1 I.$$

Si le solénoïde avait une longueur finie (fig. 138), le champ en $o$ serait :

$$H_o = 4\pi n_1 I \int_{\omega_1}^{\omega_2}\sin\alpha\,dx = 4\pi\,n_1 I\,(\cos\omega_1 - \cos\omega_2),$$

$\omega_1$ et $\omega_2$ étant deux angles indiqués sur la figure 138.

*1°. Que devient le champ au point $o$ si l'on enlève une seule spire correspondant à ce point, le solénoïde étant indéfini ?*
(Ecole supérieure d'électricité. — Oral.)

Le champ est égal à ce qu'il était primitivement, diminué de l'action de la spire sur le point $o$.

L'action d'une spire sur son centre est $\dfrac{2\pi I}{R}$,

$$H = 4\pi n_1 I - \frac{2\pi I}{R}.$$

Remarque. — On admet que le champ en tout point d'un solé-
noïde indéfini est $H = 4\pi\, n_1\, I$, alors qu'en réalité cette formule n'a été établie que pour un point de l'axe.

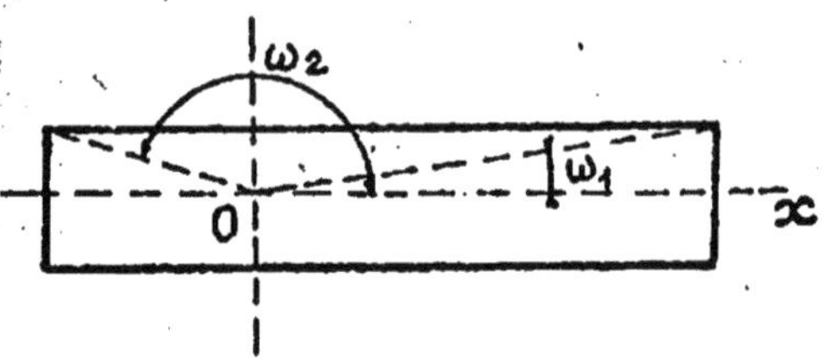

Fig. 138.

Si l'on traite, en effet, la question par le calcul, on trouve que l'on ne commet ainsi qu'une erreur insignifiante (2 à 3 % pour les points de la section les plus défavorablement placés).

# CHAPITRE XI

## INDUCTION

Si on déplace un cadre fermé sur un ampèremètre dans un champ, on observe la production d'un courant appelé *courant induit*, dont la durée correspond exactement à celle de la variation de flux à travers le circuit.

Supposons que l'on connaisse la loi $\Phi = f(t)$ suivant laquelle le nombre des lignes de force varie avec le temps à travers le circuit, et proposons-nous de trouver l'expression à chaque instant de la force électromotrice induite.

Plaçons-nous d'abord dans un cas particulier, celui d'une pile (fig. 139) débitant sur un circuit dont une partie telle que AB est mobile. Le tout est situé dans un

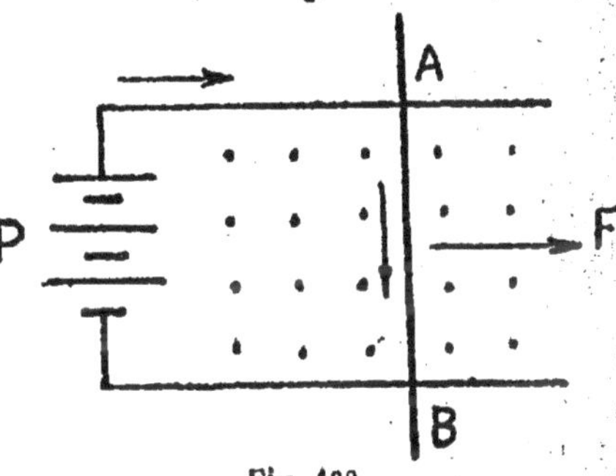


Fig. 139.

champ uniforme dont les lignes de force sont perpendiculaires d'avant en arrière au plan de la figure. On sait que la barre va être soumise à une force F, dirigée suivant la règle de Fleming, sous l'influence de laquelle elle va se déplacer spontanément si elle est libre. Ecrivons que, pendant un temps infiniment petit $dt$, l'énergie fournie par la pile, pendant ce déplacement,

$$EI\,dt,$$

se retrouve sous forme :

1° d'effet Joule $RI^2\,dt$ ;

2° sous forme de travail élémentaire pendant le déplacement

de AB. Or, si $d\Phi$ est la variation des lignes de force à travers PAB, ce travail élémentaire est, en valeur absolue, $I\,d\Phi$.

On a d'ailleurs, en grandeur et signe dans le cas de la figure,

$$EI\,dt = RI^2\,dt + I\,d\Phi,$$

d'où nous tirons :

$$I = \frac{E - \dfrac{d\Phi}{dt}}{R}. \tag{1}$$

Cette formule montre que, par le fait de l'induction, tout se passe comme si la force électromotrice était remplacée par la force électromotrice $E - \dfrac{d\Phi}{dt}$.

Autrement dit, l'induction dans AB produit une force électromotrice $-\dfrac{d\Phi}{dt}$ qui s'ajoute à E, force électromotrice de la pile.

Si $\dfrac{d\Phi}{dt}$ est positif, c'est-à-dire si la dérivée du flux est positive (le flux à travers la section croît), la force électromotrice d'induction sera négative, et elle tend à s'opposer à la force électromotrice de la pile. Si la dérivée est négative, c'est l'inverse qui a lieu.

Le raisonnement précédent suppose que le courant I existe, mais la formule est vraie, aussi petit que soit I; nous admettons que la formule est encore vraie à la limite quand le circuit fermé PAB ne contient plus de générateur de courant, en sorte que :

*La force électromotrice induite dans un circuit fermé, traversé par un flux variable, est égale, à chaque instant, à la dérivée changée de signe du flux par rapport au temps.*

Si, au lieu d'être formé par une spire unique, le circuit contient $n$ spires, la force électromotrice d'induction devient $n$ fois plus grande, c'est-à-dire

$$n \frac{d\Phi}{dt} = \frac{d(n\Phi)}{dt},$$

et tout se passe au point de vue de l'induction dans un circuit de $n$ spires comme s'il n'y en avait qu'une traversée par un flux $n$ fois plus grand.

**Loi de Lenz.** — La loi de Lenz est une application à l'électricité d'un phénomène très général, par lequel la nature s'oppose à toute déformation qu'on veut lui faire subir[1]. Elle s'énonce ainsi :

*Le sens du courant induit dans un circuit est tel que le flux de force produit par ce courant s'oppose à la variation du flux inducteur qui le produit.*

On en déduit, à l'aide de la règle de Maxwell, le sens de la force électromotrice induite dans un circuit.

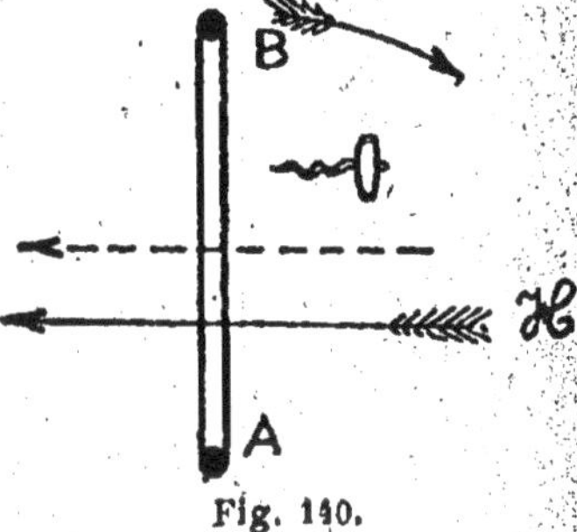
Fig. 140.

Par exemple, soit (fig. 140) une spire AB tournant dans un champ uniforme $\mathcal{H}$ dans le sens de la flèche. Cherchons le sens de la force électromotrice. Le nombre des lignes de force à travers cette spire diminue, le courant sera donc tel que le flux correspondant s'oppose à cette diminution. Le courant produit, par suite, un flux dans le sens de la flèche pointillée.

En appliquant la règle de Maxwell, nous en déduirons le sens de la force électromotrice induite.

Analytiquement, dans la formule $E = -\dfrac{d\Phi}{dt}$ on tient compte de la loi de Lenz par l'introduction du signe —.

---

1. Dans un briquet à air, par exemple, l'air comprimé s'échauffe pour réagir par dilatation contre la compression.

*THÉORÈME. — Si un conducteur de longueur l se déplace dàns un champ H avec une vitesse v de translation à l'instant t, la force électromotrice induite dans ce conducteur est en C. G. S. à cet instant.*

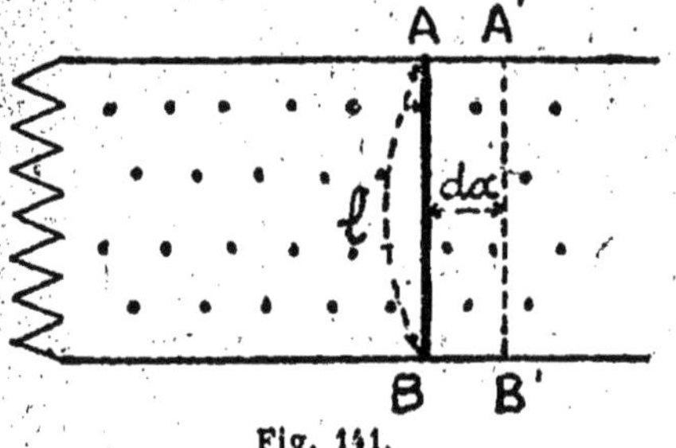

Fig. 141.

$$e = H\, l v.$$

En effet, soit (fig. 141) AB un conducteur, de longueur $l$, se déplaçant dans un champ. Supposons par la pensée qu'il fasse partie d'un circuit fermé.

Soit H l'intensité du champ, la variation du nombre des lignes de force, pendant un déplacement élémentaire $dx = vdt$, sera :

$$d\Phi = Hlvdt \qquad \text{d'où} \qquad \frac{d\Phi}{dt} = Hlv,$$

$v$ étant la vitesse à l'instant $t$. La loi de Lenz donnera le sens de la force électromotrice induite.

*APPLICATION. — 1° On déplace un conducteur AB, de longueur l, dans un champ uniforme H, d'un mouvement pendulaire, de part et d'autre d'un point X, jusqu'à une position* $E_0$ *(fig. 142). Etablir la loi de la force électromotrice induite.*

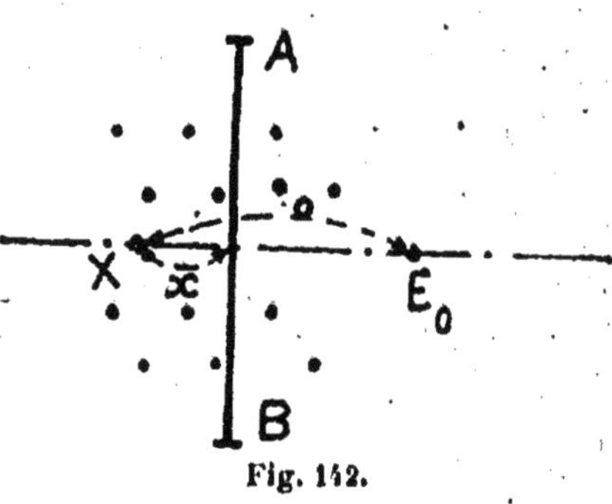

Fig. 142.

A l'origine des temps, AB est en X ; à l'instant $t$, la distance à X sera

$$x = c_0 \sin \omega t,$$

et la vitesse correspondante sera

$$v = \frac{dx}{dt} = c_0 \omega \cos \omega t,$$

et
$$E = e_0 \omega H l \cos \omega t.$$

La force électromotrice induite sera sinusoïdale.

2° *Une barre AB se déplace dans le champ uniforme* H *en partant du repos. Elle forme avec une résistance* R *un circuit fermé de résistance constante* (fig. 143). *On veut l'amener à la vitesse* V *en* $0^{sec}$ *d'un mouvement uniformément accéléré. On demande le travail qu'il faut effectuer.*

Écrivons que pendant un temps $dt$ le travail élémentaire se retrouve entièrement sous forme de chaleur Joule dans la résistance
$$dT = \frac{E^2}{R} dt,$$

R résistance du circuit fermé dont la barre fait partie.

$$E = H l v \qquad dT = \frac{H^2 l^2 v^2 dt}{R};$$

mais
$$v = \gamma t = \frac{V}{0} t \quad \text{d'où} \quad dT = \frac{H^2 l^2 V^2}{0^2 R} t^2 dt,$$

$$T = \frac{H^2 l^2 V^2}{0^2 R} \int_0^{0} t^2 dt,$$

$$T = \frac{H^2 l^2 V^2 0^3}{3 0^2 R} = \frac{1}{2} K V^2 \text{ en posant } K = \frac{2 H^2 l^2 0}{3 R}$$

Il serait facile de voir que K est homogène à une masse.

3° *Disque de Faraday. Principe des machines à courant constant.* — Considérons (fig. 144) un disque de cuivre tournant d'un mouvement uniforme dans un champ uniforme[1]. Si on dispose des contacts sur la périphérie et sur l'arbre, on recueille une force électromotrice qu'il s'agit d'évaluer. Cette force électromotrice est évidemment la même que celle développée entre O et M. Or le rayon OM balaye pendant le temps $dt$ une surface élémentaire qui est égale à la surface du triangle

---

1. Perpendiculaire à son plan.

infiniment petit $\frac{1}{2}$R²$dx$. Le nombre des lignes de force coupées pendant cet intervalle de temps $dt$ sera :

$$d\Phi = \frac{1}{2}R^2 dx \mathcal{H},$$

$$E = \frac{1}{2}R^2\mathcal{H}\frac{d\alpha}{dt},$$

$$\frac{d\alpha}{dt} = \omega, \quad \text{donc} \quad E = \frac{1}{2}R^2\mathcal{H}\omega. \tag{1}$$

On voit que l'on a produit une force électromotrice de sens constant, et par suite un courant constant. On pourrait réaliser ainsi des machines à courant constant analogues à des piles, mais en chiffrant le phénomène on trouve pour E des valeurs très petites dans les conditions de vitesse et de champ réalisables pratiquement.

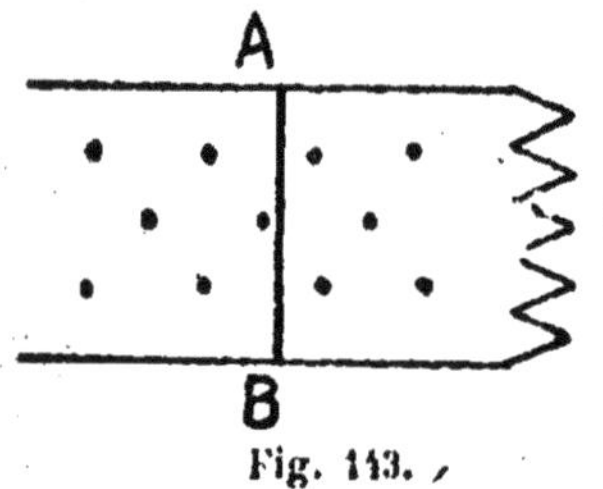

Fig. 113.

REMARQUE. — La formule (1) s'applique également si le mouvement du disque n'est pas uniforme. Elle donne la force électromotrice à l'instant $t$.

REMARQUE. — Lorsque le déplacement d'un conducteur dans un champ a lieu, non plus spontanément, mais sous l'action d'une force étrangère, l'énergie potentielle du système s'augmente à chaque instant du travail accompli par la force étrangère, et l'on met le problème en équation soit en tenant compte de cette remar-

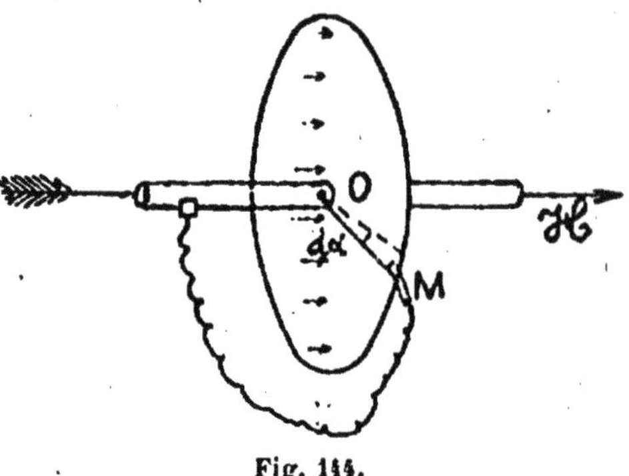

Fig. 144.

que, soit en appliquant directement les équations fondamentales de la dynamique.

EXEMPLE. — *Loi du mouvement d'une tige horizontale AB, de longueur l, s'appuyant sur les deux barres xy, réunies par une résistance R et se déplaçant dans un champ uniforme H, perpendiculaire au plan de la figure, sous l'action d'un poids P suspendu à un fil qui passe sur une poulie O. On néglige le poids de la tige et du fil ainsi que les résistances de AB, de x et de y.*

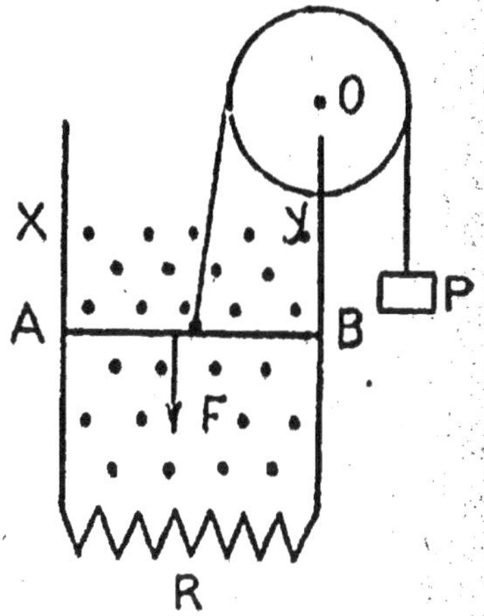

D'après les lois de Lenz et de Fleming, si $i$ est le courant qui circule à l'instant $t$ dans le circuit, la barre AB (fig. 145) est soumise, à cet instant, à une force P—F et

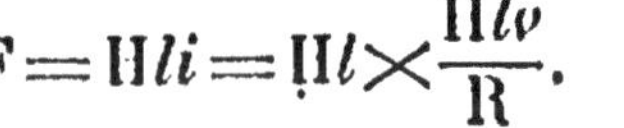



Fig. 145.

$$F = Hli = Hl \times \frac{Hlv}{R}.$$

Écrivons qu'à cet instant la force P—F est égale au produit de la masse $\frac{P}{g}$ du système par son accélération $\frac{dv}{dt}$.

Il vient :

$$P - \frac{H^2 l^2 v}{R} = \frac{P}{g}\frac{dv}{dt}, \tag{1}$$

$$\frac{P}{g}\frac{dv}{P - \frac{H^2 l^2}{R}v} = dt,$$

$$-\frac{R}{H^2 l^2}\frac{P}{g}L\left(P - \frac{H^2 l^2}{R}v\right) = t + c^{te}\,(1)$$

au temps $t = 0$, $v = 0$, donc

$$\frac{R}{H^2 l^2}\frac{P}{g}L\frac{P}{P - \frac{H^2 l^2}{R}v} = t;$$

1. $L = \log_e$.

posons

$$\frac{H^2 l^2}{RP} = \alpha \qquad \frac{1}{\alpha g} L \frac{1}{1 - \alpha v} = t,$$

$$1 - \alpha v = e^{-\alpha g t} \qquad v = \frac{1}{\alpha}\left(1 - e^{-\alpha g t}\right),$$

on aura sans difficulté la loi du mouvement en posant $v = \dfrac{dx}{dt}$ et en intégrant.

Remarque. — L'équation (1) multipliée par $v\,dt = dx$ donne

$$P\,dx - H l d x i = \frac{P}{g}\,v\,dv$$

et exprime que :

$$\underbrace{P\,dx}_{\text{Travail moteur}} \quad = \quad \underbrace{i\,d\Phi}_{\substack{\text{Travail} \\ \text{électromagnétique}}} \quad + \quad \frac{P}{g} \quad \underbrace{v\,dv.}_{\substack{\text{Variation de} \\ \text{puissance vive}}}$$

De là cette remarque applicable à tous les problèmes de ce genre : on mettra ces problèmes en équation en écrivant que pendant un temps $dt$ le travail moteur se retrouve sous forme de travail électromagnétique (ou sous forme équivalente, par exemple sous forme de chaleur joule, puisque

$$i\,d\Phi = \frac{e}{R}\frac{d\Phi}{dt}\,dt = \frac{e^2}{R}\,dt$$

$e$ étant la force électromotrice induite instantanée) et de variation élémentaire de puissance vive.

Application. — *La vitesse angulaire d'un disque de Faraday étant amenée à la valeur $\omega_0$, on ferme le circuit extérieur sur une résistance donnée $\rho$. Établir la loi suivant laquelle le mouvement du disque sera amorti.* (École supérieure d'électricité. Écrit.) (Fig. 146.)

Écrivons que pendant un temps $dt$, la variation de puissance vive du système, augmentée de l'énergie qui apparaît sous forme de chaleur dans la résistance, est nulle, puisque le travail est nul. Il vient :

$$O = K\omega\, d\omega + \frac{E^2}{r}\, dt,$$

K moment d'inertie du disque de masse M avec (page 186)

$$E = \frac{1}{2} HR^2\omega, \quad \text{d'où} \quad \frac{d\omega}{\omega} = A\,dt$$

en posant $\qquad A = \dfrac{R^4 H^2}{4 r K},$

$$L\omega - L\omega_0 = -At \qquad \omega = \omega_0 e^{-At}.$$

A étant en C. G. S., $\omega_0$ en radians, $t$ en secondes, $\omega$ sera connu en radians.

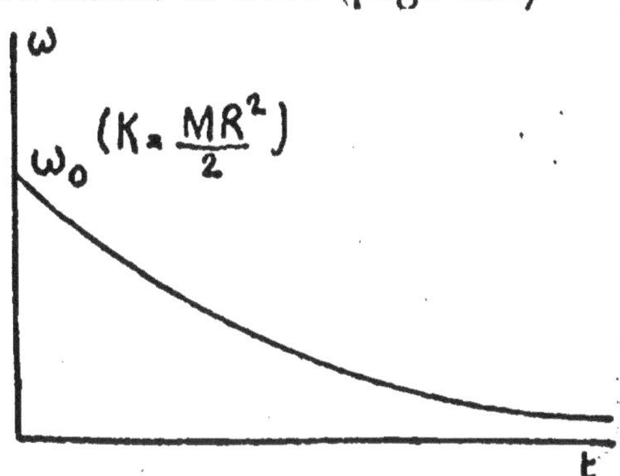


Fig. 146.

REMARQUE. — Il peut arriver dans les problèmes que la loi suivant laquelle le flux varie à travers le circuit ne soit pas explicitement connue, mais s'obtienne par un artifice.

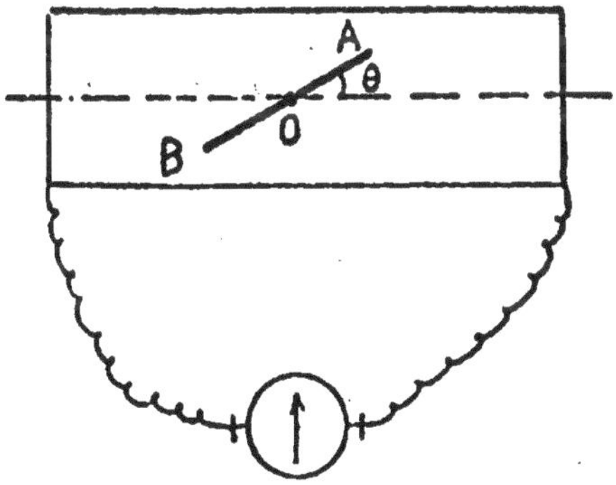

EXEMPLE. — *On fait tourner d'un mouvement uniforme de vitesse $\omega$, un aimant AB autour d'un axe horizontal O, à l'intérieur d'un solénoïde très long dont les extrémités M et N (fig. 147) sont reliées à un électromètre. Quelles seront les indications de cet appareil?* (Licence. Écrit.)

Fig. 147.

Supposons qu'une source extérieure entretienne un courant I dans le solénoïde, c'est-à-dire un champ

$$H = 4\pi n_1 I$$

à l'intérieur.

Quand l'aimant AB tournera d'un angle $d\theta$, il accomplira un travail
$$MH \sin \theta\, d\theta.$$

M moment de l'aimant.

Ce travail est encore égal au flux coupé par les spires du solénoïde multiplié par I, donc

$$MH \sin \theta\, d\theta = I\, d\Phi,$$

$$M 4\pi n_1\, I \times \sin \theta\, d\theta = I\, d\Phi.$$

Il apparaîtra donc aux bornes de l'électromètre une force électromotrice dont la valeur absolue sera

$$E = \frac{d\Phi}{dt} = 4\pi n_1 M \times \sin \theta\, \frac{d\theta}{dt}.$$

Or
$$\theta = \omega t \qquad \frac{d\theta}{dt} = \omega,$$

$$E = 4\pi n_1 \omega M \times \sin \omega t.$$

THÉORÈME. — *La quantité d'électricité induite dans un circuit fermé, partant du repos pour y revenir, ne dépend que de la variation totale du flux dans ce circuit, et non de la durée de cette variation. Elle est égale au quotient de la variation de flux par la résistance totale du circuit fermé.*

Ainsi, si l'on retourne face pour face une spire dans un champ, le champ terrestre par exemple, en une seconde ou en une minute à la fin de la rotation la quantité d'électricité qui aura circulé dans la spire sera la même.

1° La spire présente seulement au courant une résistance ohmique R.

On sait que la force électromotrice instantanée est

$$E = \frac{d\Phi}{dt},$$

le courant qui en résulte est

$$I = \frac{E}{R}, \quad \text{c'est-à-dire égal à} \quad \frac{d\Phi}{R\, dt},$$

$$Idt = -\frac{d\Phi}{R},$$

$$dQ = -\frac{d\Phi}{R},$$

et par suite

$$Q = \frac{\Phi_1 - \Phi_0}{R} = \frac{\Delta\Phi}{R}.$$

2° Le circuit de la spire présente de la self-induction et de la résistance ohmique.

Nous verrons un peu plus loin, en parlant de la self-induction, que le théorème s'applique sans aucune modification.

Application. — *On fait tourner un cadre de surface* S *portant* n *spires, dont le plan est perpendiculaire à la composante horizontale* H *d'un champ, face pour face. Quelle est la quantité d'électricité induite dans cette rotation?*

Imaginons que l'une des faces soit bleue, l'autre rouge, par exemple. Tout d'abord, les lignes de force entreront par la face bleue. Après la rotation face pour face, elles entreront par la face rouge et ressortiront par la face bleue. Donc celle-ci, qui était traversée par $+\Phi$, est traversée par $-\Phi$. La variation sera

$$\Phi - (-\Phi) = 2\Phi.$$

Par suite on aura pour $n$ spires

$$q = \frac{2n\Phi}{R} = \frac{2nSH}{R}.$$

Le galvanomètre balistique permettant de déterminer $q$, on en déduira H. C'est une méthode simple pour la mesure d'un champ magnétique.

**Self-induction et induction mutuelle.** — Les phénomènes d'induction dans une spire sont produits par une variation du flux dans cette spire, quelle qu'en soit l'origine. En particulier, si la spire est parcourue par un courant variable, produit par une source extérieure, celui-ci produira un flux variable à travers la spire, et par suite une force électromotrice d'induction qui se superposera à la force électromotrice qui produit le courant.

Cette force électromotrice, dite de *self-induction*, sera tantôt en concordance, tantôt en opposition avec celle de la source, suivant le sens de la variation du courant.

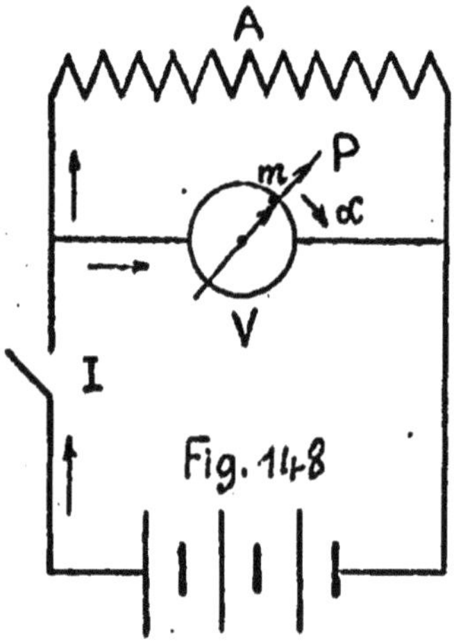

La loi de Lenz et la règle de Maxwell montrent sans peine que si le courant diminue, la force électromotrice de self est en concordance avec celle de la source (à laquelle elle peut être supérieure).

On met ce phénomène en évidence par l'expérience classique de Faraday (fig. 148).

A est une bobine à noyau de fer (pour augmenter l'intensité du flux produit par le courant qui y circule.)



L'aiguille du voltmètre V étant en P, on la cale avec *m* et on ouvre brusquement l'interrupteur I. L'aiguille est projetée dans le sens de la flèche α, ce qui montre la production dans A d'une force électromotrice de self-induction. On sait aussi qu'une étincelle provenant d'une surtension se produit quand on ouvre un circuit à l'aide d'un interrupteur.

Le phénomène inverse accompagne, bien entendu, l'établissement d'un courant.

On peut encore produire des phénomènes d'induction mutuelle entre deux circuits en présence l'un de l'autre, soit en modifiant leurs positions relatives, soit en faisant varier le courant qui parcourt l'un d'eux.

Ainsi, disposons (fig. 149) deux bobines $A_1$ et $A_2$ sur un noyau de fer en forme de tore et faisons varier le courant qui parcourt $A_1$, en le rompant brusquement par exemple, nous pourrons constater entre $B_2$ et $B_2'$ la production d'une force électromotrice d'induction.

On met encore en évidence les phénomènes de self-induction à l'aide du pont de Wheatstone.

$r_1$ et $r_2$ sont des bobines à noyaux de fer présentant de la self-induction; $r_3$ et $r_4$ sont des résistances sans self. On a choisi ces résistances de manière que $r_1 r_2 = r_3 r_4$. Dans ces conditions, $a$ étant fermé, la lampe L reste éteinte quand $b$ est ouvert ou fermé. Mais si on ferme $b$ et qu'on ouvre $a$, la lampe brille vivement par développement des f. e. m. de self dans le circuit fermé ABC.

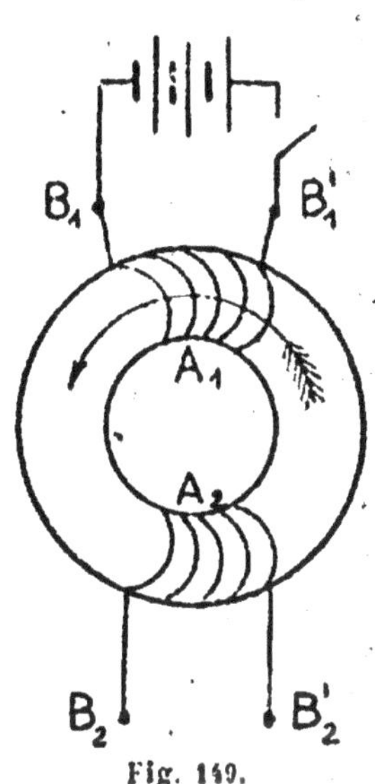


Fig. 149.

**Coefficients de self-induction et d'induction mutuelle.** — *On appelle coefficient de self-induction le quotient*

$$L = \frac{\Phi}{I}$$

*du flux par le courant qui le produit.*

L sera constant quand I varie, si la perméabilité offerte au flux est constante, dans l'air par exemple.

Le coefficient moyen de self-induction d'une *bobine* (fig. 150) dont la réluctance du noyau est $\mathcal{R}$ sera alors

$$L = \frac{\mathcal{R}}{4\pi n^2}$$

13

car le flux traversant $n$ spires se comporte comme un flux $n$ fois plus grand à travers une seule spire.

On voit que, pour diminuer la self-induction d'une bobine, il

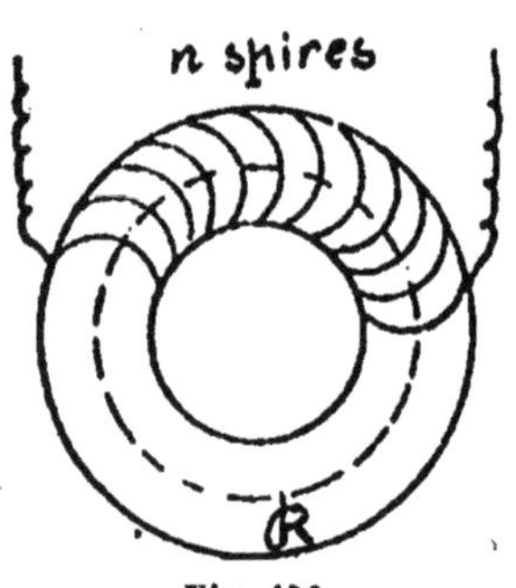

Fig. 150.

faut diminuer le nombre des spires (au besoin le réduire à zéro en utilisant une forme en zigzag) et éviter le fer dans le noyau (de manière à augmenter $\mathfrak{R}$).

*On appelle coefficient d'induction mutuelle de deux spires le quotient du flux envoyé, par l'une dans l'autre, par le courant qui produit le flux.*

Je dis (fig. 151) que ce coefficient est le même soit que l'on parte de la spire I ou de la spire II. En effet, pour constituer le système d'énergie potentielle des spires I et II en présence, on peut amener I de l'∞ en présence de II ou II de l'∞ en présence de I, le résultat sera le même dans les deux cas.

Or, dans le premier cas, on effectue un travail égal au produit de $i_1$ par le flux que lui envoie II qui est, d'après la définition du coefficient d'induction mutuelle, $M_2 i_2$.

Donc $$T = M_2 i_1 i_2.$$

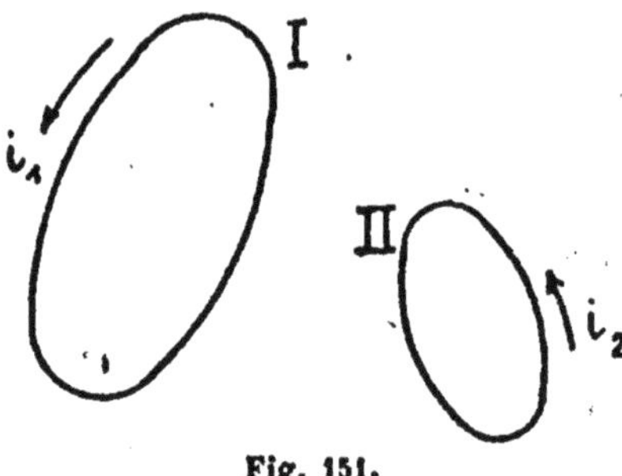

Fig. 151.

On aurait dans le deuxième cas :

$$T = M_1 i_1 i_2 \qquad \text{donc } M_1 = M_2.$$

Soit alors M le coefficient d'induction mutuelle des deux spires; l'énergie potentielle du système de ces deux spires sera

$$W = M i_1 i_2$$

Le coefficient moyen d'induction mutuelle de deux bobines

$A_1$, $A_2$ disposées (fig. 152) sur un même noyau sera (même raisonnement que pour la self-induction)

$$M = \frac{4\pi n_1 n_2}{R},$$

donc (1) $M^2 = L_1 L_2$   $L_1$ et $L_2$ étant les coefficients de self-induction des deux bobines.

Remarque. — L'égalité (1) n'a lieu que si tout le flux produit par une des bobines traverse l'autre, s'il y a des dérivations de flux; on a $\qquad M^2 < L_1 L_2$.

**Période d'établissement d'un courant.** — Pendant qu'on ferme l'interrupteur d'un circuit dont le coefficient de self-induction (supposé constant) est L, le courant s'établit graduellement et est par suite variable.

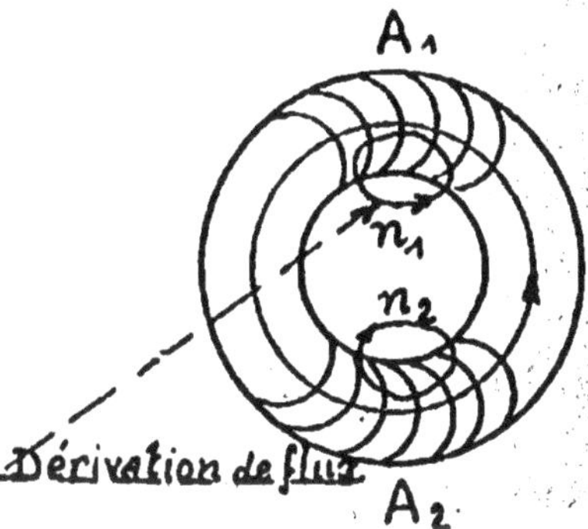

Fig. 152.

Soit $i$ sa valeur; à l'instant $t$, le flux correspondant à travers le circuit sera L$i$, et la force électromotrice d'induction qui résultera d'une variation $di$ dans le temps $dt$ sera $-L\dfrac{di}{dt}$; cette force électromotrice se superposant à la force électromotrice de la source (supposée constante), on a

$$E - L\frac{di}{dt} = Ri.$$

R, résistance du circuit.

$$\frac{di}{E - Ri} = \frac{dt}{L},$$

d'où $\qquad -\dfrac{1}{R} \log_e (E - Ri) = \dfrac{t}{L} + C^{te}$

pour $t=0$, $i=0$; donc

$$i = \frac{E}{R}\left(1 - e^{-\frac{R}{L}t}\right).$$

Le courant $\frac{E}{R}$ ne s'établit donc théoriquement qu'en un temps

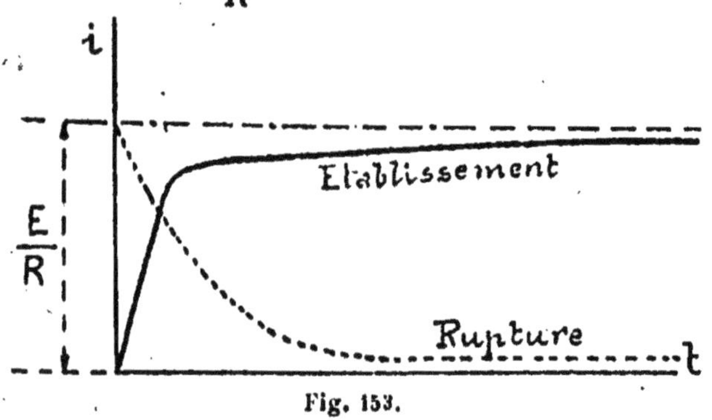

Fig. 153.

$\infty$. En pratique $\frac{R}{L}$ est très grand, en sorte que $i$ s'approche très vite de $\frac{E}{R}$ (en quelques $\frac{1}{100}$ de seconde).

Le phénomène est représenté par une courbe analogue à celle qui est indiquée fig. 153.

$\frac{L}{R}$ s'appelle la constante de temps du circuit[1].

On étudierait de la même façon la période de rupture d'un courant. Cela conduirait à la courbe pointillée.

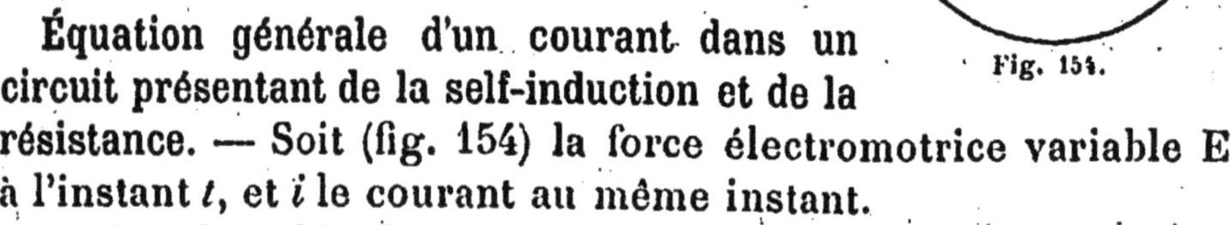

Fig. 154.

**Équation générale d'un courant dans un circuit présentant de la self-induction et de la résistance.** — Soit (fig. 154) la force électromotrice variable E à l'instant $t$, et $i$ le courant au même instant.

Le flux de self-induction est alors L$i$, et la force électromotrice de self qui se superpose à E est $-L\frac{di}{dt}$, d'où

---

1. On verra dans le chapitre des unités que ce quotient est en effet homogène à un temps.

$$E - L\frac{di}{dt} = Ri,$$

$$E = R + L\frac{di}{dt}.$$

C'est l'équation générale cherchée.

REMARQUE. — *Cas de deux circuits en présence parcourus par des courants variables* $i_1$ *et* $i_2$; *le coefficient d'induction mutuelle est* M.

A l'instant $t$ (fig. 155) le circuit I est traversé par le flux

$$L_1 i_1 + M i_2$$

produit par son propre courant $i_1$ et par le courant voisin $i_2$, en sorte que l'on a

$$E_1 - \left(L_1\frac{di_1}{dt} + \frac{M di_2}{dt}\right) = R_1 i_1,$$

ou

$$E_1 = R_1 i_1 + L_1\frac{di_1}{dt} + \frac{M di_2}{dt}.$$

On aurait d'ailleurs de même pour le circuit II :

$$E_2 = R_2 i_2 + L\frac{di_2}{dt} + \frac{M di_1}{dt}.$$

APPLICATION. — *Au centre d'une bobine horizontale de* n *tours par centimètre, et que l'on considérera comme infiniment longue, est fixé un anneau métallique parallèle aux spires de la bobine et embrassant une surface* S. *La résistance de l'anneau est* ρ.

*1° On établit dans le circuit de la bobine, de résistance totale* r, *une force*

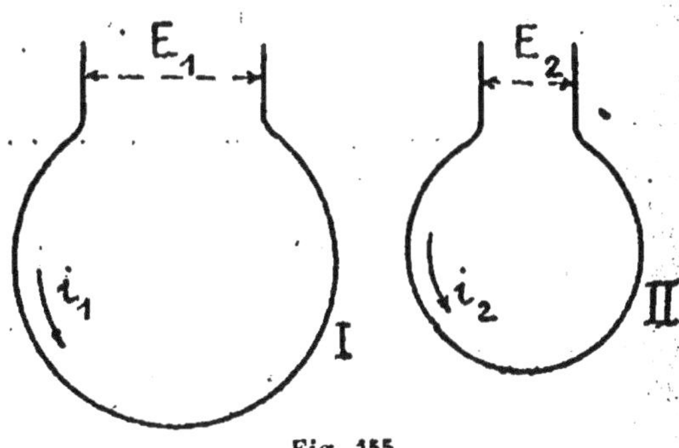


Fig. 155.

*electromotrice constante* o. *Calculer la quantité d'électricité induite dans l'anneau et le coefficient d'induction mutuelle de la bobine et de l'anneau.*

*2° On suppose la bobine de longueur finie et l'on établit à ses extrémités une force électromotrice alternative* A cos ωt. *Exprimer les courants* i *et* i' *dans la bobine et dans l'anneau au bout d'un temps suffisant pour que ces courants soient devenus purement alternatifs (on supposera* ρ *négligeable par rapport aux coefficients de self-induction et d'induction mutuelle* L, L', M *et par rapport à* R). (Licence. Certificat de physique générale, 1908.)

Fig. 156.

1° Après l'établissement du courant $i = \dfrac{e}{r}$ dans la bobine, le flux qui traverse l'anneau est :

$$\Phi = S \times \frac{4\pi n e}{r}.$$

Comme ce flux était nul au début, la quantité d'électricité induite sera :

$$q = \frac{\Phi}{\rho} = \frac{4\pi n S e}{r\rho}.$$

Le coefficient d'induction mutuelle est

$$M = \frac{\Phi}{i} = 4\pi n S.$$

2° On a à l'instant $t$ dans la bobine

$$(1) \qquad A \cos \omega t = ri + L\frac{di}{dt} + \frac{M di'}{dt},$$

et dans l'anneau

$$(2) \qquad O = L'\frac{di'}{dt} + M\frac{di}{dt},$$

puisque $\rho$ est négligeable.

On tire de (2)

$$\frac{di'}{dt} = -\frac{M}{L}\frac{di}{dt}$$

$i' = -\dfrac{M}{L}i$, car $i'$ s'annule en même temps que $i$.

En portant dans (1) il vient

$$(3) \qquad ri + \left(L - \frac{M^2}{L}\right)\frac{di}{dt} = A\cos\omega t.$$

On voit que l'équation (3) n'est autre que l'équation générale d'un courant alternatif circulant dans une bobine de résistance $r$ et de self-induction

$$L_1 = L - \frac{M^2}{L}.$$

Par suite (V. chapitre du courant alternatif, p. 267),

$$i = \frac{A\cos(\omega t - \varphi)}{\sqrt{r^2 + \omega^2 L_1^2}}$$

$$\text{avec } \operatorname{tg}\varphi = \frac{\omega L_1}{r} \quad \text{et} \quad i' = -\frac{M}{L}i.$$

**Décharge d'un condensateur de capacité C.** — 1° *Sur résistance non inductive* R (fig. 156). Soit E la différence de potentiel aux bornes du condensateur à l'instant $t$, et $i$ l'intensité correspondante dans le circuit. Pendant un temps $dt$ la différence de potentiel diminue de $dE$, et l'on a

$$i = -\frac{dQ}{dt} = -\frac{C\,dE}{dt},$$

$$E = iR = -CR\frac{dE}{dt},$$

$$\frac{dE}{E} = -\frac{dt}{CR},$$

$$E = E_0 e^{-\frac{t}{CR}},$$

ou encore

$$Q = Q_0 e^{-\frac{t}{CR}},$$

Si $Q = \dfrac{Q_0}{n}$ au bout du temps $t$, on a

$$t = CR\, Ln.$$

2° Sur résistance R de coefficient de self-induction L on a, à l'instant $t$ :

$$E = Ri + L\frac{di}{dt},$$

$$i = -\frac{dQ}{dt} = -\frac{CdE}{dt},$$

$$\frac{di}{dt} = -C\frac{d^2E}{dt^2},$$

$$LC\frac{d^2E}{dt^2} + RC\frac{dE}{dt} + E = 0. \tag{1}$$

L'équation (1) est une équation différentielle à coefficients constants sans deuxième membre d'équation caractéristique

$$LC\alpha^2 + RC\alpha + 1 = 0. \tag{2}$$

Quand les racines de (2) sont réelles, elles sont négatives $-\alpha_1 -\alpha_2$, car la somme est négative et le produit est positif; donc :

si $R^2C^2 - 4L > 0$, la décharge est continue et de forme exponentielle

$$Q = Ae^{-\alpha_1 t} + Be^{-\alpha_2 t},$$

A et B étant deux constantes qui dépendent des conditions initiales.

Si $R^2C - 4L = 0$,

$$Q = e^{-\alpha t}(At + B),$$

et la décharge est encore continue.

Si $R^2C - 4L < 0$ (cela a lieu en particulier quand la résistance et la capacité sont négligeables devant la self-induction ; ce cas se produit quand la foudre atteint de longues lignes de transmission d'énergie).

$$Q = Ae^{-\frac{R}{2L}t} \cos \left[ \sqrt{\frac{4L - R^2C}{4CL^2}}\, t + B \right]$$

la décharge est oscillante et périodique de période

$$T = 2\pi \sqrt{\frac{4CL^2}{4L - R^2C}}.$$

Les courbes de la figure 157 rendent compte du phénomène.

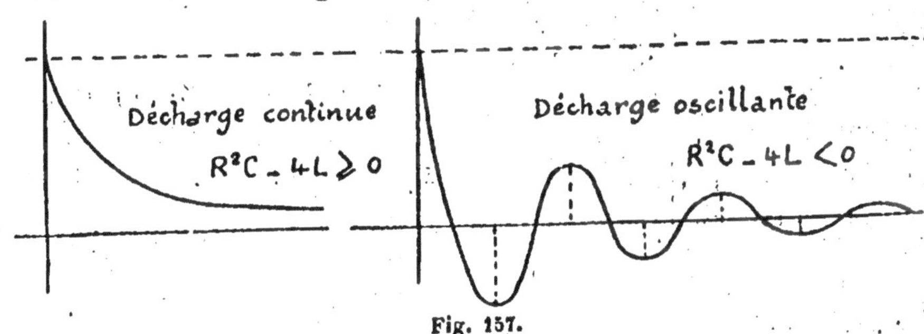


Fig. 157.

Energie intrinsèque d'un courant. — Reprenons la formule :

$$E = RI + L\frac{dI}{dt},$$

qui peut s'écrire

$$EI = RI^2 + LI\frac{dI}{dt}.$$

Multiplions par $dt$ de façon à avoir l'énergie fournie par la pile pendant le temps $dt$ ; on aura

$$EI\,dt = RI^2\,dt + LI\,dI,$$

t pendant toute la période d'établissement du courant

$$\int EI\,dt = \int RI^2\,dt + \int LI\,dI,$$

ce qui exprime que la puissance totale fournie par la pile se décompose en deux parties : une première dissipée par effet joule, et une seconde partie emmagasinée à l'état potentiel

$$W = \int LI\, dI = \frac{1}{2}LI^2.$$

Cette énergie reste emmagasinée pendant la marche normale, c'est. l'*énergie intrinsèque du courant*.

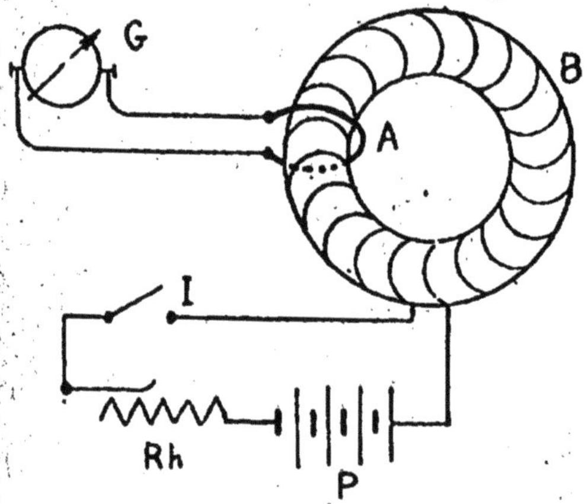

Elle se manifeste, au moment de la rupture, sous forme d'étincelles.

**Courbes d'aimantation. — Hystérésis. —** Soit (fig. 158) un tore B uniformément recouvert de spires parcourues par un courant I, produit par une pile P et un

Fig. 158.

rhéostat R*h*. Disposons en A une spire A en communication avec un galvanomètre balistique G. En interrompant brusquement le courant avec l'interrupteur I, on peut mesurer en G la quantité d'électricité induite dans la spire A, et par suite le flux ou l'induction B du noyau du tore.

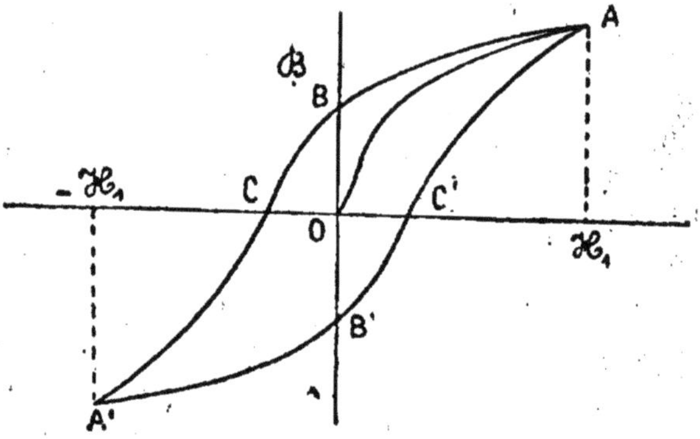

Fig. 159.

Portons (fig. 159) en abcisses les valeurs de $4\pi n_1 I = \mathfrak{H}$ et en ordonnées les valeurs correspondantes de B, nous obtiendrons ce qu'on appelle la courbe d'aimantation du noyau du tore.

Supposons que le tore n'ait jamais été aimanté et faisons varier $\mathcal{H}$ de 0 à $\mathcal{H}_1$, puis de $\mathcal{H}_1$ à $-\mathcal{H}_1$ et de $-\mathcal{H}_1$ à $\mathcal{H}_1$, nous obtiendrons :

1° la courbe 0A;
2° la courbe ABA'[1];
3° la courbe A'B'A.

Si l'on recommence à faire varier $\mathcal{H}$, on suivra désormais la courbe ABA'B' sans jamais revenir à 0. On dit que l'aimantation décrit un cycle d'hystérésis (du grec « rester en arrière »). L'ordonnée OB = OB' mesure l'*induction rémanente* qui subsiste quand le courant est nul, et l'abcisse OC = OC' *la force coercitive* nécessaire pour ramener à 0 l'induction dans le noyau; OB et OC varient en sens inverse suivant les échantillons de fer adoptés pour le noyau.

Ce phénomène d'hystérésis est très important; il se produit chaque fois qu'un métal est soumis à des aimantations et désaimantations successives, comme dans les pièces massives qui tournent dans des champs. Il est accompagné d'une élévation de température du noyau et, par suite, d'une perte d'énergie empruntée à la source qu'il importe d'évaluer.

**Travail absorbé par l'aimantation d'un tore.** — Soit un tore recouvert uniformément de spires. Cherchons l'énergie absorbée pour aimanter ce tore à l'aide d'une source extérieure.

Elle est équivalente à l'énergie qui sera restituée sous forme d'extra-courant quand on coupera le courant entretenant le flux d'aimantation dans le noyau. Or, si E est la force électromotrice de la source, on a

---

1. Les points A et A' sont symétriques par rapport à 0.

$$E = RI + n\frac{d\Phi}{dt}.$$

Quand le flux varie de $d\Phi$ pendant le temps $dt$ de la rupture, l'énergie correspondante fournie par la pile sera

$$EI\,dt = RI^2\,dt + nId\Phi\,;$$

mais $$\Phi = Bs \qquad d\Phi = SdB.$$

D'autre part, $H = \dfrac{4\pi nI}{l}$, H étant l'intensité du champ qui serait produit dans l'air par la bobine

$$nI = \frac{Hl}{4\pi},$$

$$EI\,dt = RI^2\,dt + \frac{ls}{4\pi}HdB.$$

Or le volume du tore est $ls = V$.

Intégrons pendant toute la durée de la rupture :

$$\int EI\,dt = \int RI^2\,dt + \frac{V}{4\pi}\int_0^B HdB$$

avec $B = \mu H$

Ainsi l'énergie totale, pendant la rupture, se décompose en deux :

Énergie calorifique correspondant à l'effet joule, et

Énergie correspondante à l'aimantation, laquelle apparaît sous forme d'étincelles.

$$\frac{V}{4\pi}\int_0^B HdB.$$

Le travail d'aimantation, pour amener un noyau à une induction donnée, est par suite

$$\frac{V}{4\pi}\int_0^B HdB$$

$$\text{avec } B = \mu H.$$

**Énergie perdue par hystérésis dans un cycle.** — Dans un cycle d'hystérésis, toute l'énergie correspondante à la variation de l'aimantation à chaque instant apparaît sous forme de chaleur.

Représentons (fig. 160) un cycle d'hystérésis, en portant en abcisses les valeurs de

$$H = \frac{4\pi nI}{l}.$$

La perte sous forme de chaleur sera

$$W = \frac{V}{4\pi} \int_{-B}^{+B} H dB.$$

C'est l'aire du cycle multipliée par $\frac{V}{4\pi}$.

Donc *l'énergie perdue par cm³ dans un cycle s'obtient en divisant l'aire du cycle par $4\pi$.*

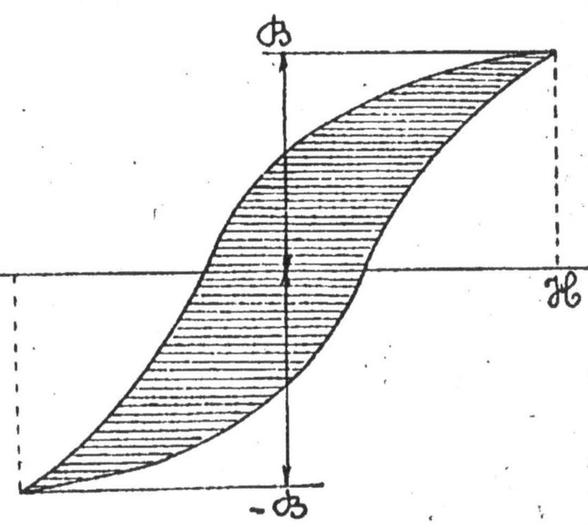


Fig. 160.

REMARQUE. — Steinmetz a donné une formule empirique évitant le calcul du cycle; c'est $W = V\eta B_{max}^{1,6}$.

$\eta$ étant un coefficient numérique et $B_{max}$ l'induction maximum.

*Extension du théorème relatif à la quantité d'électricité induite dans un circuit, dans le cas où ce circuit présente de la self-induction.*

Une variation de flux $d\Phi$ dans le temps $dt$ produit à travers le circuit une force électromotrice $-\dfrac{d\Phi}{dt}$, et l'on a, puisqu'il y a de la self-induction,

$$-\frac{d\Phi}{dt} = RI + L\frac{dI}{dt},$$

$$RI\, dt = -d\Phi - LdI,$$

$$R\,dq = -d\Phi - L\,dI.$$

Or, le courant part de 0 pour revenir à 0, donc $\int L\,di = 0$,

$$Q = \int_{\Phi_0}^{\Phi_1} \frac{d\Phi}{R} = \frac{\Delta\Phi}{R}.$$

**Courants de Foucault.** — Si on fait osciller un disque de cuivre (fig. 161) entre les mâchoires d'un électroaimant, les oscillations sont normales tant que l'aimant n'est pas excité, mais elles s'arrêtent par un freinage énergique dès que le courant passe dans les bobines, en même temps le disque s'échauffe.

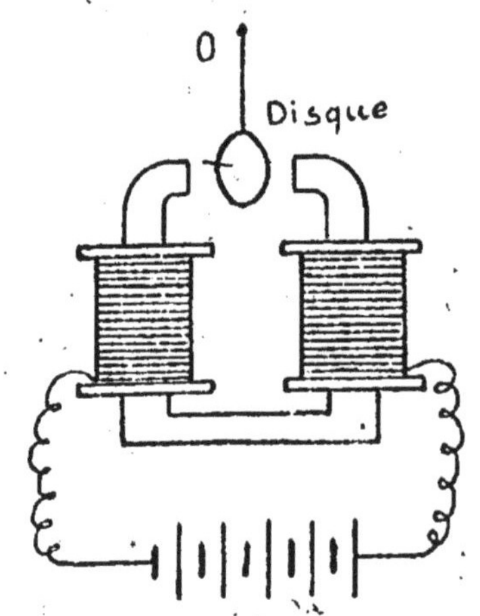


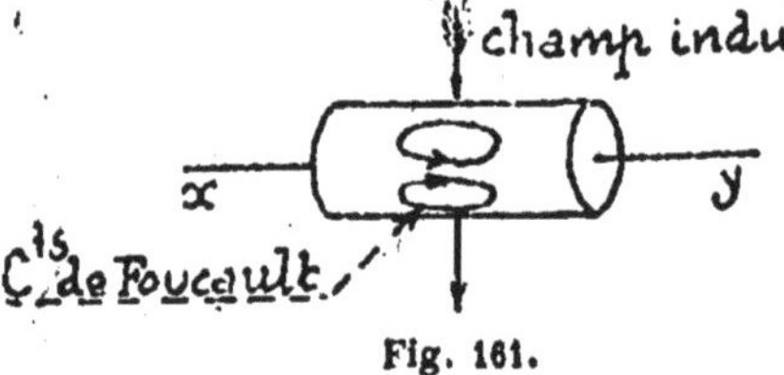


Fig. 161.

Il se produit, en effet, dans la masse du disque des courants d'induction appelés courants de Foucault. Ces courants se produisent par paire dans toutes les masses métalliques en mouvement dans un champ. Leur direction générale est celle de l'axe $xy$ de rotation si la masse tourne sur elle-même. On retrouve ces courants dans les dynamos.

APPLICATION DE L'INDUCTION. — *Un cadre rectangulaire est suspendu verticalement dans un champ uniforme de 800 gauss. Son plan est parallèle aux lignes du champ.*

*Dimensions du cadre : hauteur, 6,5 cm.; largeur, 3 cm.; moment d'inertie, K = 12,5 C. G. S. ; nombre de spires, 500. Lorsqu'il est parcouru par 100 microamp., il tourne de 7°,5.*

*Cela posé, aucun courant ne passant dans le cadre dont le circuit est ouvert, on l'écarte d'un angle $\theta_0$ de sa position d'équilibre et on le laisse osciller librement. On demande d'exprimer la différence de potentiel aux extrémités de l'enroulement, le système étant dépourvu d'amortissement.*

*On ferme à un instant quelconque le circuit du cadre, l'on calculera pour $\theta = 28°$ la quantité totale de chaleur dégagée dans le circuit depuis la fermeture jusqu'au moment où le cadre est au repos.* (École supérieure d'Électricité, 1906.)

1° On sait (V. note sur les systèmes oscillants) que les angles d'oscillations d'un pendule composé sont donnés par

$$\theta = \theta_0 \cos \omega t \qquad \omega = \sqrt{\frac{C}{K}} \qquad \text{C est la constante}$$

de torsion. D'ailleurs $\Phi = n\mathrm{HS}\sin\theta$,

$$E = -\frac{d\Phi}{dt} = -n\mathrm{HS}\cos\theta\frac{d\theta}{dt},$$

avec

$$\frac{d\theta}{dt} = -\theta_0\omega\sin\omega t.$$

Calculons C et $\omega$. Pour $i = 100 \times 10^{-6} \times 10^{-1}$ CGS.

$$\theta_1 = 7°{,}5 \quad \text{ou} \quad \theta_1^{\mathrm{rad}} = \frac{7{,}5\times\pi}{180} \quad \text{et} \quad n\mathrm{S}i.\mathrm{H}\cos\theta_1 = C\theta_1,$$

or

$$500 \times 19{,}5 \times 10^{-6} \times 800 = 78$$

d'où

$$C = \frac{78\cos 7°{,}5}{\dfrac{7{,}5\times\pi}{180}} = 590 \text{ C. G. S.}$$

$$\omega = \sqrt{\frac{C}{K}} = 6{,}9 \text{ C. G. S.}$$

*Chaleur dégagée.* — Soit $C_1$ le couple correspondant à $\theta$ radians.

$$C_1 = C\theta.$$

Pour un déplacement $d\theta$, le travail sera $C_1 d\theta$, donc

$$dT = C\theta\, d\theta,$$

et pour revenir de $\theta_0$ à 0, le travail total deviendra

$$T = \int_0^{\theta_0} C\theta\, d\theta = \frac{1}{2}\, C\theta_0^2,$$

$$\theta_0 = \frac{28 \times \pi}{180} = 0^{rad.},4887,$$

$$T = \frac{590 \times \overline{0,4887}^2}{2} = 70 \text{ ergs},$$

$$7 = 70 \times 10^{-7} \times 0,24 = 1,7 \times 10^{-6} \text{ calories}.$$

# CHAPITRE XII

## UNITÉS ÉLECTRIQUES

**Unités C. G. S. en général.** — Mesurer une grandeur, c'est la comparer à une grandeur unité de même espèce.

Le système C. G. S. a pris comme base trois unités fondamentales :

le *centimètre* ou 100° partie de la $\dfrac{1}{40 \times 10^6}$ partie du méridien terrestre ;

le *gramme-masse*,
la *seconde*.

Le *gramme-masse* ou gramme est la masse d'un centimètre cube d'eau à 4°. On a pris comme unité la masse et non le poids, car la masse est constante en tous les points du globe.

La *seconde* est la 86400° partie du jour solaire moyen.


**Unités dérivées.** — De ces unités sont dérivées un grand nombre d'autres grandeurs.

On appelle *équation aux dimensions* la relation simple liant une unité dérivée aux unités fondamentales.

EXEMPLE. — La vitesse d'un mouvement est le quotient d'une longueur par un temps.

Si l'on désigne par les symboles L, M, T les unités fondamentales, on dit qu'une vitesse aura pour *équation de dimensions* $LT^{-1}$.

Chaque unité dérivée s'obtient en partant de l'équation de définition de la grandeur considérée.

L'*unité de vitesse* est la vitesse d'un mobile parcourant un centimètre en une seconde.

Il arrive souvent qu'une unité n'est pas commode dans la pratique, on en emploie alors un multiple ou un sous-multiple.

Si le multiple est 1.000.000 de fois plus grand, on l'appelle *méga*.

Si le multiple est 10.000 fois plus grand, on l'appelle *myria*.

Si le multiple est 1.000 fois plus grand, on l'appelle *kilo*.

Si le sous-multiple est 1.000.000 de fois plus petit, c'est le *micro*.

Nous allons indiquer les équations de dimensions des principales grandeurs :

1° *Grandeurs géométriques :*

| | | | |
|---|---|---|---|
| *Longueur.* — | L | Unité centim. | |
| *Surface.* — | $L^2$ | d° | centim². |
| *Volume.* — | $L^3$ | d° | centim³. |

*Angle.* — Un angle est le quotient d'un arc par un rayon ; c'est donc le quotient de deux longueurs[1]. C'est un nombre sans dimension. L'unité C. G. S est le radian ou angle interceptant un arc égal au rayon ou $\dfrac{360°}{2\pi} = 57°17'44°$ en unités pratiques. On remarquera que 180° correspondent à $\pi$ ou 3,14 radians.

2° *Grandeurs mécaniques :*

*Vitesse* : quotient d'une longueur par un temps $[v] = [LT^{-1}]$.

*Vitesse angulaire* : quotient d'un angle par un temps $[\omega] = [T^{-1}]$. L'unité est le radian par seconde.

Exemple. — Un corps fait $n$ tours par seconde : quelle est sa vitesse angulaire en C. G. S. ?

Un tour vaut $2\pi$ radians, la vitesse angulaire est : $2\pi n$ radians.

*Accélération* : quotient d'une vitesse par un temps $[\gamma] = [LT^{-2}]$.

1. Il en est de même des lignes trigonométriques sin, cos, tg, etc.

L'unité est l'accélération d'un mouvement pour lequel la vitesse s'accroît de un centimètre par seconde. L'accélération de la pesanteur est à Paris 981 cm.

*Force :* produit d'une masse par une accélération $[F]=[MLT^{-2}]$. L'unité est la *dyne*, qui imprime à un gramme-masse une accélération d'un cm. par seconde. La force agissant sur la masse du gramme, c'est-à-dire le poids du gramme, ou encore le gramme-poids, est donc 1 gramme-masse multiplié par 981; donc 1 gramme pratique vaut 981 dynes. Une dyne vaut $\frac{1}{981}$ gramme ou un milligramme sensiblement; c'est une unité très faible, qu'on remplace par la *mégadyne,* correspondant au kilogr.

*Travail :* produit d'une force par une longueur $[ML^2T^{-2}]$. L'unité est le travail d'une dyne déplaçant son point d'application d'un centimètre; c'est l'*erg*.

Les électriciens emploient le *joule* $= 10^7$ ergs.

L'ancienne unité était le kilogrammètre, qui vaut 981.000 dynes $\times$ 100 cm. $= 9,81$ joules.

$$1 \text{ joule} = \frac{1}{9,81} \text{ kilogrammètre.}$$

L'énergie s'exprime en ergs, puisque le travail est une forme de l'énergie.

*Unité calorifique.* — La *grande calorie* est l'unité qui élève de 0 à 1° une masse d'eau de 1 kilogr. Si la masse d'eau est 1.000 fois plus petite, on a la *petite calorie* ou *calorie* C. G. S.

Le rapport de l'énergie calorifique à l'énergie du travail est l'*équivalent mécanique* de la chaleur.

1 grande calorie $= 425$ kilogrammètres, par suite

$$1 \text{ calorie-gramme vaut } \frac{425 \times 9,81}{1000} = 4,17 \text{ joules.}$$

$$\text{et } 1 \text{ joule} = \frac{1}{4,17} = 0^{cal},24.$$

*Puissance* : quotient d'un travail par un temps $[L^2MT^{-3}]$. L'unité est un erg par seconde.

On emploie, en électricité, le *watt* correspondant au joule : 1 watt = 1 joule par seconde. Un cheval = $75 \times 9,81 \times 10^7$ ergs seconde = 736 watts.

REMARQUE. — On emploie encore le *poncelet* : 100 kilogrammètres par seconde ; il vaut sensiblement 1 kilowatt.

**Unités diverses.** — Cheval-heure = un cheval pendant une heure ou

$$3.600 \times 75 = 270.000 \text{ kilogrammètres.}$$

1 watt-heure = 3.600 joules.

*Pression* : quotient d'une force par une surface $[ML^{-1}T^{-2}]$. L'unité ou *barie* est la pression d'une dyne sur un centimètre carré. On n'emploie guère que le mégabarie.

**Homogénéité des formules.** — Les équations de dimensions permettent une vérification très simple des fautes de calcul.

Ainsi, soit la formule du pendule $T = 2\pi \sqrt{\dfrac{l}{g}}$. Il s'agit de vérifier que le second nombre est homogène à un temps : L est une longueur, $g$ est une accélération, on a

$$\frac{L}{LT^{-2}} = \frac{1}{T^{-2}}.$$

La quantité sous le radical est homogène à $T^2$, le premier membre est bien homogène à un temps.

**Des changements d'unités.** — D'une manière générale, soit *une grandeur* $q_1$ *qui dans un premier système a pour dimensions* $L_1^\alpha M_1^\beta T_1^\gamma$. *On demande le nombre* $q_2$ *qui mesure cette grandeur dans un autre système d'unités* $L_2 M_2 T_2$.

Soit, pour fixer les idées, à évaluer en C. G. S. la vitesse d'un

train faisant 36 kilomètres à l'heure. Dans le système C. G. S.
on a
$$V_2 = L_2 T_1^{-1}.$$
et dans le système kilomètre à l'heure $V_1 = L_1 T_1^{-1}$, $L_2$ correspon-
dra à un cm. et $L_1$ à un kilomètre; $T_2$ à une seconde, $T_1$ à une

heure
$$\frac{[V_2]}{[V_1]} = \frac{[L_1 T_2^{-1}]}{[L_1 T_1^{-}]}$$

mais
$$\frac{L_2}{L_1} = \frac{1}{10^5} \text{ et } \frac{T_1}{T_2} = \frac{3.600}{1} \quad \frac{[V_2]}{[V_1]} = \frac{36}{1.000}.$$

Ainsi les dimensions de $V_2$ sónt à celles de $V_1$ comme 36 est
à 1.000; or, quand une unité devient $n$ fois plus petite, le nombre
mesurant la grandeur devient $n$ fois plus grand. Le nombre
exprimant $V_2$ en C. G. S. sera donc les $\dfrac{1.000}{36}$ du nombre donné.

Ce sera 1.000 cm. par seconde.

En généralisant ce résultat on a cette règle :
*Pour passer d'un système* I *à un système* II, *on forme*
$$\frac{q_2}{q_1} = \frac{L_1^{\alpha} M_1^{\beta} T_1^{\gamma}}{L_2^{\alpha} M_2^{\beta} T_2^{\gamma}},$$

*en évaluant les unités anciennes et nouvelles dans le système* II.

APPLICATIONS. — 1° *On a trouvé que le moment magnétique
d'un barreau d'acier pesant 453,6 grammes était* $100 \times 77.000$;
*la densité de l'acier étant 7,85, l'unité de longueur étant le mil-
limètre, l'unité de temps la seconde et l'unité de masse le milli-
gramme-masse, quelle est l'intensité du barreau en* C. G. S.?
(Concours d'admission à l'École centrale.)

L'intensité d'aimantation est le quotient du moment magnétique par un volume. Or, on trouvera plus loin (voir Système
U. E. M.) que la masse magnétique a pour dimensions :

$$L^{\frac{3}{2}} M^{\frac{1}{2}} T^{-1}.$$

Donc $\mathfrak{J}$ a pour dimensions :

$$\frac{L^{\frac{3}{2}} M^{\frac{1}{2}} T^{-1} \times L}{L^{3}} = L^{-\frac{1}{2}} M^{\frac{1}{2}} T^{-1}.$$

On aura donc

$$\frac{\mathfrak{J}_2}{\mathfrak{J}_1} = \frac{L_1^{-\frac{1}{2}} M_1^{\frac{1}{2}} T_1^{-1}}{L_2^{-\frac{1}{2}} M_2^{\frac{1}{2}} T_2^{-1}} = \left(\frac{L_2}{L_1}\right)^{\frac{1}{2}} \left(\frac{M_1}{M_2}\right)^{\frac{1}{2}} \left(\frac{T_2}{T_1}\right).$$

Avec $\quad \dfrac{L_2}{L_1} = \dfrac{1}{\dfrac{1}{10}} = 10 \quad \dfrac{M_2}{M_1} = \dfrac{1}{\dfrac{1}{1.000}} = 1.000 \quad \dfrac{T_2}{T_1} = 1,$

$$\frac{\mathfrak{J}_2}{\mathfrak{J}_1} = 10^{\frac{1}{2}} \times \frac{1}{10^{\frac{3}{2}}} \times 1 = \frac{1}{10}.$$

Or, $\qquad\qquad \mathfrak{J}_1 = \dfrac{100 \times 77.000}{\dfrac{453,6 \times 1.000}{7,85}}$

d'où $\qquad\qquad \mathfrak{J}_2 = \dfrac{100 \times 77 \times 7,85}{453.6}.$

2° *Le coefficient* K' *de la loi de l'attraction* $F = K'\dfrac{mm'}{r^2}$ *étant égal à* $6,7 \times 10^{10}$ *dans le système* C. G. S., *on demande :* 1° *l'équation aux dimensions de* K; 2° *quelle est l'unité de masse* M$_2$ *dans un deuxième système, sachant que dans ce système* K' *devient égal à* 1, *que l'unité de temps est la seconde et que l'unité de vitesse est celle de la lumière* $3 \times 10^{10}$ *centim.?* (Concours d'admission à l'École centrale.)

1° Les dimensions de K résultent de :

$$K' = \frac{Fr^2}{mm'} = \frac{MLT^{-2}L^2}{M^2}$$

$$K' = [M^{-1}L^{3}T^{-2}].$$

2° Cherchons l'unité de longueur dans le nouveau système, en remarquant que le nombre qui mesure le chemin parcouru par un mobile en une seconde dans le nouveau système est 1 lorsqu'il est $3 \times 10^{10}$ dans le système C. G. S.; donc l'unité de longueur C. G. S. est $3 \times 10^{10}$ fois plus petite que la nouvelle unité de longueur; par suite

$$\frac{L_1}{L_2} = \frac{1}{3 \times 10^{10}};$$

nous aurons alors

$$\frac{K'_2}{K'_1} = \frac{1}{6,7 \times 10^{-8}} = \frac{M_1^{-1} L_1^3 T_1^{-2}}{M_2^{-1} L_2^3 T_2^{-2}} = \frac{M_2}{M_1} \left(\frac{1}{3 \times 10^{10}}\right)^3,$$

$$\frac{M_2}{M_1} = \frac{(3 \times 10^{10})^3}{6.7 \times 10^{-8}}.$$

Donc la nouvelle unité de masse vaudra

$$\frac{(3 \times 10^{10})^3 \times 10^8}{6,7} \text{ grammes-masses.}$$

**Unités électrostatiques C. G. S.** — Ces unités sont peu employées, car l'électricité statique joue un rôle peu important dans l'industrie.

Elles sont basées sur la formule de Coulomb relative aux attractions électriques

$$f = K_1 \frac{qq'}{r^2},$$

dans laquelle on fait $K_1 = 1$.

*Quantité d'électricité* Q. — L'unité est la quantité d'électricité exerçant sur une quantité égale placée à un cm. une répulsion de 1 dyne.

Les dimensions s'en déduisent :

$$F = \frac{QQ'}{r^2},$$

faisons
$$Q = Q' \qquad r = L \qquad [Q] = [L\sqrt{F}].$$

Or, on a
$$F = MLT^{-2} = \frac{Q^2}{L^2},$$

donc
$$[Q^2] = [M\,L^3\,T^{-2}],$$
$$[Q] = \left[M^{\frac{1}{2}}\,L^{\frac{3}{2}}\,T^{-1}\right].$$

Cette unité est très petite; on la remplace par le *coulomb*, qui vaut $3 \times 10^9$ unités C. G. S. électrostatiques.

*Différence de potentiel* V. — On a $W = QV$ ou encore
$$V = \Sigma\frac{Q}{r}.$$

Connaissant les dimensions de Q et de W, on trouve sans difficulté
$$[V] = \left[L^{\frac{1}{2}}\,M^{\frac{1}{2}}\,T^{-1}\right].$$

L'unité électrostatique C. G. S. de potentiel est celui d'une sphère de 1 cm. de rayon contenant l'unité de quantité d'électricité.

L'unité pratique est le *volt*, qui vaut $\frac{1}{300}$ d'U. E. S.

*Capacité.* — Équation de définition :
$$[C] = \left[\frac{Q}{V}\right] = \frac{[M^{\frac{1}{2}}\,L^{\frac{3}{2}}\,T^{-1}]}{[M^{\frac{1}{2}}\,L^{\frac{1}{2}}\,T^{-1}]} = [L].$$

En U. E. S. une capacité est homogène à une longueur.

L'unité est la capacité d'une sphère contenant l'unité de quantité sous l'unité de d. d. p. On prend comme unité pratique le *farad*, qui vaut $9 \times 10^{11}$ unités électrostatiques, ce qui fait une unité très grande. Celle-ci est souvent beaucoup trop grande. On prend alors le *micro-farad* $9 \times 10^5$ U. E. S.

Les unités pratiques (*coulomb, volt, farad*) ont été déduites d'un autre système, le système électromagnétique, qui est, de beaucoup, le plus employé.

**Système électromagnétique.** — Remarquons qu'il existe cinq grandeurs fondamentales :

*Quantité d'électricité* Q.

*Intensité* I.

*Force électromotrice ou différence de potentiel* E.

*Résistance électrique* R.

**Masse** magnétique *m*.

Nous connaissons quatre relations fondamentales :

1° *Loi de Pouillet*    $Q = It$.

2° *Loi d'Ohm*    $E = RI$.

3° *Loi de Joule*    $W = RI^2 t$.

4° *Loi de Laplace*    $df = \dfrac{\lambda\, midl \sin\alpha}{r^2}$.

Si on ajoute une cinquième relation, nous aurons cinq équations pour déterminer Q, I, E, R, *m*.

En prenant la loi des attractions et répulsions électriques $f = K_1 \dfrac{qq'}{r^2}$ nous avons formé le système électrostatique.

En prenant la loi de Coulomb, relative aux actions magnétiques $f = K' \dfrac{mm'}{r}$, on aura le système électromagnétique si l'on fait $K' = 1$.

L'unité de masse magnétique sera celle qui repoussera une masse égale placée à un centimètre avec une force de 1 dyne ; *m* étant défini, la loi de Laplace dans laquelle on fera $\lambda = 1$ permettra de définir l'intensité I ; la loi de Joule permettra de définir R, celle de Ohm E, et celle de Pouillet Q.

On passera ensuite à toutes les autres grandeurs magnétiques et électriques.

1° GRANDEURS MAGNÉTIQUES. — *Masse magnétique m.* — Nous venons de la définir; son équation de dimension se déduit de la formule $F = \dfrac{m}{L^2}$ ou

$$[m] = [L\sqrt{\bar{F}}] = [L^{\frac{1}{2}} M^{\frac{1}{2}} T^{-1}].$$

*Champ magnétique* H. — C'est le quotient d'une force par une masse magnétique. L'unité électromagnétique C. G. S. est l'intensité d'un champ uniforme dans lequel une masse magnétique unité supporte un effort de une dyne.

L'équation de dimension est

$$\left[\frac{F}{L\sqrt{F}}\right] = [M^{\frac{1}{2}} T^{-1} L^{-\frac{1}{2}}].$$

L'unité est le *gauss*.

*Flux.* — Se déduit de $\Phi = HS$. L'unité ou *maxwell* est un flux de 1 gauss par cm².

*Induction magnétique.* — $B = \dfrac{\Phi}{S}$. Les dimensions sont les mêmes que celles du champ, l'unité sera la même ou *gauss*.

*Perméabilité.* — $\dfrac{B}{H} = \mu$. C'est un nombre, car B et H ont mêmes dimensions.

*Réluctance magnétique.* — $\mathcal{R} = \dfrac{l}{\mu S} = L^{-1}$.

L'unité est l'*œrsted*, c'est la réluctance d'un cylindre d'air de 1 cm. de longueur et 1 cm² de section.

*Force magnétomotrice.* — $\mathcal{E} = \Phi \mathcal{R}$  $\mathcal{E} = 4\pi NI$  $[\mathcal{E}] = [\sqrt{\bar{F}}]$.

L'unité ou *gilbert* est la force magnétomotrice entretenant un maxwell dans un circuit de 1 œrsted[1].

1. On définirait de même

$$[\mathcal{M}] = [mL] \quad [\mathcal{J}] = \left[\frac{\mathcal{M}}{L^3}\right] \quad [\sigma] = \left[\frac{m}{L^2}\right] \quad [U] = [L\sigma],\ \text{etc.}$$

(densité magnétique)   (puissance d'un feuillet)

Il y a entre la force électromotrice et la différence de potentiel magnétique les mêmes relations qu'entre la différence de potentiel électrique et la résistance. La différence de potentiel magnétique sera exprimée en gilberts.

Les grandeurs que nous venons de définir n'existent qu'en C. G. S. et n'existent pas comme unités pratiques.

2° GRANDEURS ÉLECTRIQUES. — *Courant :*

En intégrant $\dfrac{m l d l \sin \alpha}{r^2} = df$ le long d'une circonférence de rayon unité on voit que l'unité électromagnétique de courant est le courant qui, circulant dans un circuit circulaire, exerce sur une masse magnétique unité, placée au centre, un effort de $2\pi$ dynes[1].

La relation de Laplace revient à $F = \dfrac{m I L}{L^2}$, car $\sin \alpha$ est un nombre. Or $m$ est homogène, à $L \sqrt{F}$, donc

$$[I] = [\sqrt{F}] = [L^{\frac{1}{2}} M^{\frac{1}{2}} T^{-1}].$$

*Résistance.* — $W = R I^2 t$. L'unité est celle d'un conducteur dans lequel un courant égal à 1 dépense une énergie d'un erg.

La dimension d'une résistance sera

$$[R] = \frac{W}{I^2 t} = [L T^{-1}].$$

La résistivité $[\rho] = \dfrac{RS}{L} = [RL]$ est homogène au produit d'une résistance par une longueur.

On la définit en ohm centimètre, comme il a été dit au chapitre de la loi d'Ohm.

*Différence de potentiel.* — $E = RI = [L^{\frac{3}{2}} M^{\frac{1}{2}} T^{-2}]$. L'unité de d. p. produit un courant unité dans la résistance unité.

_________

1. On peut déduire encore de la relation de Biot et Savart $f = \dfrac{2mI}{d}$ que l'unité de courant est celui qui, agissant dans un courant rectiligne indéfini sur l'unité de masse magnétique placée à 1 cm., produit un effort égal à $\frac{1}{2}$ dyne.

*Quantité d'électricité.* — $[Q] = IT = [\sqrt{F}T]$. L'unité est produite par un courant unité en une seconde.

*Capacité.* — $[C] = \left[\dfrac{Q}{E}\right] = [L^{-1}T^2]$. L'unité est la capacité d'un condensateur dont la charge augmente d'une unité quand la différence de potentiel augmente d'une unité.

*Coefficients d'induction* M *ou* L. — Quotient d'un flux par une intensité.

$$\frac{L^{\frac{3}{2}} M^{\frac{1}{2}} T^{-1}}{L^{\frac{1}{2}} M^{\frac{1}{2}} T^{-1}}$$ Ces coefficients M et L sont donc homogènes à une longueur L.

Ils s'exprimeront en centimètres. L'unité de coefficient de self est celui d'un circuit traversé par un flux de un maxwell quand le courant qui le parcourt est une unité C. G. S.

Unités pratiques. — Ces unités ne conviennent pas toujours aux besoins de la pratique, et l'on en prend des multiples ou sous-multiples.

Ce sont :

L'*ohm*     $= 10^9$ unités électromagnétiques;
L'*ampère* $= 10^{-1}$          d°
Le *volt*    $= 10^8$           d°

On voit que 1 volt $= 1$ ohm $\times 1$ ampère.

Ces unités pratiques sont définies comme suit : l'ohm est la résistance offerte à un courant constant par une colonne de mercure de 14,452 grammes-masses, d'une longueur de 106,3 et d'une section de 1 mm².

Nous avons défini l'intensité de courant en électrolyse.

L'unité pratique de force électromotrice est celle qui, appliquée à un conducteur de 1 ohm, y fait circuler un ampère.

La quantité d'électricité s'en déduit :

Un coulomb vaut $10^{-1}$ U. E. M.

L'unité de capacité ou farad vaut $10^{-9}$ U. E. M.

L'unité pratique de coefficient de self-induction est le henry, qui vaut $10^9$ C. G. S., c'est-à-dire $10^9$ centimètres; c'est le quart du méridien terrestre, d'où le nom de quadrant donné autrefois à l'henry.

REMARQUE IMPORTANTE. — Il importe de ramener toujours à un même système toutes les grandeurs que l'on emploie. En particulier, lorsqu'il entre dans une formule des grandeurs qui n'ont pas d'unités pratiques (gauss, maxwell, œrsted), il faut tout ramener en C. G. S.

EXEMPLE. — *Une bobine de 50 cm. de long contient 1.000 spires parcourues par 6 ampères. Quelle est la force magnétomotrice et la force magnétisante?*

La force magnétomotrice est :

$$\mathcal{E} = 4\pi\,Ni = 4\pi \times 1.000 \times \frac{6}{10} = 1,25 \times 1.000 \times 6 = 7.500$$

gilberts.

La force magnétisante est :

$$H = \frac{\mathcal{E}}{L} = \frac{7.500}{50} = 150 \text{ gauss.}$$

**Comparaison des deux systèmes.** — Il est facile de montrer que les deux systèmes d'unités U. E. S. et U. E. M. sont incohérents : voilà ce que cela signifie.

Considérons la distance de deux points A et B, soit D = 15 km., mesurée avec le kilomètre comme unité de longueur. On peut encore mesurer la distance par le temps nécessaire à la parcourir à une vitesse donnée. La distance de A à B sera, par exemple, de 3 h. à pied, sous-entendu à la vitesse d'un piéton faisant 5 kilom. à l'heure. Le rapport des nombres 15 et 3 mesurant la distance dans les deux systèmes est 5, c'est-à-dire la vitesse du piéton.

Ainsi, le rapport de deux grandeurs n'est pas un simple nombre, c'est une vitesse. Les deux systèmes sont dits incohérents.

Revenons aux deux systèmes U. E. S. et U. E. M. et évaluons une même quantité d'énergie dans les deux systèmes. Nous affecterons de lettres majuscules le système U. E. M.

On a les formules :

$$W = eit = EIT,$$
$$ri^2t = RI^2t,$$
$$\frac{1}{2}ce^2 = \frac{1}{2}CE^2,$$
$$\frac{1}{2}qe = \frac{1}{2}QE,$$

d'où
$$\frac{e}{E} = \frac{I}{i} = \sqrt{\frac{r}{R}} = \frac{Q}{q} = \frac{e}{E} = \sqrt{\frac{C}{c}}. \qquad (1)$$

Ces relations existent entre les nombres qui mesurent les grandeurs; les relations inverses existeront donc entre les équations aux dimensions. Or on a trouvé :

en U. E. M.
$$[I] = [\sqrt{F}],$$

et en U. E. S.
$$[i] = \left[\frac{Q}{T}\right] = \left[\frac{L\sqrt{F}}{T}\right],$$

donc :
$$\frac{I}{i} = \frac{[i]}{[I]} = [LT^{-1}].$$

Les rapports (1) mesurant, comme dans l'exemple précédent, une vitesse. Les deux systèmes sont donc incohérents.

Pour déterminer la grandeur de cette viiesse, il suffit de mesurer à l'aide des unités des deux systèmes une même grandeur, par exemple une quantité d'électricité déterminée. On trouve ainsi à la balance de Coulomb (qui donne $q$ en U. E. S.) et au galvanomètre balistique (qui donne Q en U. E. M.) que cette vitesse $v = 3 \times 10^{10}$ cm. est la vitesse de la lumière. Il semble qu'il y ait, dans ce fait, autre chose qu'une coïncidence et un argument de plus en faveur de l'identité des phénomènes lumineux et électriques.

On déduit des égalités (1) que si on considère les quantités d'électricité ou intensités :  1 U. E. M. vaut $v$ U. E. S.

les différences de potentiel 1 U. E. M. vaut $\dfrac{1}{v}$ U. E. S.

les résistances 1 U. E. M. vaut $\dfrac{1}{v^3}$ U. E. S.

les capacités 1 U. E. M. vaut $v^2$ U. E. S.

$$v = 3 \times 10^{10}$$

ce qui justifie l'introduction des multiples que nous avons considérés en U. E. S. pour le volt, le coulomb, etc.

**Exercice.** — 1° *Quelles sont les unités fondamentales* L M T *dans le système pratique ampère, volt, etc. ?*

Puisque le henry est homogène à L et vaut $10^9$ cm., on a immédiatement la nouvelle unité de longueur : c'est le $\dfrac{1}{4}$ du méridien terrestre.

L'unité de temps se déduit de :

$$[R] = [LT^{-1}] = 10^9 \ U. \ E. \ M., \ \text{donc} \ T = 1.$$

L'unité de temps est la seconde.

L'unité de masse se déduira, par exemple, de :

$$[I] = [L^{\frac{1}{2}} M^{\frac{1}{2}} T^{-1}] = 10^{-1} \ U. \ E. \ M.,$$

$$10^{\frac{1}{2}} M^{\frac{1}{2}} = 10^{-1}, \quad M = 10^{-11} \ \text{grammes}.$$

# Unités C. G. S.

| GRANDEURS | ÉQUATIONS DE DÉFINITION. On part de : | DIMENSIONS | UNITÉS C. G. S. | UNITÉS PRATIQUES |
|---|---|---|---|---|
| Surface.......... | $S = L^2$ | $L^2$ | Centim. carré | Mètre carré. |
| Volume.......... | $V = L^3$ | $L^3$ | Centim. cube | Mètre cube. |
| Angle.......... | $L = \dfrac{\text{arc}}{\text{rayon}}$ | Nombre | Radian $= \dfrac{180}{\pi}$ $= 57^0\,17'\,44''$ | Degré, minute, seconde. |
| Vitesse.......... | $V = \dfrac{L}{T}$ | $LT^{-1}$ | cm. par seconde | Mètre p. seconde. |
| Vitesse angul^re. | $\omega = \dfrac{\alpha}{T}$ | $T^{-1}$ | Radian p. sec. | Tours p. minute. |
| Accélération.... | $\gamma = \dfrac{V}{T}$ | $LT^{-2}$ | Cm. p. seconde | Mètre p. seconde. |
| Force.......... | $E = M\gamma$ | $LMT^{-2}$ | Dyne | Gramme $= 981$ dynes, |
| Travail énergie. | $W = FL$ | $L^2MT^{-2}$ | Erg | Kilogr. mètre $= 9{,}81 \times 10^7$ ergs. |
| Puissance...... | $P = WT$ | $L^2MT^{-3}$ | Erg p. seconde | Watt $= 1$ joule p. seconde. 1 chev. $- 736^w$ |
| Masse magnét.. | $F = \dfrac{m^2}{L^2}$ | $L^{\frac{3}{2}}M^{\frac{1}{2}}T^{-1}$ | Masse magnét. | » |
| Champ.......... | $\mathcal{H} = \dfrac{F}{m}$ | $L^{-\frac{1}{2}}M^{\frac{1}{2}}T^{-1}$ | Gauss | » |
| Flux.......... | $\Phi = HS$ | $L^{\frac{3}{2}}M^{\frac{1}{2}}T^{-1}$ | Maxwell | » |
| Induction ...... | $\mathcal{B} = \dfrac{\Phi}{S}$ | $L^{-\frac{1}{2}}M^{\frac{1}{2}}T^{-1}$ | Gauss | » |
| Réluctance ..... | $\mathcal{R} = \dfrac{l}{\mu s}$ | $L^{-1}$ | Œrsted | » |
| Force magnétiste | $F = \Phi\mathcal{R}$ | $M^{\frac{1}{2}}L^{\frac{1}{2}}T^{-1}$ | Gilbert | » |
| Intensité...... | $F = \dfrac{2\pi m I}{R}$ | $L^{\frac{1}{2}}M^{\frac{1}{2}}T^{-1}$ | U. E. M. d'intensité. | Amp. $= 10^{-1}$ U.E.M. $= 3 \times 10^9$ U.E.S. |
| Résistance ..... | $W = RI^2T$ | $LT^{-1}$ | d° de résistance | Ohm $= 10^9$ U.E.M. |
| Force électrom^ce | $E = RI$ | $L^{\frac{3}{2}}M^{\frac{1}{2}}T^{-2}$ | d° de fem. | Volt $= 10^9$ U.E.M. $= \frac{1}{300}$ U.E.S. |
| Quantité d'élect. | $Q = IT$ | $L^{\frac{1}{2}}M^{\frac{1}{2}}$ | etc. | Coul. $= 10^{-1}$ U.E.M. $= 3 \times 10^9$ U.E.S. Amp. h. $= 3600$ coul. |
| Capacité ...... | $C = \dfrac{Q}{V}$ | $L^{-1}T^2$ | » | Farad $= 10^{-9}$ U.E.M. $= 9 \times 10^{11}$ U.E.S. |
| Coefficient d'ind. | $L = \dfrac{\Phi}{I} = M$ | $L$ | » | Henry $= 10^9$ U.E.M. |
| Énergie électr.. | $W = EIT$ | $L^3MT^{-2}$ | » | Joule $= 10^7$ ergs. Watt-h^re $= 3600$ j^les |
| Puissance électr. | $P = EI$ | $L^2MT^{-3}$ | » | Watt $= 10^7$ ergs p. s. |

# CHAPITRE XIII

## NOTIONS SUR LES MESURES ÉLECTRIQUES

### Mesures électromagnétiques.

**Principe des galvanomètres.** — Soit (fig. 163) une aiguille aimantée *ab* suffisamment petite pour qu'on puisse supposer sans erreur sensible l'intensité GI du champ produit par la spire qui l'entoure, comme constante pour chacune des positions de l'aiguille.

Désignons par H la composante horizontale du champ terrestre, par M le moment magnétique de l'aiguille, et par $\alpha$ l'angle d'écart avec la position d'équilibre. On a

$$MH \sin \alpha = MGI \cos \alpha$$

$$I = \frac{H}{G} \operatorname{tg} \alpha.$$

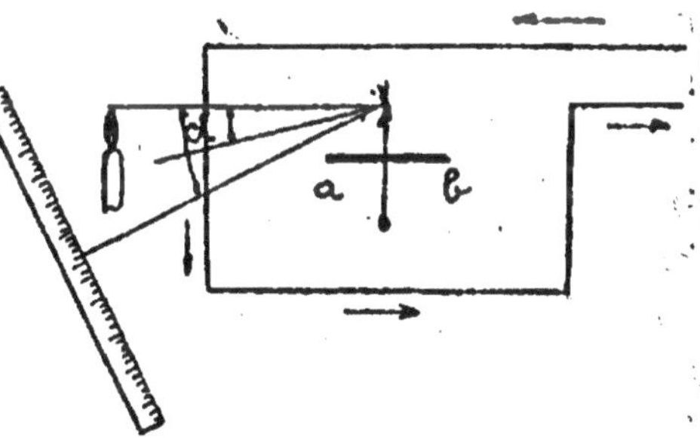

Fig. 163.

A l'aide d'un miroir, on mesure sur une règle graduée $\operatorname{tg} 2\alpha$; pour les faibles déviations, on a sensiblement $\operatorname{tg} 2\alpha = 2 \operatorname{tg} \alpha$.

*Galvanomètres absolus.* — *Boussole des tangentes ou des sinus.* — Voir *Électromagnétisme*, p. 162 et 163.

*Galvanomètres ordinaires.* — Dans ces galvanomètres gradués par comparaison avec des galvanomètres absolus, on cherche à rendre la sensibilité maximum, c'est-à-dire G maxi-

15

mum et II minimum, pour que pour une valeur de I donnée tg $\alpha$ soit aussi grand que possible.

Si le cadre est circulaire, par exemple, on sait que $G = \dfrac{2\pi}{R} n$, donc on multipliera le nombre de spires et on diminuera leur diamètre et, par suite, on fera très courte l'aiguille qu'elles renferment.

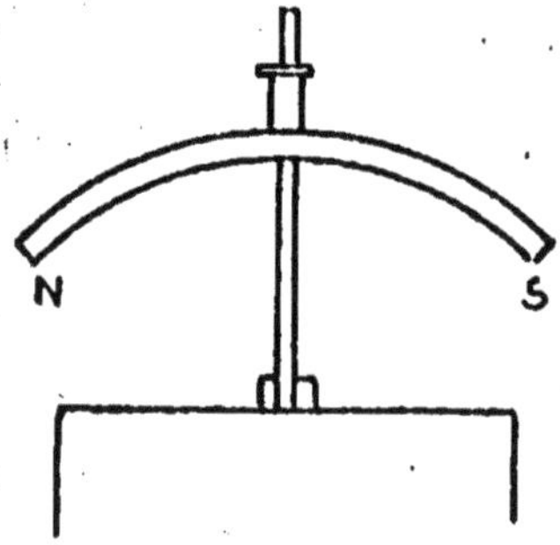

Pour diminuer II, on dispose (fig. 164) un aimant compensateur en forme d'arc de cercle, qui compense presque exactement le champ terrestre ; on le vérifie en cherchant par tâtonnements à rendre le système sensiblement astatique. Dans ces conditions, l'aiguille, abandonnée à elle-même, se dispose sensiblement à angle droit avec le champ terrestre. En effet, remarquons (fig. 165) que si OA est le champ terrestre, OB un champ sensiblement égal et opposé, la résultante OC, très petite, qui dirigera l'aiguille sera sensiblement à angle droit sur OA. Dans le *galvanomètre Thomson,* non seulement on emploie un élément compensateur en arc de cercle, mais encore (fig. 166) deux bobines A et B et deux aimants identiques solidaires, dont les axes sont parallèles et les polarités inversées.

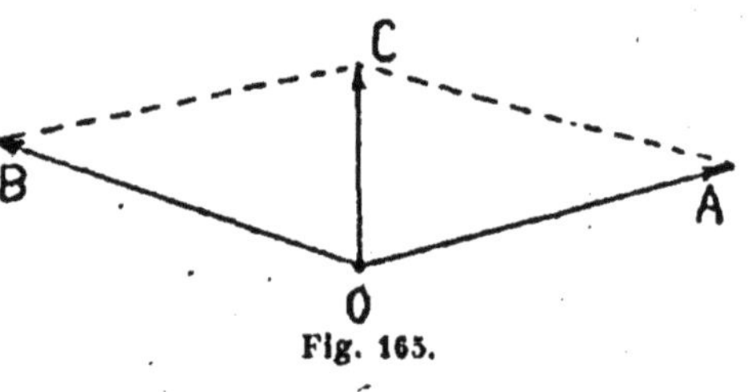

Fig. 164.

Fig. 165.

Ce galvanomètre est extrêmement sensible ; avec $\dfrac{1}{1.000}$ de micro-ampère on peut obtenir une déviation de 5 cm. sur une échelle placée à 1 mètre.

On amortit les oscillations produites par le passage du courant en prolongeant le système des aiguilles du galvanomètre Thomson par une palette plongeant dans un liquide visqueux.

*Galvanomètre Deprez-d'Arsonval.* — Le galvanomètre Deprez-d'Arsonval est un galvanomètre à cadre mobile très sensible et dont l'usage est extrêmement répandu (fig. 167). Un aimant produit un champ sensiblement uniforme dans lequel se meut un cadre; un cylindre de fer concentre les lignes de force.

Lorsqu'il ne passe aucun courant, le cadre est]dans le plan du champ H. Lorsqu'il passe un courant I; la normale au cadre ON tourne d'un angle $\alpha$ et vient en ON'. Écrivons que le couple de torsion est équilibré par le couple électromagnétique.

Si N est le nombre de spires de surface S, le moment du cadre est NSI. Donc[1]

$$\text{NSHI} \cos \alpha = C\alpha.$$

Pour les faibles déviations $\cos\alpha = 1$ et $I = K\alpha$ ou $I = K \, tg \, \alpha$. L'effet du cylindre de fer doux est de rendre cette formule encore plus exacte, car dans certains types d'appareils le courant est constamment normal aux lignes de force.

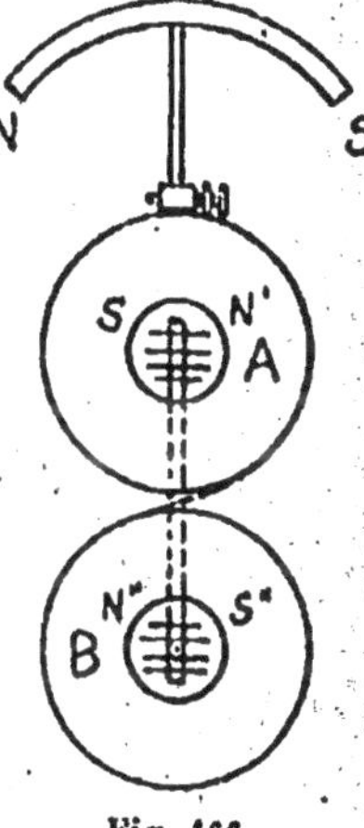


Fig. 166.

*Galvanomètre balistique.* — C'est un galvanomètre ordinaire, dont l'inertie est choisie de manière que lorsqu'on y fait passer une décharge instantanée, l'équipage mobile ne puisse se mettre en mouvement avant la fin du passage du courant. Supposons, pour fixer les idées, que nous utilisons un galvanomètre à aimant mobile dans le champ terrestre H.

Écrivons que, pendant un instant $dt$, la variation de puissance vive de l'équipage est égale au travail élémentaire des forces électromagnétiques [p. 288, formule (2)].

1. Car $N'O\mathcal{H} = \dfrac{\pi}{2} - \alpha$.

$$K\omega \, d\omega = MGid\theta.$$

K, moment d'inertie de l'équipage mobile; $\omega = \dfrac{d\theta}{dt}$, vitesse angulaire à l'instant $t$; M, moment magnétique de l'aiguille;

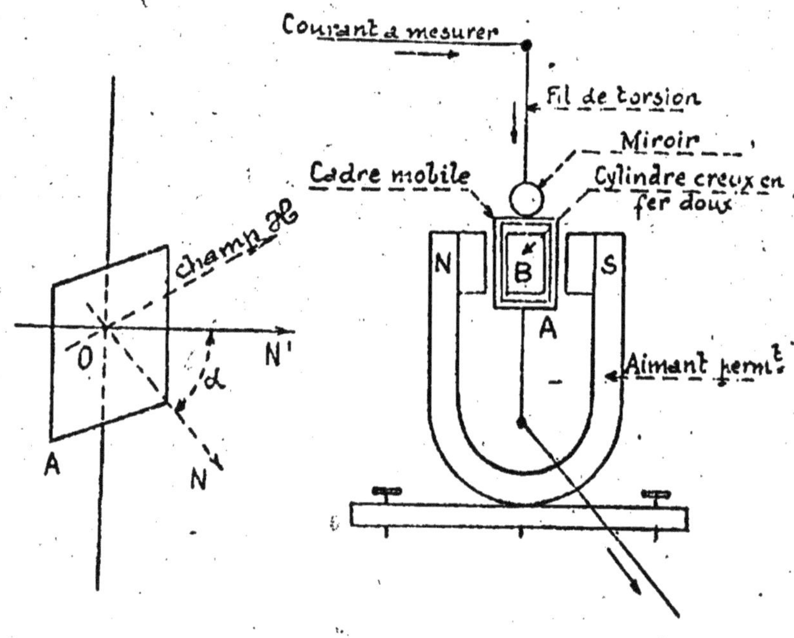


Fig. 167.

G, constante du cadre; $i$, courant qui circule à l'instant $t$ dans le cadre; $d\theta$, variation angulaire élémentaire, d'où

$$Kd\omega = MGidt = MGdq.$$

Intégrons cette expression, en observant que la vitesse angulaire finale est $\omega_0$, quand la quantité $q$ d'électricité a traversé le cadre

$$K\omega_0 = MGq.$$

Or, on sait (voir *Magnétisme*, p. 140) que l'élongation $\theta_0$ d'un aimant suspendu par son centre de gravité, lancé dans le champ terrestre avec une vitesse angulaire $\omega_0$ à partir de sa position d'équilibre, est donnée par

$$\omega_0 = \theta_0 \sqrt{\frac{MH}{K}},$$

donc

$$q = \frac{K}{MG}\sqrt{\frac{MH}{K}}\theta_0,$$

$$q = \sqrt{\frac{KH^2}{MH}}\times\frac{\theta_0}{G} = \frac{H}{G}\sqrt{\frac{K}{MH}}\theta_0$$

or,

$$T = 2\pi\sqrt{\frac{K}{MH}},$$

d'où finalement :

$$q = \frac{H}{G}\frac{T}{2\pi}\theta_0 = C\theta_0. \tag{1}$$

C dépend des dimensions de l'appareil et de H (déterminée par la méthode de Gauss).

Le galvanomètre balistique est donc un appareil absolu. Si on veut l'employer comme appareil relatif, on mesurera H par un courant permanent connu pour lequel on a

$$I = \frac{H}{G}\operatorname{tg}\alpha.$$

On aurait pu raisonner sur le galvanomètre Deprez-d'Arsonval de manière analogue. Nous laissons au lecteur le soin de faire cette étude.

Remarque. — Le pendule balistique est toujours plus ou moins amorti par la résistance de l'air; pour tenir compte de ce fait, on prend souvent pour l'élongation

$$\theta = \theta_0 + \frac{\theta_1 - \theta_0}{4}.$$

$\theta_1$ étant la deuxième élongation, en admettant que, entre les deux élongations $\theta_0$ et $\theta_1$, la perte causée par l'amortissement au cours des quatre demi-oscillations est constante.

En réalité, si l'on veut étudier le mouvement amorti dans tous ses détails, il faut se reporter à une étude plus compliquée (V. note sur les systèmes oscillants, p. 291).

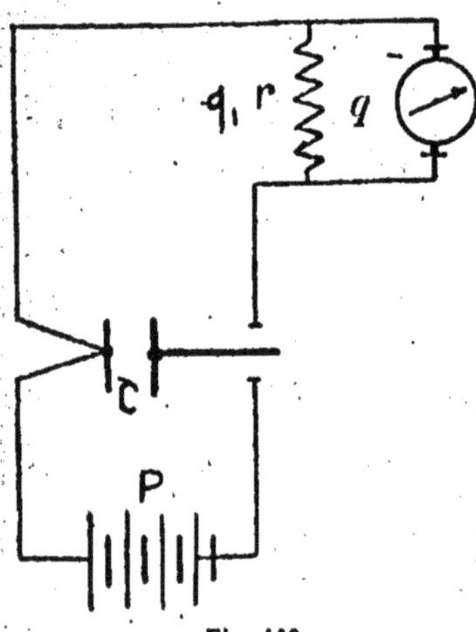

Fig. 168.

**Shuntage des balistiques.** — Dans un balistique shunté, le partage des décharges se fait comme celui des courants dans un galvanomètre shunté.

On le vérifie aisément par la disposition (fig. 168) dans laquelle on fait varier le shunt $r$. On doit avoir pour chaque valeur de $r$, si la loi est vraie, $Q = q + q_1$; $q_1 r = q R$,

$$q = Q \frac{r}{R + r}.$$

Q, décharge totale constante du condensateur C; R, résistance du balistique. Or, si $q$ est la décharge lue au balistique correspondant à l'élongation $\theta$, on a :

$$\theta = Kq = KQ \frac{r}{R + r}.$$

Or, K est constant si l'amortissement est toujours le même ; par suite, on doit avoir $\dfrac{\theta(R + r)}{r} = C^{te}$, ce qu'on vérifie.

Remarque. — Si l'on décharge un courant alternatif dans un

balistique, il restera immobile, parce que les fréquences industrielles ne lui permettent pas de se mettre en mouvement entre deux impulsions successives.

### Mesure des résistances.

**Mesure d'une résistance absolue.** — 1° Si on fait tourner de 180° autour d'un axe O (fig. 169) un cadre de surface connue S, de résistance R, dans le champ terrestre H, son plan étant d'abord perpendiculaire

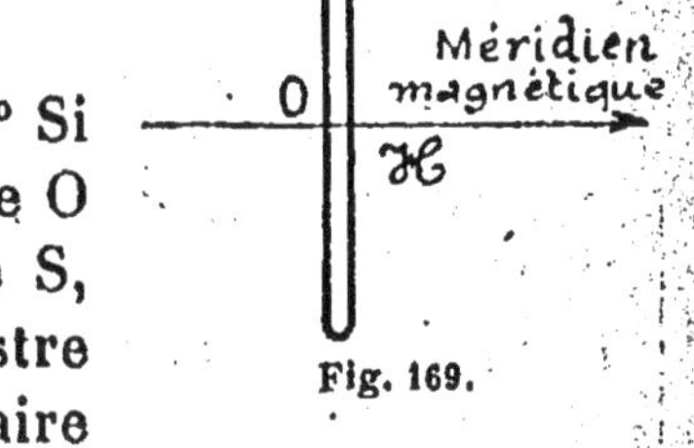


Fig. 169.

au méridien magnétique, on a une décharge $q$ au balistique telle que (V. p. 190) :

$$q = \frac{H2S}{R} = \frac{H}{G}\frac{T}{2_\pi}\theta_0,$$

d'où R en fonction de quantités mesurables directement[1].

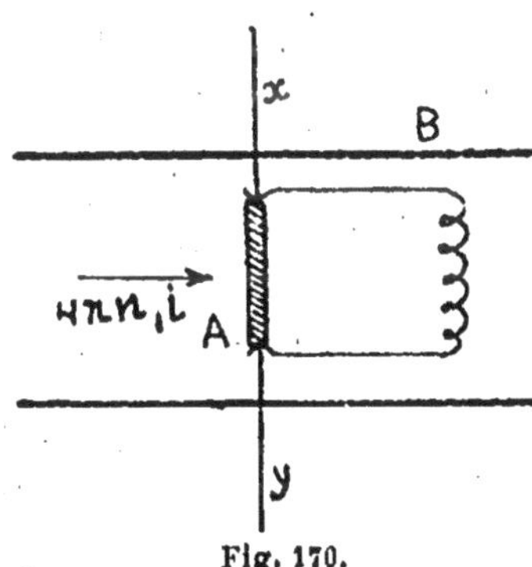


Fig. 170.

2° Faisons tourner d'un mouvement uniforme autour d'un axe vertical $xy$ (fig. 170) le cadre A dans le champ du solénoïde B, contenant $n_i$ spires par cm., parcouru par un courant $i$. On produira un courant moyen $\frac{Q}{T} = i'$ :

$$Q = \frac{\Delta\Phi}{R} \qquad i' = \frac{S4_\pi n_i i}{RT}.$$

2T, durée d'une révolution : S, surface du cadre ; R, sa résistance.

Si $n'$ est le nombre de révolutions par seconde, on connaîtra $2T = \frac{1}{n'}$, et si ce courant, par un artifice approprié, est le même dans le cadre et le solénoïde.

1. Cette même méthode permet de mesurer un champ magnétique connaissant la résistance R.

$$R = \frac{4\pi n_1 S}{T} = 8\pi n_1 n'S.$$

On réalise l'égalité des courants en agissant sur la vitesse de rotation et on vérifie au galvanomètre différentiel.

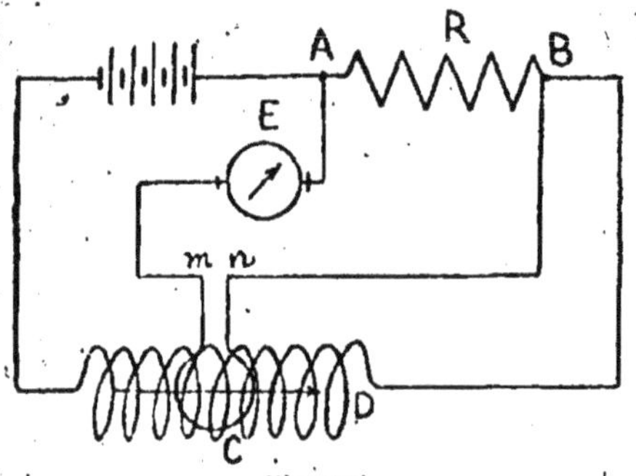
Fig. 171.

3° Par un jeu de contacts convenablement disposés, le cadre C est relié (fig. 171) aux points $m$ et $n$ aux instants précis où son plan est parallèle aux lignes de force du solénoïde D, c'est-à-dire aux instants où la force électromotrice induite est maximum et égale à

$$HS\omega = 4\pi n_1 I \times S \times n'2\pi.$$

[V. p. 264, formule (1).]

On règle la vitesse uniforme de rotation $n'$ de manière qu'il ne passe aucun courant au galvanomètre E, et l'on a, puisque le même courant I passe en AB et dans le solénoïde :

$$RI = 8\pi^2 n_1 n'IS,$$

$$R = 8\pi^2 n_1 n'S.$$

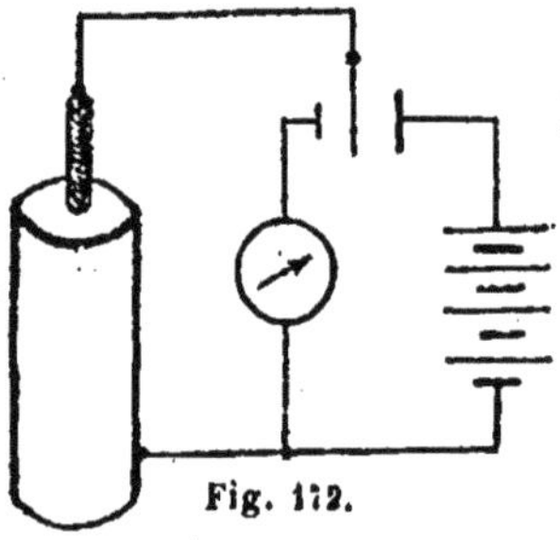

**Ohm légal.** — On trouve ainsi que l'ohm est représenté par une colonne de mercure à 0° de $1^{mm2}$ de section et de $106^{cm},3$, ou encore pesant 14 gr. 452.

Fig. 172.

**Mesure des résistances industrielles. (A) Grandes résistances.** — (Par exemple résistances d'isolement de l'ordre du mégohm.)

1° *Méthode de comparaison.* — On introduit en circuit, avec un galvanomètre, la résistance étalon $\rho$, de l'ordre du mégohm si possible, avec un grand nombre de piles ; soit $\alpha$ la déviation correspondante.

On recommence l'expérience avec la résistance $x$ à mesurer, soit $\alpha'$ la déviation. On a alors $x = \rho \dfrac{\alpha}{\alpha'}$, en négligeant les résistances des piles et du galvanomètre.

Si l'on ne possède pas d'étalon de l'ordre de la résistance à mesurer, on emploie la méthode suivante.

2° *Méthode de la perte de charge.* — On charge le condensateur formé par la résistance à mesurer (entre l'armature et l'âme d'un câble par exemple) à l'aide du dispositif de la figure 172.

Soit d'abord $E_0$ la différence de potentiel entre les armatures du condensateur. Au bout d'un temps $t$, que l'on mesure, cette différence de potentiel est devenue $E$ et l'on a (Voir Décharge d'un condensateur, p. 200) :

$$\frac{Q_0}{Q} = \frac{E_0}{E} = e^{\frac{t}{CR}},$$

d'où

$$R = \frac{t}{C \log_e \dfrac{E_0}{E}} .$$

Si $\alpha_0$ et $\alpha$ sont les déviations du balistique correspondantes aux deux expériences, on a :

$$\frac{Q}{Q_0} = \frac{E}{E_0} = \frac{\alpha}{\alpha_0}$$

donc

$$R = \frac{t}{C \log_e \dfrac{\alpha_0}{\alpha}} .$$

(B). **Résistances moyennes.** — On emploie la méthode du pont de Wheatstone décrite au chapitre VI, p. 95.

(C) **Faibles résistances.** — (Par exemple, résistance d'un induit de dynamo.)

1° *Méthode de la loi d'Ohm.* — On fait passer (fig. 173) un courant approprié dans la résistance à mesurer et on détermine simultanément E et $i$, d'où $x = \dfrac{E}{i}$.

2° *Méthode de comparaison.* — On fait passer un courant

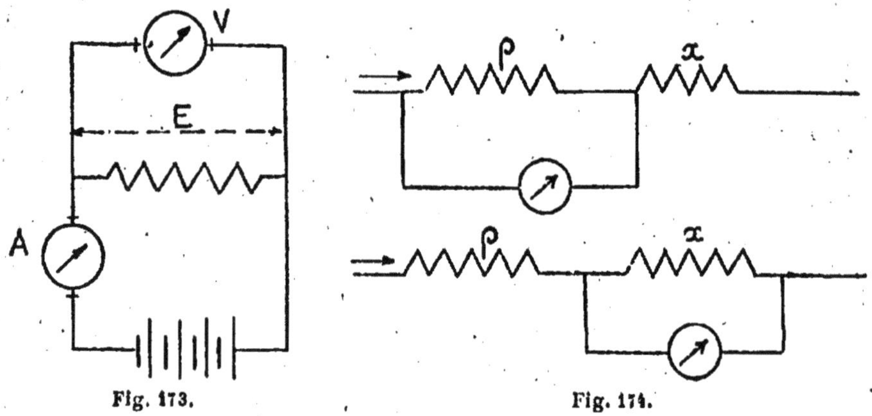

Fig. 173.           Fig. 174.

(fig. 174) dans l'ensemble de la résistance à mesurer et d'une résistance connue (un shunt étalonné par exemple) disposés en série.

Aux bornes de la première, un galvanomètre donne une déviation $\alpha$, et de la seconde il donne $\alpha'$

et

$$\frac{\alpha}{\alpha'} = \frac{\rho}{x},$$

$$x = \rho \frac{\alpha}{\alpha'}.$$

3° *Méthode du pont double de Kelvin.* — La méthode du pont ordinaire est inapplicable, à cause des erreurs introduites par les résistances de serrage des vis. On y remédie en introduisant, suivant le schéma de la figure 175, des résistances soudées

$m$, $n$, $p$, $q$, devant lesquelles les résistances de contact sont tout à fait négligeables. On règle $r$, de manière que G indique O quand la résistance $x$ est branchée sur le circuit.

Les potentiels étant désignés par la lettre V affectée d'un indice, on a :

$$I = \frac{1}{x}(V_q - V_n) = \frac{1}{r}(V_m - V_p),$$

$$i_1 = \frac{1}{m}(V - V_m) = \frac{1}{n}(V_u - V),$$

$$i_2 = \frac{1}{q}(V_q - V) = \frac{1}{p}(V - V_p).$$

On choisit $\dfrac{m}{n} = \dfrac{p}{q}$ et souvent $m = p$ $n = q$.

donc
$$\frac{p}{q} = \frac{m}{n} = \frac{V - V_p}{V_q - V} = \frac{V - V_m}{V_n - V} = \frac{V_m - V_p}{V_q - V_n} = \frac{r}{x},$$

$$x = r\,\frac{n}{m}.$$

**Résistance des piles.** — 1° Méthode du pont de Wheatstone (Voir cette théorie). 2° On charge un condensateur d'abord avec la pile à circuit ouvert, ensuite avec la pile débitant sur une résistance connue R. Dans le premier cas, la différence de potentiel aux bornes est E, et au balistique la décharge du condensateur donne une élongation $\alpha$

$$E = K\alpha.$$

Dans le deuxième cas, la différence de potentiel aux bornes est

$$e = RI = \frac{RE}{R + r} = K\alpha'.$$

$r$, résistance intérieure ;

$$\frac{\alpha}{\alpha'} = \frac{R + r}{R}$$

d'où $r$.

**Résistance d'un galvanomètre.** — On emploie la méthode du pont de Wheatstone indiquée antérieurement.

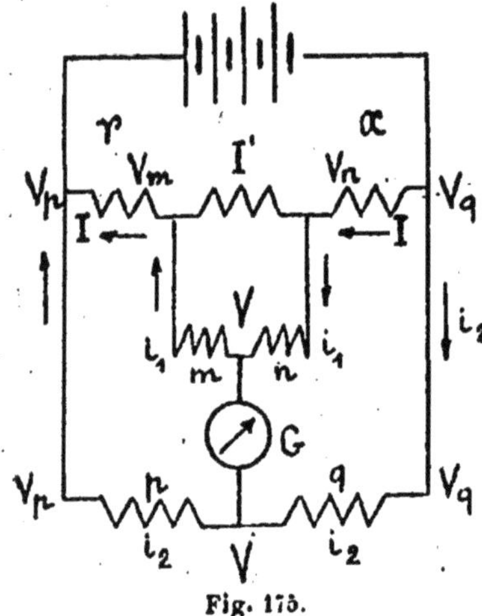

Fig. 175.

**Mesure des forces électromotrices et des différences de potentiel.**

1° *Emploi des électromètres absolus ou à quadrants.* (Voir pages 78 et 79.)

2° *Électromètre capillaire de Lippmann.* — Décomposons de l'eau acidulée à l'aide de deux électrodes de mercure disposées comme il est indiqué sur la figure 177. On voit le ménisque se contracter et le niveau N s'élever.

Si on le ramène à un niveau invariable à l'aide d'une poire en caoutchouc, à l'intérieur de laquelle on mesure la pression avec un manomètre à mercure, cette pression donnera la mesure de la différence de potentiel.

La graduation se fait par comparaison : l'appareil est très sensible au-dessous de 1 volt. On se sert surtout de l'appareil

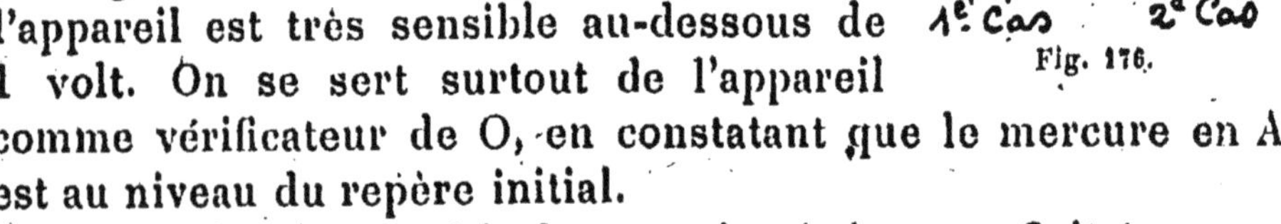

Fig. 176.

comme vérificateur de O, en constatant que le mercure en A est au niveau du repère initial.

3° *Principe de la méthode potentiométrique.* — Soit à mesurer une force électromotrice $e$. On réalise le montage de la figure 178. AB est un fil résistant calibré sur lequel se déplace un curseur C. On règle $R_1$ et C de manière à n'avoir aucun courant dans G et dans $G_1$ ; on a alors :

$$e=Ix, \qquad e'=IR, \qquad \frac{e}{e'}=\frac{x}{R},$$

où $e'$ est une force électromotrice étalon connue, et R la résistance de AB.

Cette méthode s'applique pour la détermination de la force électromotrice d'une pile, la graduation des ampèremètres, etc.

4° *Mesure des forces électromotrices industrielles.* — *Voltmè-*

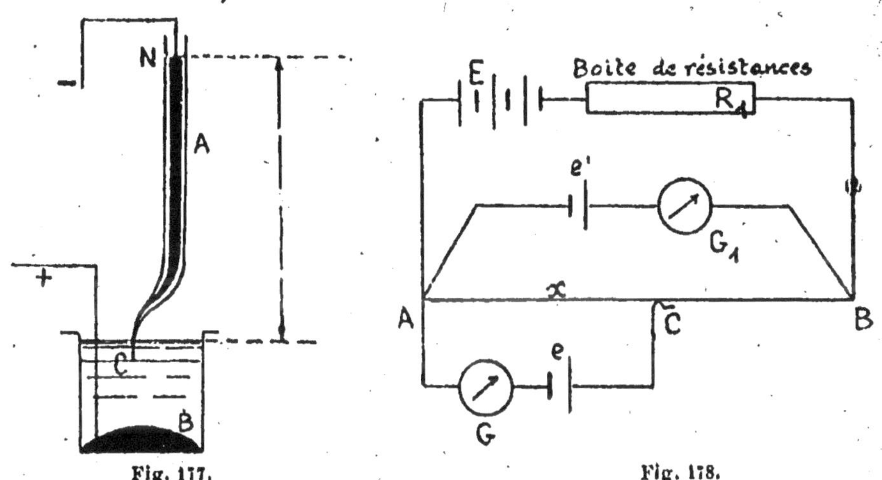


Fig. 177.        Fig. 178.

*tres électromagnétiques et à fil chaud.* — Dans l'industrie, on emploie pour la mesure des forces électromotrices des appareils basés sur les mêmes principes que les ampèremètres industriels décrits ci-dessous, seulement la résistance R des bobines est de l'ordre des milliers d'ohms.

On mesure ainsi $i$ et $E=Ri$.

### Mesure des intensités.

*Intensités absolues.* — Voir Boussoles des sinus ou des tangentes.

*Intensités relatives.* — Voir Galvanomètres ordinaires, tout spécialement le galvanomètre Deprez-d'Arsonval.

*Intensités industrielles.* — *Ampèremètres Deprez-Carpentier.* —.Une palette de fer doux A solidaire d'une aiguille est dirigée à la fois par deux aimants permanents et par une bobine N'S' parcourue par le courant à mesurer. On incline cette bobine de manière que les divisions restent sensiblement égales dans

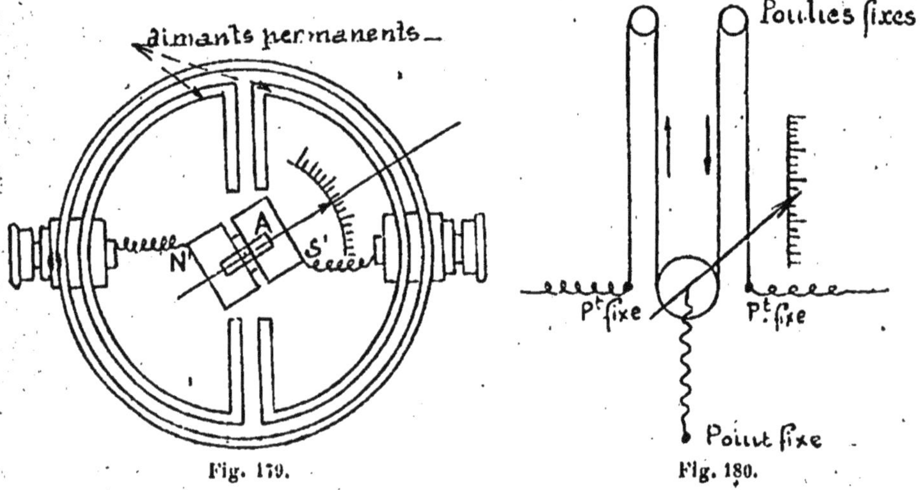


Fig. 179.         Fig. 180.

toute la graduation. La résistance de la bobine est toujours faible de 1/10ᵉ à 1/100ᵉ d'ohm (fig. 179).

**Mesure des intensités alternatives.** — *Electrodynamomètres.* — On mesure les intensités efficaces alternatives à l'aide de l'effet Joule, en faisant passer le courant dans un fil de platine dont on suit la dilatation sur un cadran divisé. L'appareil (fig. 180) est gradué par comparaison.

Une autre méthode est celle des électrodynamomètres : A bobine fixe, B bobine mobile (fig. 181). On fait passer le courant en série dans les deux bobines. L'énergie du système des deux bobines, dans une position déterminée, est $MI^2$, M coefficient d'induction mutuelle des deux bobines; le travail élémentaire correspondant à un déplacement angulaire $d\theta$ sera :

$$d(MI^2) = Pd\theta,$$

si on équilibre ce travail à l'aide d'un couple de torsion P. D'où on tire pour le couple instantané :

$$P = I^2 \frac{dM}{d\theta} = KI^2,$$

car, en ramenant à l'aide de repères les deux cadres dans la même position relative, par exemple à angle droit,

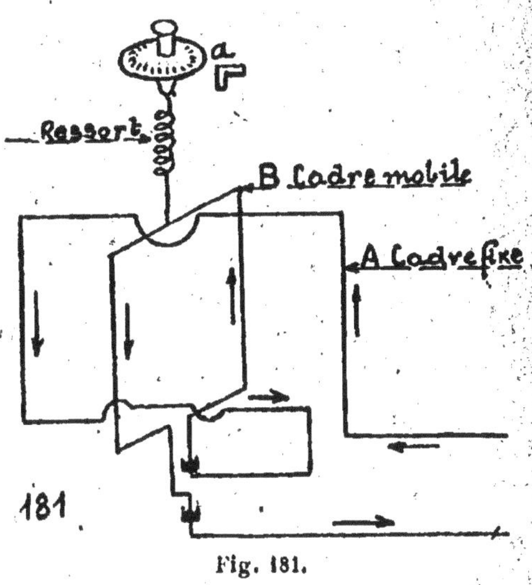


Fig. 181.

$\frac{dM}{d\theta}$ sera constant ; le couple P sera mesurable, au moyen de la torsion d'un ressort dont l'angle de torsion $\theta$ sera connu par un repère $a$, et cet angle fera connaître $I^2$ et par suite I, s'il s'agit d'un courant continu.

Dans le cas d'un courant alternatif (V. page 270), on développera, pour ramener les deux cadres à une position relative déterminée, un couple qui mesurera le couple moyen, soit

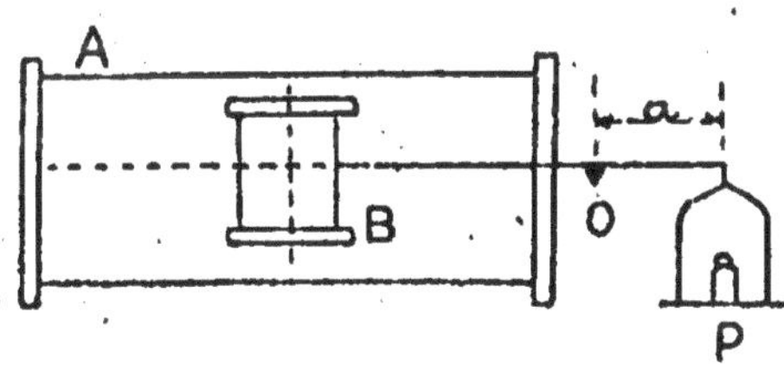

Fig. 182.

$$\frac{1}{T} \int_0^T KI^2 dt = KI^2 \text{ eff.}$$

Par suite, ce couple pourra servir à mesurer I eff.

On gradue par comparaison, à l'aide d'un courant continu.

*Electrodynamomètre absolu de Pellat* (fig. 182). — A est une bobine fixe, B une bobine mobile portée par un fléau mobile qui sert à maintenir l'horizontalité du système. Les deux bobines sont parcourues par le courant à mesurer. La première A est recouverte de $n_1$ spires par cm., la deuxième possède $n$ spires de surface S.

Le couple électrodynamique est donc $4\pi n_1 n S I^2$, et l'on a :

$$Pa = 4\pi n_1 n S I^2,$$

d'où I à l'aide de quantités mesurables directement.

**Mesure d'une capacité.** — On opère par comparaison en chargeant la capacité à mesurer $x$ avec une pile de force électro-motrice connue E, puis en chargeant une capacité connue $c$ avec la même pile. En déchargeant dans un balistique on a dans les deux cas des déviations $\alpha$ et $\alpha'$, et l'on a

$$\frac{xE}{cE} = \frac{\alpha}{\alpha'} \qquad x = c\frac{\alpha}{\alpha'}.$$

Exercices. — 1° *Un voltmètre ordinaire donne des indications exactes à 15°; quel est le voltage exact quand l'appareil marque* n *volts à 0 degrés? Application :* $n = 47$, $0 = 35°$, $\alpha = 0,0039$. (École supérieure d'électricité. Écrit.)

Les divisions d'un cadran d'un voltmètre sont inégales, et portent des numéros qui sont proportionnels aux courants traversant l'appareil à 15°. Si donc on lit $n$ volts à 0° avec une différence de potentiel à mesurer, on lirait à 15° $n'$ volts tels que

$$n' = n\frac{g_0}{g_{15}},$$

$g_0$ et $g_{15}$ étant les résistances du voltmètre à 0° et 15°; mais

$$g_0 = g_{15}\,[1 + \alpha(0 - 15)],$$

donc
$$n' = n\,[1 + \alpha\,(0 - 15\,(\alpha 0 - 15];$$

en remplaçant les quantités par leurs valeurs on a :
$$n' = 117\,[1 + 0{,}0039(35 - 15)] = 126^{v}{,}126.$$

2° *Un circuit comprend un galvanomètre de résistance* g, *shunté par une résistance* S *invariable* S $= 0^{\omega}{,}042$; g *varie avec la température;* g $= 0^{\omega}{,}75$, *et* $\alpha = 0{,}0038$. A 27° *le galvanomètre indique* 53 *divisions. Quel est le courant* I *dans le circuit principal, sachant que pour une différence de potentiel de* $0^{v}{,}04$ *à* 15°, *le galvanomètre marque* 100 *divisions?* (École supérieure d'électricité, 1905.)

Si $0^{v}{,}04$ à 15° correspondent à 100 divisions, ils correspondent à 27° à
$$\frac{100}{1 + \alpha(27 - 15)} = \frac{100}{1{,}0456}.$$

Donc la déviation de 53 divisions est produite à 27° par une différence de potentiel $x$ telle que
$$\frac{x}{0{,}04} = \frac{53}{\dfrac{100}{1{,}0456}}.$$

D'autre part, la résistance du galvanomètre est
$$g_{27} = 0{,}75 \times 1{,}0456;$$

donc le courant qui traverse l'appareil est
$$i_1 = \frac{x}{g_1} = \frac{0{,}04 \times 53}{100 \times 0{,}75} = 0^{amp}{,}0283.$$

Le courant $i_2$ dans le shunt sera donné par
$$0{,}042\,i_2 = g_{27}\,i_1 \qquad i_2 = 0^{amp}{,}527,$$

et par suite le courant total sera
$$I = i_1 + i_2 = 0^{amp}{,}556.$$

*3° Un galvanomètre G et une bobine A (fig. 183) sont branchés en parallèle aux deux bornes d'une pile E. La résistance du galvanomètre vaut 500 fois celle de la bobine A, et l'aiguille du galvanomètre dévie de $\delta = 50$ divisions. On enlève G et on le remplace par une résistance égale, puis on entoure A d'une autre bobine B qu'on ferme sur le galvanomètre G. On coupe le courant de la pile, l'aiguille de G est chassée de $\theta = 50$ divisions. La résistance totale du circuit de la bobine B et du galvanomètre est de R = $500^\omega$; la durée d'oscillation simple de l'aiguille du galvanomètre est*

$$T' = \frac{T}{2} = 2^{sec},9.$$

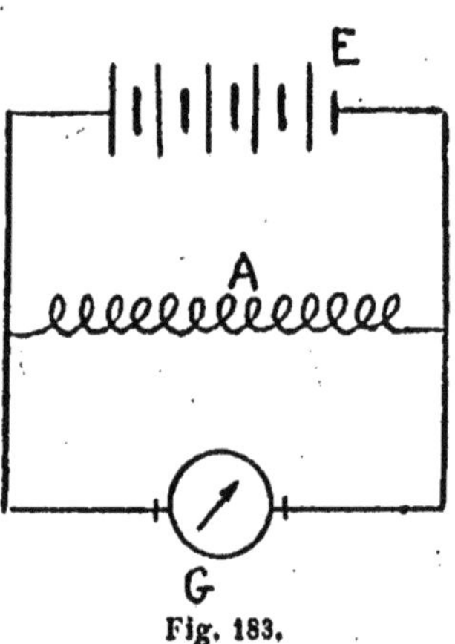


Fig. 183.

*Quel est le coefficient d'induction mutuelle M des deux bobines A et B? (Licence. Écrit.)*

Lorsqu'un courant $i$ traverse A, la bobine B est traversée par le flux $Mi$, et quand on coupe le courant, la quantité d'électricité induite est

$$q = \frac{Mi}{R}.$$

Or, l'élongation $\theta$ est liée à $q$ par

$$q = \frac{H}{G}\frac{T'}{\pi}\theta.$$

Mais dans la première expérience on a un courant constant $i'$

$$\frac{H}{G}\,\mathrm{tg}\,\delta = i'$$

d'où
$$M = R \times \frac{i'}{i} \times \frac{\theta}{\delta} \times \frac{T'}{\pi},$$

D'autre part, les courants $i$ et $i'$ sont inversement proportionnels aux résistances, soit $\dfrac{i'}{i} = \dfrac{1}{500}$ d'après l'énoncé, d'où

$$M = 500 \times 10^9 \times \frac{1}{500} \times \frac{50}{450} \times \frac{2,9}{3,24}.$$

$$M = 0,1025 \text{ heure.}$$

# CHAPITRE XIV

## NOTIONS D'ÉLECTROTECHNIQUE[1]

**Généralités sur les machines dynamos à courant continu.**

Une machine à courant continu se compose de trois parties principales :

Une première partie (I) constituant ce qu'on appelle le *système inducteur*, formé d'une carcasse en acier ou en fonte, armée

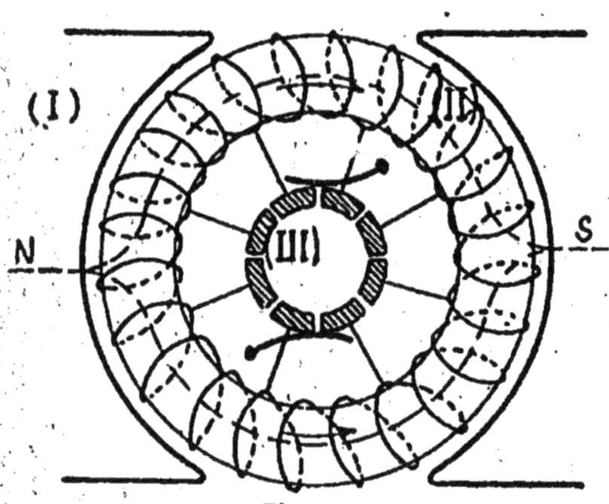


Fig. 184.

d'un certain nombre de *pièces polaires*, généralement venues de fonderie avec la *carcasse* ou *bâti*. Ces pièces polaires se terminent par des *épanouissements polaires* qui sont ou rapportés ou venus de fonderie avec la carcasse.

Le nombre des pièces polaires est toujours pair ; elles sont entourées de *bobines inductrices* qui les transforment en électro-aimants. Le courant de ces bobines inductrices vient soit de l'extérieur : *machine à excitation séparée*, soit de la machine elle-même : c'est l'*auto-excitation* (cas industriel pratique).

1. Ces notions tout à fait succinctes seront utilement complétées par la lecture des excellents traités élémentaires d'Électricité Industrielle de M. M.-C. Lebois (Delagrave éditeur), Roberjot (Dunod et Pinat éditeurs), etc.

Le sens du courant est tel que les pôles sont toujours alternés.

On voit sur la figure 185 le schéma conventionnel des machines à excitation séparée (qui sont celles qu'on considère généralement dans les problèmes); à excitation dérivée ou shunt (fig. 186), à excitation série, excitées par le courant total

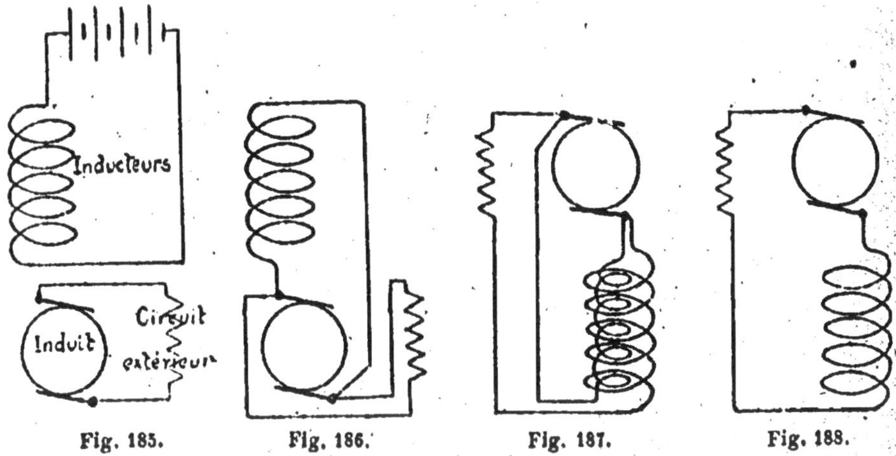



Fig. 185.          Fig. 186.          Fig. 187.          Fig. 188.

(fig. 188), ou compound à excitation (fig. 188), c'est-à-dire à la fois shunt et série[1].

Au centre de la carcasse et concentriquement à elle, tourne la deuxième partie (II) ou *induit*.

Cet induit est constitué par un noyau de tôles peu épaisses empilées les unes sur les autres et serrées par des boulons qui les traversent. Ces tôles sont isolées les unes des autres par des feuilles de papier de soie.

Le noyau affecte la forme d'un cylindre creux; sur ce cylindre creux sont enroulées très régulièrement des spires très

1. En série avec les inducteurs des fig. 185, 186 et 187 (enroulement shunt) devrait figurer une résistance variable dite *rhéostat de champ*. Dans la figure 188 ce rhéostat est branché en dérivation avec le circuit inducteur. Dans tous les cas il a pour but de faire varier le courant d'excitation comme il est expliqué page 252. La dynamo série est peu employée dans la marche en génératrice.

nombreuses qui n'ont ni commencement ni fin. On a alors ce qu'on appelle l'*enroulement en anneau Gramme* (fig. 189).

Un autre mode d'enroulement consiste à utiliser une série de cadres disposés sur la partie extérieure du cylindre d'induit

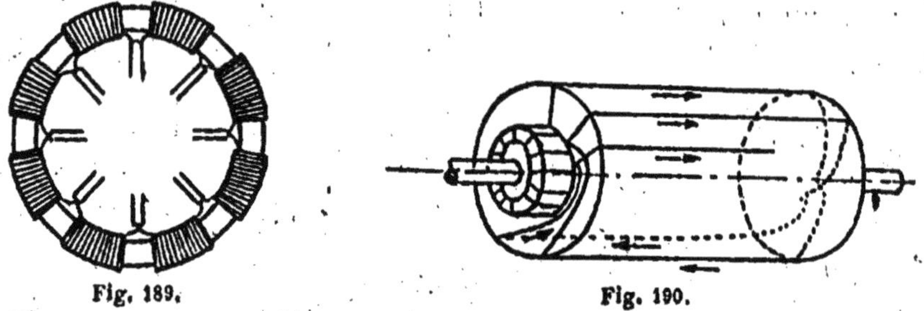

Fig. 189.        Fig. 190.

et régulièrement décatis les uns des autres (fig. 190), puis ils sont réunis de manière à n'avoir ni commencement ni fin. C'est l'*enroulement en tambour*.

Ce deuxième mode d'enroulement est le plus répandu. Tou-

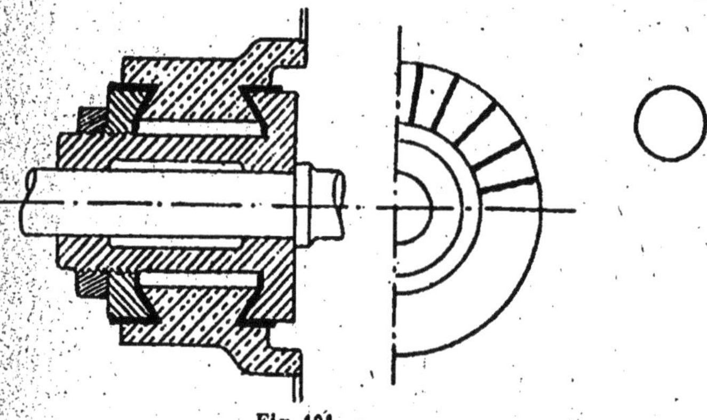

Fig. 191        Fig. 192.

tefois, comme son fonctionnement, tout en étant identique à celui de l'enroulement en anneau Gramme, est un peu moins simple à comprendre, c'est ce dernier que nous considérons dans la théorie.

Chaque spire de l'anneau Gramme (voir fig. 183) a son point

de jonction avec la suivante, réunie avec la troisième partie (III) de la machine ou *collecteur* par une entre-section (lame de cuivre soudée d'un côté à l'induit, de l'autre à la lame correspondante du collecteur).

Ce collecteur (fig. 191) est constitué par un cylindre creux formé de lames, c'est-à-dire de morceaux de cuivre épais, isolés les uns des autres par des feuilles de mica ; le tout est serré pour former un ensemble rigide sur lequel frottent les balais.

Sur le collecteur et au droit des intervalles interpolaires, constituant ce qu'on appelle la *ligne neutre*, frottent des *balais* constitués généralement (fig. 192) par de petits blocs en charbon.

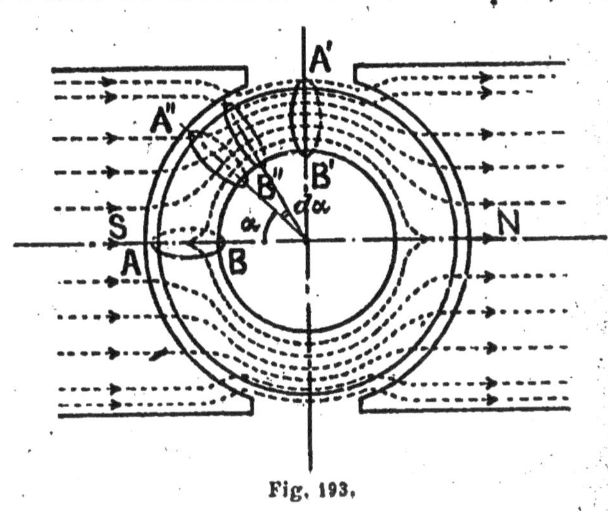

Fig. 193.

L'induit et le collecteur, entraînés par une machine à vapeur, tournent autour de l'axe. Les balais et le système inducteur sont fixes.

L'induit est séparé des pièces polaires par une faible épaisseur d'air (n'atteignant que pour les grosses machines l'ordre du centimètre) et qu'on appelle *entrefer*.

La marche des flux inducteurs dans la machine est tout à fait symétrique.

**Fonctionnement de la machine.** — Bornons-nous, pour simplifier, à l'étude d'un anneau Gramme bipolaire (fig. 193).

Le champ produit à l'intérieur de l'anneau a la forme générale indiquée ci-contre, et une spire placée en AB n'est traversée par aucune ligne de force. Sur la ligne neutre en A'B' la spire sera traversée par le flux maximum : $\dfrac{\Phi}{2}$ (si $\Phi$ est le flux produit par un pôle).

Dans l'intervalle en A"B" la spire sera traversée par un flux intermédiaire, on peut représenter ce flux par

$$\varphi = \frac{\Phi}{2}\sin\alpha.$$

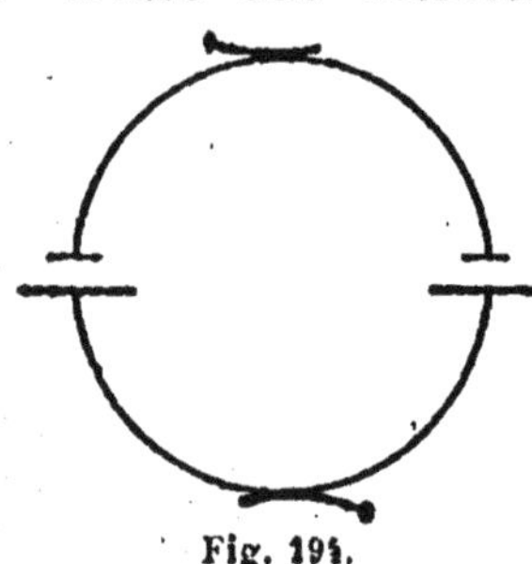
Fig. 194.

Dans ces conditions, et grâce à la continuité de l'induit, nous voyons que les deux balais mettent à chaque instant en parallèle les deux moitiés de l'induit disposées de part et d'autre de la ligne neutre (fig. 194). Par raison de symétrie, ces deux moitiés de l'induit, constituées par des spires qui sont le siège de f. é. m. induites, sont elles-mêmes le siège de forces électromotrices totales égales, et l'ensemble fonctionne comme deux piles en parallèles.

Calculons la force électromotrice de la machine entre balais.

**Force électromotrice d'une dynamo a circuit ouvert.** — Prenons toutes les spires (fig. 193) comprises dans l'angle $d\alpha$ et soit $n_1$ le nombre de spires par unité d'angle; il y a $n_1 d\alpha$ spires dans cet angle; d'ailleurs chacune d'elles est traversée à cet instant par le flux

$$\varphi = \frac{\Phi}{2}\sin\alpha;$$

donc elle est le siège d'une force électromotrice

$$\frac{d\varphi}{dt} = \frac{\Phi}{2}\cos\alpha\,\frac{d\alpha}{dt},$$

$\dfrac{d\alpha}{dt}$ est une constante $\omega$ (vitesse angulaire de l'anneau) et l'on a

$$\frac{d\alpha}{dt} = \omega = \frac{n}{60}\,2\pi.$$

$n$ nombre de tours par minute.

Par suite, la force électromotrice induite dans l'angle $d\alpha$

sera :
$$dE = n_1 d\alpha \times \frac{\Phi}{2} \times \cos\alpha\,\frac{n}{60}\,2\pi;$$

mais $2\pi n_1$, c'est le nombre total de spires de l'anneau N; donc

$$dE = N\frac{n}{60}\frac{\Phi}{2}\cos\alpha\,d\alpha.$$

Intégrons de 0 à $\dfrac{\pi}{2}$ et doublons pour avoir la f. e. m. entre balais

$$E = 2\int_0^{\frac{\pi}{2}} N\frac{n}{60}\frac{\Phi}{2}\cos\alpha\,d\alpha,$$

donc
$$E = N\frac{n}{60}\Phi\ \text{C. G. S.}$$

et
$$E = N\frac{n}{60}\Phi\,10^{-8}\ \text{(en volts).}\qquad(1)$$

(N, nombre total des spires de l'anneau ; $n$, le nombre de tours par minute ; $\Phi$, le flux en maxwells émané d'un pôle.)

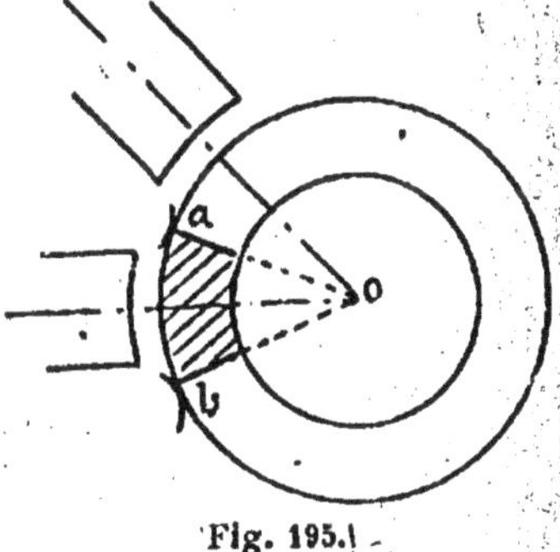

Fig. 195.

Remarque. — Si, au lieu d'être bipolaire, la machine était multipolaire, on trouverait exactement la même formule en intégrant l'expression de $dE$ dans l'angle $aob$ (fig. 195) compris entre deux lignes neutres.

On voit de suite l'utilité des machines multipolaires. En

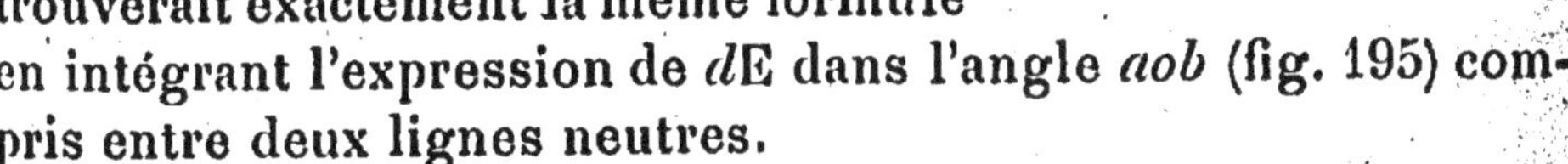

effet, avec deux pôles, la force électromotrice moyenne dans une spire sera égale à E de la formule (1) tous les $\frac{1}{4}$ de tour, tandis que, toutes choses égales, elle aura cette valeur tous les

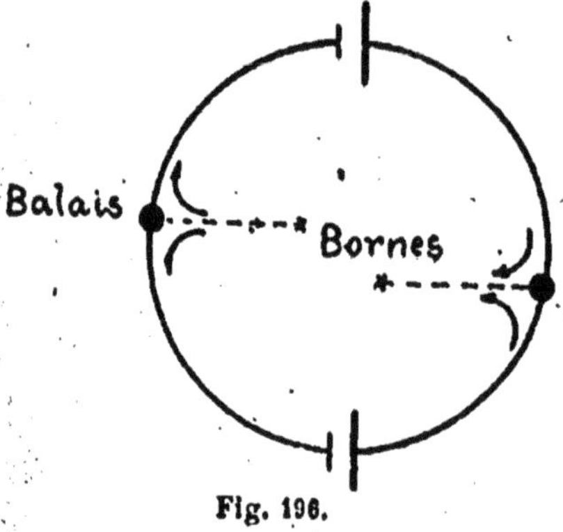


Fig. 196.

$\frac{1}{8}$ de tour, si on double le nombre des pôles[1].

Il suit de là que dès qu'une machine dépasse 5 ou 6 kilowatts, il y aura intérêt à la prendre à 4 pôles, parce que, le diamètre de l'induit augmentant, il y aura intérêt à réduire la force centrifuge et, par suite, la vitesse angulaire. Au delà de 50 à 60 kws, on prendra 6 pôles, et ainsi de suite.

Une machine à 4 pôles se comporte comme deux machines bipolaires en parallèle.

Une machine bipolaire peut se représenter schématiquement par la figure 196.

Une machine à 4 pôles peut également se représenter par la figure 197.

Les balais sont deux à deux au même potentiel. On les réunira deux à deux et on pourra les prendre pour les bornes de la dynamo. La marche des courants est indiquée sur la figure.

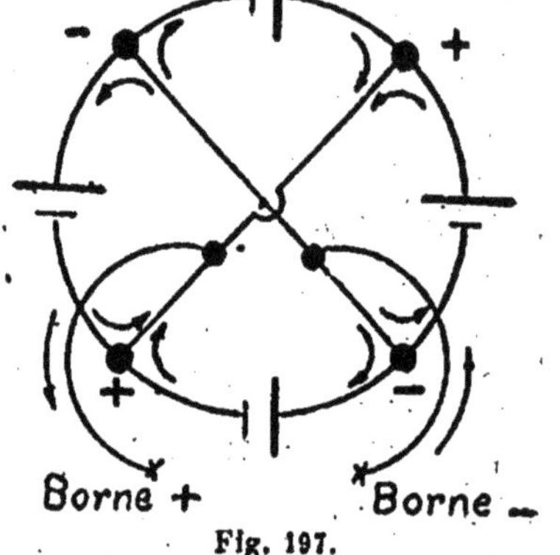


Fig. 197.

REMARQUE. — Le collecteur, en tournant, introduit sous les balais, tantôt une seule touche, tantôt deux touches du collecteur. Quand il n'y en a qu'une, ce que nous avons dit s'applique; quand il y en a deux, la spire correspondante est mise en

1. En sorte qu'on pourra réduire sa vitesse de moitié pour une même valeur de E.

court-circuit, en sorte que sa force électromotrice est supprimée, ce qui fait que dans la réalité la force électromotrice est imperceptiblement ondulée. Cette ondulation est inappréciable, étant donné le grand nombre de spires de l'induit.

**Marche en charge. — Réaction d'induit. —** Nous avons supposé, dans ce qui précède, pour établir la force électromotrice induite,

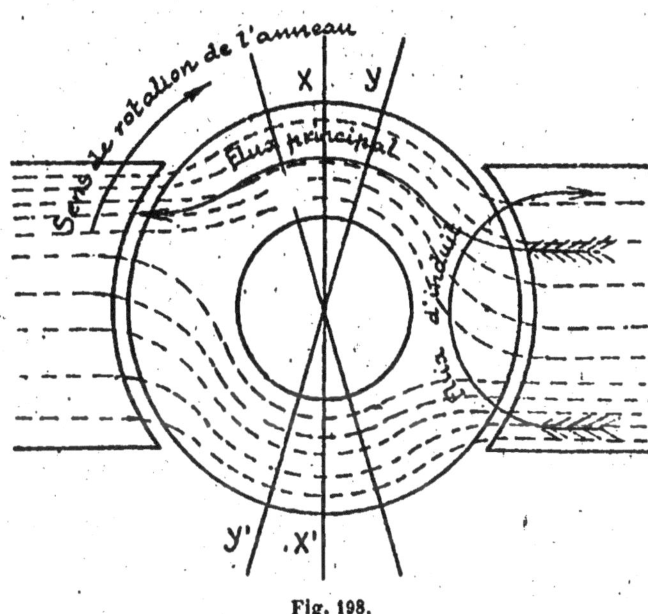


Fig. 198.

que la machine ne débitait pas. Si on ferme le circuit sur un récepteur quelconque (des lampes par exemple), on observe les phénomènes suivants :

1° De fortes étincelles apparaissent aux balais; ces étincelles disparaissent d'ailleurs, en décalant les balais en avant dans le sens de la machine;

2° Si l'on mesure à chaque instant au voltmètre la force électromotrice de la machine, on constate qu'elle baisse au fur et à mesure qu'on décale les balais en avant, et pour maintenir le voltage constant il faut augmenter l'excitation.

A cet effet, on s'arrange toujours de manière à introduire, en série avec les inducteurs, une résistance variable dite *rhéostat du champ*, dont le maximum est introduit à vide dans le circuit et qu'on retire graduellement quand la charge augmente.

L'ensemble de ces phénomènes constitue ce qu'on appelle la *réaction d'induit*. Ils s'expliquent de la manière suivante :

Dès que les deux moitiés de l'induit, agissant comme deux piles (machine bipolaire), sont parcourues chacune par la moitié du courant que débite la machine, elles se transforment en solénoïdes, et ces deux solénoïdes vont produire à l'intérieur de l'anneau un flux qui va se composer avec le flux inducteur, le renforçant dans un sens et le raréfiant dans l'autre. Il va en résulter une répartition nouvelle des lignes de force et une torsion du champ dont le maximum va passer de X en Y (fig. 198).

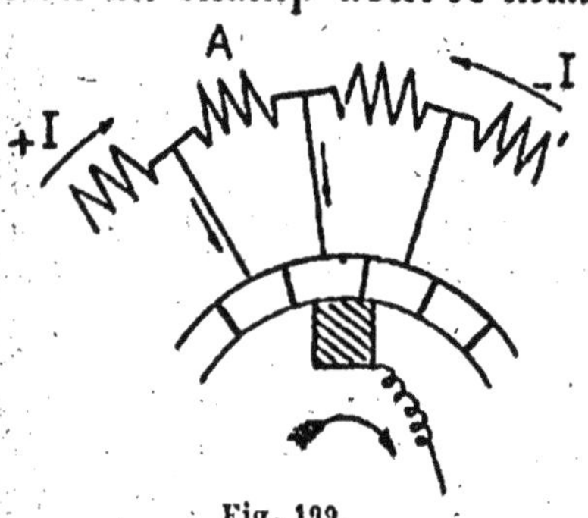

Fig. 199.

Or, la bobine A (fig. 199), mise en court-circuit par les balais, doit être parcourue avant son arrivée en court-circuit par le courant de gauche : $+ I$.

Après le court-circuit, elle passe dans la partie de droite parcourue par le courant : $— I$; donc, si l'on veut qu'il n'y ait pas de perturbation, il faut, pendant la période très courte du court-circuit, qu'il se développe une force électromotrice variable qui fasse passer le courant de $+ I$ à $— I$.

On a constaté expérimentalement que cette condition de bonne commutation était réalisée sur la ligne neutre dans la marche à vide. Quand la machine va débiter, on conçoit que, la répartition du flux étant modifiée, en particulier le maximum passant de X à Y, il faut que les balais soient décalés dans le même sens pour éviter ces étincelles.

En même temps, les ampères-tours engendrés par le courant circulant dans les deux moitiés de l'induit produisent, suivant un mécanisme exposé dans une autre partie du Cours (théorie de Swinburne), une diminution des ampères-tours inducteurs; c'est ce phénomène qui diminue l'excitation et fait baisser la force électromotrice aux bornes, si on ne compense ce phénomène par un supplément d'excitation.

**Caractéristiques à vide et en charge des machines dynamos.—** On appelle caractéristique toute courbe

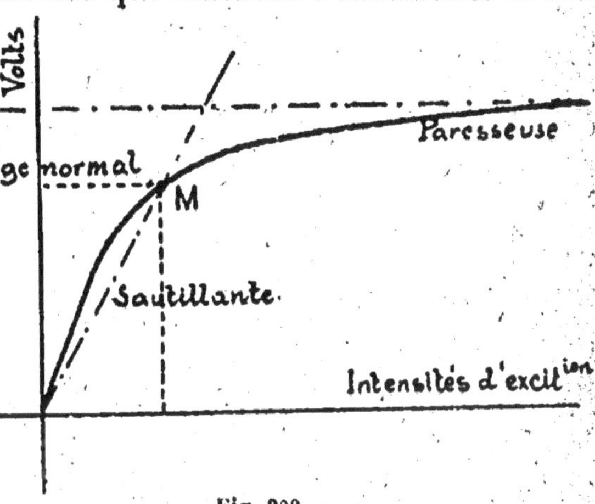


Fig. 200.

de correspondance entre deux éléments du fonctionnement lorsque tous les autres éléments sont maintenus constants. Ainsi, par exemple, lorsqu'une dynamo génératrice tourne à vide (à charge nulle), la vitesse étant maintenue constante, la courbe obtenue en portant en abcisses les intensités d'excitation, et en ordonnées les volts aux bornes, s'appelle la *caractéristique à vide.*

Si nous nous reportons à la formule

$$E = N \frac{n}{60} \Phi \, 10^{-8},$$

nous voyons que E est proportionnel au flux produit par un

pôle; donc, à un changement d'échelle près, cette courbe est celle de $\Phi$ en fonction de I.

Mais $\Phi = \mathcal{B}.S;$

donc, en réalité, la caractéristique à vide n'est qu'une courbe d'induction. Quand le pôle se sature, la courbe se rapproche asymptotiquement d'une valeur maximum.

On s'arrange, en général, de façon qu'en marche normale, la machine travaille dans le coude de la caractéristique, c'est-à-dire au point M (fig. 200). Car, au-dessous du point M, la machine serait peu stable par suite de la réaction d'induit, et au-dessus du point M trop peu sensible aux variations d'excitation.

Les *caractéristiques en charge* se relèvent en général à excitation constante; on porte en ordonnées les volts aux bornes et en abcisses les intensités débitées.

Les caractéristiques ainsi obtenues dépendent du mode d'excitation de la machine.

Si la machine est excitée séparément, nous savons que les phénomènes qui accompagnent la réaction d'induit (décalage des balais) produisent une chute de tension aux bornes; par suite nous aurons une caractéristique (fig. 201) qui sera limitée au point pour lequel le courant acceptable pour la machine est maximum.

APPLICATION. — *Deux machines dynamos excitées séparément sont d'abord couplées à vide en parallèle. On leur fait débiter ensuite un courant total connu : I; et l'on connaît individuellement leurs courbes de réaction d'induit. On demande : 1° le courant débité par chacune d'elles; 2° la différence de potentiel aux bornes du circuit à ce moment. (École supérieure d'électricité, 1906.)*

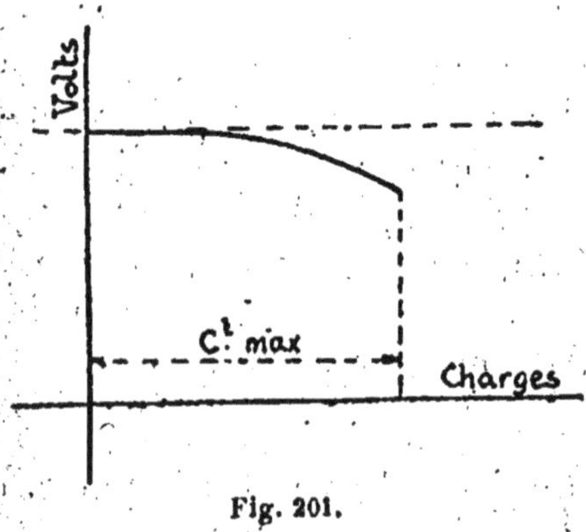


Fig. 201.

Soit U la différence de potentiel aux bornes du circuit à l'instant considéré ; prenons $OE = U$.

Les courbes de réaction d'induit étant $BA_1$ pour la première, $BA_2$ pour la deuxième, portons (fig. 202)

$$OD = OC_1 + OC_2.$$

Nous devons avoir le courant I donné.

De là la construction suivante :

On trace une troisième courbe obtenue en prenant mêmes ordonnées que pour les courbes précédentes, et pour abcisses la somme des abcisses. On a ainsi la courbe $OA_3$. L'ordonnée de cette courbe correspondant à $OD = I$ sera la différence de potentiel U commune aux bornes des deux machines couplées. $OC_1$ et $OC_2$ seront les deux courants demandés $I_1$ et $I_2$.

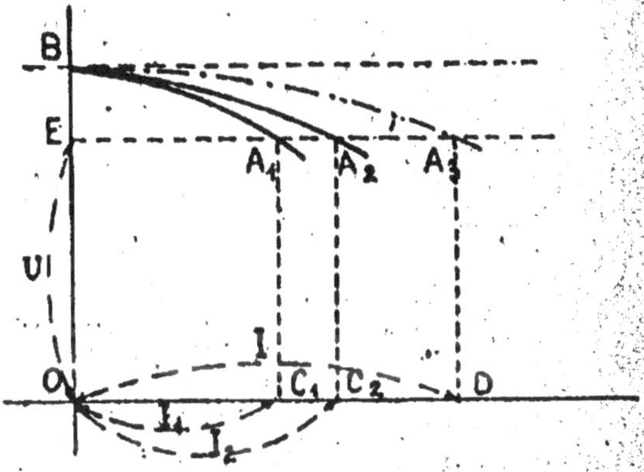

Si la machine est auto-excitée, elle est le plus souvent à excitation shunt, représentée conventionnellement figure 203.

Fig. 202.

Si on laisse constante l'excitation et que l'on fasse débiter un courant de plus en plus grand, on a une courbe (fig. 204). On voit que, si la machine peut supporter le courant maximum $I_0$, elle se désamorcera, parce que les ampères-tours de l'induit ramènent à zéro les ampères-tours de l'inducteur.

Remarque. — Ceci est un avantage, car si une machine shunt est mise en court-circuit, elle se désamorcera simplement.

On emploie très peu la génératrice excitée en série, sa caractéristique aurait la forme générale de la figure 205.

Mais on emploie en revanche fréquemment la génératrice compound, comportant à la fois des bobines inductrices en série et des bobines en dérivation.

La caractéristique de ces machines (fig. 206) est sensiblement parallèle à l'axe.

En effet, lorsque la machine débite, la réaction d'induit tend à faire tomber le voltage dû à l'excitation shunt. Mais le courant total passant dans l'inducteur série renforce à chaque instant le flux, et on conçoit qu'une compensation puisse s'effectuer entre les deux phénomènes, de sorte que, pratiquement, le voltage reste constant.

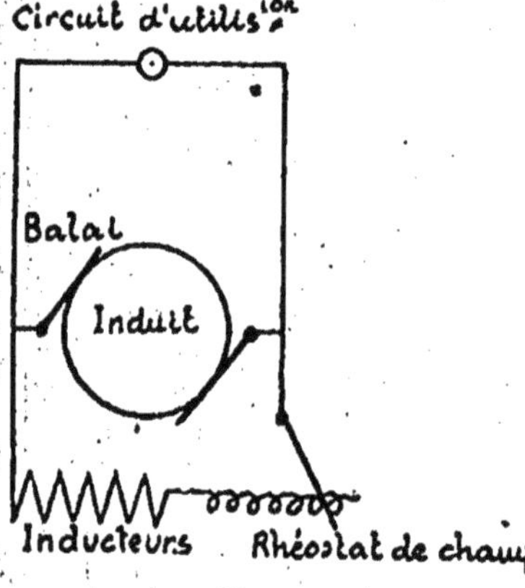


Fig. 203.

**Réversibilité des machines dynamos. — Marche en moteurs. —** Soit une dynamo, excitée séparément, que l'on branche par l'intermédiaire d'un rhéostat (dit rhéostat de démarrage) sur un réseau. Laissons arriver, grâce au rhéostat, graduellement le courant dans l'induit, les inducteurs étant excités.

Une spire de l'induit, telle que AB (fig. 207), va être parcourue par le demi-courant total (machine bipolaire) que laisse passer le rhéostat. Elle va donc se transformer en feuillet magnétique et va se déplacer dans le flux qui la traverse, suivant la règle générale indiquée dans l'électromagnétisme, c'est-à-dire de manière à embrasser par la face négative le flux maximum.

Supposons que ce déplacement corresponde à celui de la flèche, AB tendra à se rendre sur la ligne neutre. Il en sera de même de toutes les spires de l'anneau. Puis, par un raisonnement analogue, AB se rendra ensuite sous le balai suivant, et ainsi de suite:

Il suit de là que l'induit va se mettre en mouvement en produisant un couple moyen que nous évaluerons plus loin.

**Force contre-électromotrice et couple d'un moteur.** — Remarquons que, quelle que soit l'origine du mouvement, chaque fois qu'un induit tournera dans un champ, il deviendra le siège d'une force électromotrice que l'on sait évaluer (page 250).

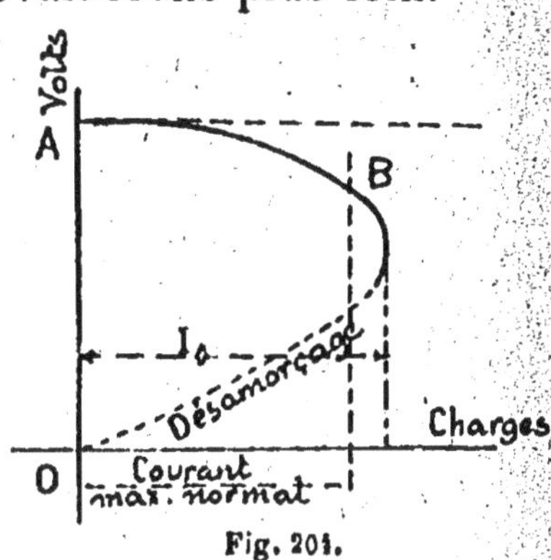



Fig. 204.

$$(1) \qquad E' = N \frac{n}{60} \Phi \, 10^{-8},$$

comme on l'a établi dans la marche en génératrice.

Ici, cette force électromotrice E' sera en opposition (on l'appelle *force contre-électromotrice*) avec celle du réseau E :

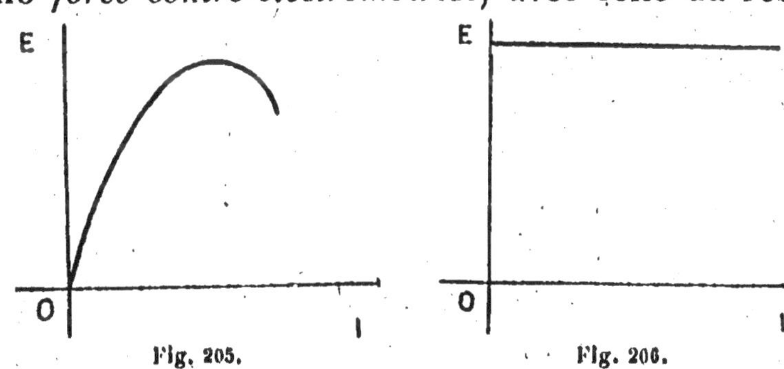





c'est sous la différence des deux forces électromotrices E et E' que circulera le courant I. On a donc

$$2) \qquad E - E' = IR,$$

R étant la résistance du circuit qui comprend le moteur.

Remarquons qu'en marche normale, E — E' sera toujours petit, car la résistance d'un induit est toujours très faible (ordre du 1/100 d'ohm, pour les grandes machines) et la force électro-motrice E ne différera de E' que de quelques volts.

La formule (2) peut encore s'écrire :

$$EI = E'I + RI^2,$$

ce qui exprime que la puissance absorbée par le moteur se retrouve sous forme d'effet joule et d'énergie E'I recueillie dans le moteur à l'état d'énergie utile sur l'arbre, ou sous forme parasite (frottements, hystérésis, courants de Foucault).

Soient alors C le moment du couple qu'il développe, $\omega$ la vitesse angulaire, on a :

$$E'I = C\omega.$$

Remplaçons E' par sa valeur (en C. G. S.), nous aurons :

$$N\frac{n}{60}\Phi I = C \times \frac{n}{60} \times 2\pi,$$

$$(3) \qquad C = \frac{N}{2\pi} I\Phi = C_1 + C_2.$$

Ce couple comprend :

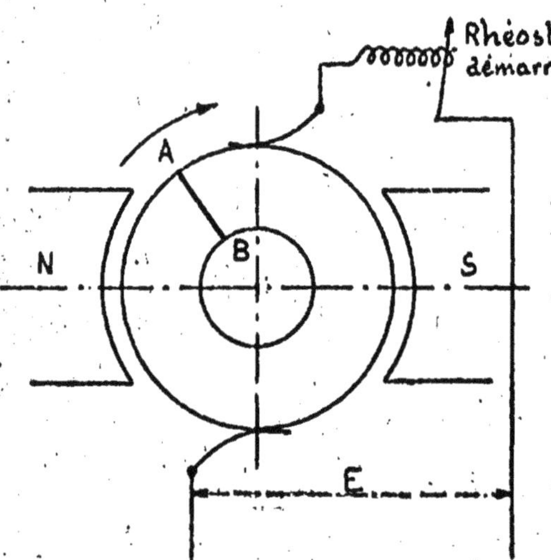


Fig. 207.

1° le couple utile sur l'arbre $C_1$ ;

2° le couple $C_2$ correspondant aux effets parasites autres que l'effet joule (frottements, etc.).

On voit que le couple est indépendant de la vitesse et proportionnel au produit de l'intensité par le flux.

On comprend comment va se produire le

fonctionnement normal d'un moteur excité séparément. On excitera d'abord la machine, puis, à travers le rhéostat de démarrage, on laissera passer un certain courant. Le produit $I\Phi$ commence à prendre une valeur appréciable; on déplace le rhéostat jusqu'à ce que le couple moteur devienne égal au couple résistant; le moteur démarre. Alors la force contre-électromotrice du moteur prend une certaine valeur $E'$ d'après la vitesse prise par l'induit, et il s'établit un régime $I$ tel que :

$$E - E' = IR.$$

On diminuera alors la résistance de démarrage, la force contre-électromotrice augmentera, et par suite la vitesse, et ainsi de suite jusqu'à ce que tout le rhéostat de démarrage ait été retiré du circuit.

RemarqUE. — On emploie pour les moteurs tous les modes d'excitation des génératrices. Les moteurs d'atelier, qui sont à vitesse sensiblement constante, sont à excitation shunt.

Les moteurs série conviennent surtout à la traction électrique, car ils ont un grand couple de démarrage et une vitesse très variable.

Les moteurs compound conviennent aux appareils de levage.

**Pertes diverses dans les dynamos génératrices et réceptrices. — Rendement.** — Le rendement d'une machine est le rapport de la puissance utile fournie à la puissance totale absorbée. En conséquence, une génératrice qui débite $I$ ampères sous $E$ volts a pour rendement :

$$\rho = \frac{EI}{EI + p},$$

$p$ étant l'énergie perdue dans la machine sous formes diverses.

Un moteur produisant $P$ kilowatts *sur son arbre* aura pour rendement :

$$\rho' = \frac{P}{P + p}.$$

Pour éviter des erreurs dans les problèmes, il importe de partir toujours de ces définitions.

L'énergie perdue $p$ dans la machine comprend :

1° les pertes par effet joule dans l'induit, de résistance $R_a$, et dans l'inducteur, de résistance $R_i$ :

$$R_a I^2 \quad \text{et} \quad R_i i^2.$$

2° les pertes par frottements dans l'air et dans les paliers.

3° les pertes par hystérésis qui se produisent par le mécanisme suivant :

Quand le noyau d'induit tourne dans le champ inducteur, un élément de fer tel que A (fig. 208) s'aimante par influence successivement en présence des pôles inducteurs nord et sud, en sorte que sa polarité en A' est l'inverse de sa polarité en A. Ces aimantations et ces désaimantations successives produisent des cycles d'hystérésis (V. chapitre de l'Induction) qui échauffent en pure perte le noyau.

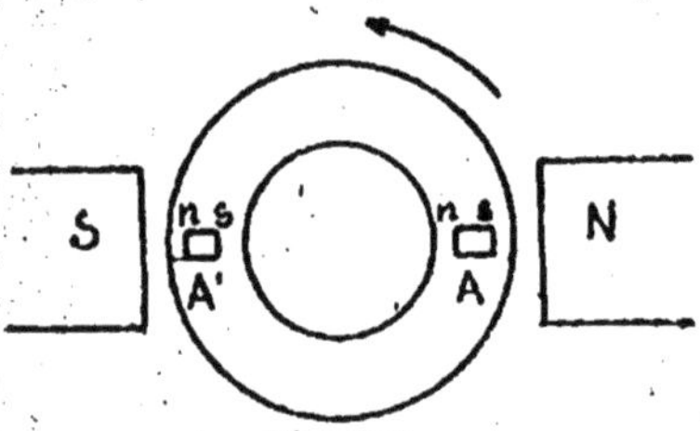

Fig. 208.

4° les pertes par courants de Foucault qui sont dues aux courants tourbillonnaires qui se produisent dans la masse du fer de l'induit en rotation dans le champ inducteur (fig. 209). On limite, autant que possible, l'échauffement dû à ces courants en sectionnant le noyau et en le constituant par des disques en tôle séparés par du papier et fortement comprimés par des boulons isolés de manière à constituer un cylindre de fer.

EXERCICES. — 1° *Une magnéto de résistance intérieure r, de frottements négligeables, tourne à la vitesse ω, quand on établit une différence de potentiel à ses bornes u. Cela dit, la machine fonctionnant en moteur sous la même différence du potentiel u, on lui donne à vaincre un couple constant C, indépendant de la vitesse.*

*La vitesse de régime s'établit à la valeur* $\omega$. *Déterminer* $\dfrac{\omega}{\omega_1}$ *(on admet que la force électromotrice est rigoureusement proportionnelle à la vitesse et on négligera la réaction d'induit).* (École supérieure d'électricité. — Ecrit, 1907.)

Soit $e_1 e$ la force électromotrice à vide et en charge

$$u = e_1 = K\omega_1,$$
$$e = K\omega = u - ri.$$

D'autre part,

$$ei = C\omega, \cdot$$

$$e = \frac{u - e}{r} C\omega.$$

Remplaçons $e$ et $u$ par $K\omega$ et $K\omega_1$ il vient :

$$K^2\omega (\omega_1 - \omega) = C\omega r,$$

$$1 - \frac{\omega}{\omega_1} = \frac{Cr}{K^2\omega_1} = \frac{Cr}{Ku} \qquad \frac{\omega}{\omega_1} = 1 - \frac{Cr}{Ku}.$$

2° *Un moteur Gramme bipolaire à excitation séparée est alimenté par une batterie d'accumulateurs de 55 éléments : résistance totale intérieure,* $R = 0^\omega,2$; *force électromotrice,* 110 *volts. Il sert à soulever un poids de* 900 *kilogr. à l'aide d'une vis sans fin actionnant une roue à*

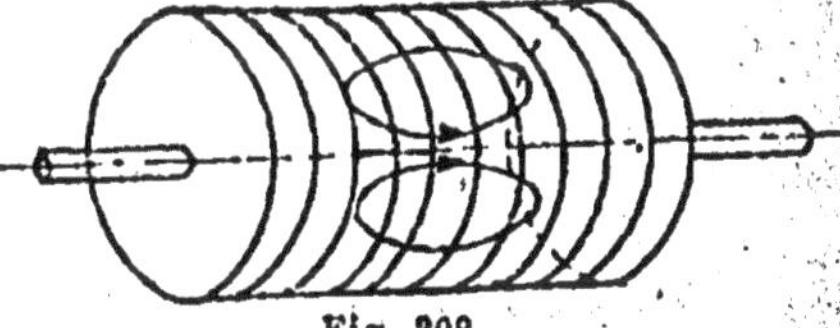

Fig. 209.

*engrenages de* 100 *dents calée sur un treuil de* 40 *cm. de diamètre. Quand le treuil fonctionne à vide, le courant absorbé est de* 16 *ampères. On suppose constantes à toutes charges les pertes par frottements, hystérésis et courants de Foucault.*

On demande : 1° *la vitesse du moteur à vide et en charge;*
2° *l'intensité en charge.*
*Le flux produit par un pôle est* $\Phi = 800.000$ C. G. S. *L'anneau*

*Gramme porte 500 spires. La résistance équivalente à l'induit est* $R_2 = O^{\omega}11$.

Soient $E'$ la force électromotrice en charge, $C_1$ et $C_2$ les couples utiles et parasites, $I$ le courant absorbé, $n'$ le nombre de tours par seconde :

$$9,81\,(C_1 + C_2) = \frac{N}{2\pi}\,I\,\Phi\,10^{-8} \text{ en joules,}$$

les couples étant évalués en kilogrammètres.

On tire de là :

$$I = (C_1 + C_2)\frac{9,81 \times 2\pi}{N\,\Phi\,10^{-8}},$$

à vide $\qquad C_1 = 0$ et $I = 16$ ampères ;

donc $\qquad 16 = 6 \times \dfrac{9.81 \times 2\pi}{N\,\Phi\,10^{-8}}. \qquad N = 500\ \Phi = 8 \times 10^5$

d'où $C_2$.

En charge $\qquad C_1 = \dfrac{900 \times 0,20}{100 \text{ dents}},$

et par suite $\qquad I = 43^a,7$.

La vitesse du moteur est donnée par

$$n' = \frac{E - RI}{N\,\Phi\,10^{-8}},$$

$$R = R_1 + R_2 = 0,2 + 0,11 = 0,31.$$

Faisant successivement

$$I = 16 \text{ et } I = 43,7$$

on a :

$$n' = 26 \text{ à vide,}$$
$$n' = 24 \text{ en charge.}$$

# CHAPITRE XV



## MACHINES A COURANTS ALTERNATIFS

On appelle ainsi des machines génératrices, réceptrices ou transformatrices, qui sont le siège de forces électromotrices sinusoïdales.

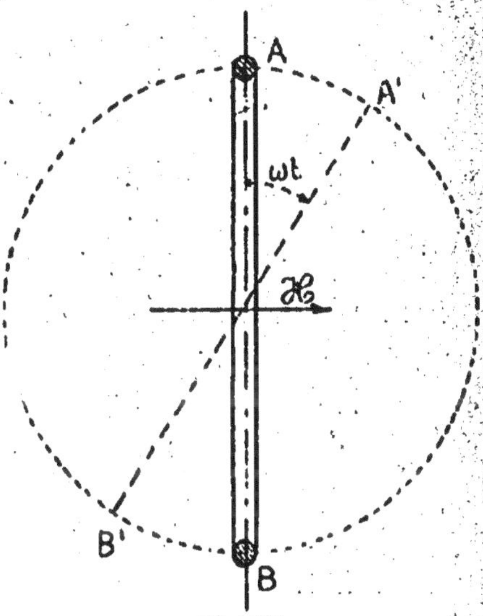

**1° Machines génératrices.** — Pour produire une force électromotrice sinusoïdale, le procédé est très simple : il suffit, en principe, de faire tourner un cadre (fig. 210) dans un champ uniforme d'intensité $\mathcal{H}$ d'un mouvement uniforme et de recueillir la force électromotrice développée sur deux bagues.

En effet, si le cadre AB tourne d'un mouvement uniforme avec la vitesse $\omega$, le flux qui le traverse à l'instant $t$ est :

$$\varphi = \mathcal{H}\,S\cos \omega t,$$

et la force électromotrice induite :

$$e = -\frac{d\varphi}{dt} = \mathcal{H}\,S\omega \sin \omega t, \qquad (1)$$

$$e = \Phi\omega \sin \omega t,$$

en posant $\mathcal{H}\,S = \Phi,$

Fig. 210.

On voit que le flux étant représenté par une sinusoïde d'amplitude : Φ, la force électromotrice sera représentée par une sinusoïde d'amplitude $\omega\Phi$ et décalée de $\frac{\pi}{2}$ en arrière de la première.

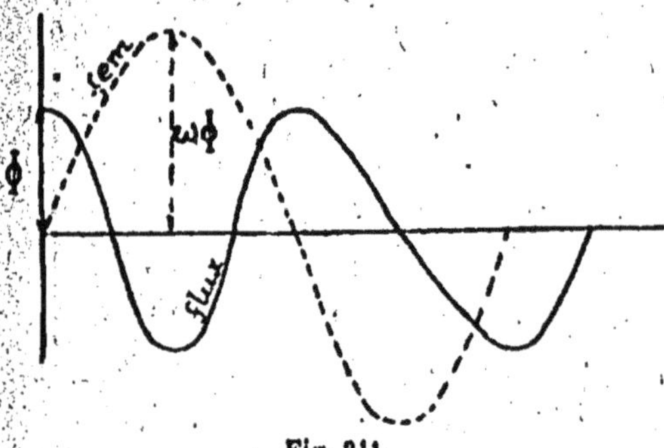

Fig. 211.

Dans la pratique, pour éviter de faire tourner le système induit, qui est toujours le siège d'une force électromotrice élevée, on modifie un peu le système de production de la force électromotrice.

Le principe est le même; les bobines induites sont fixes, tandis que les bobines inductrices sont mobiles et tournent d'un mouvement uniforme. La forme de l'épanouissement polaire et de l'entrefer est telle, que pendant la rotation la variation du flux à travers les spires est sinusoïdale (fig. 211).

Les bobines inductrices sont excitées à l'aide d'un courant

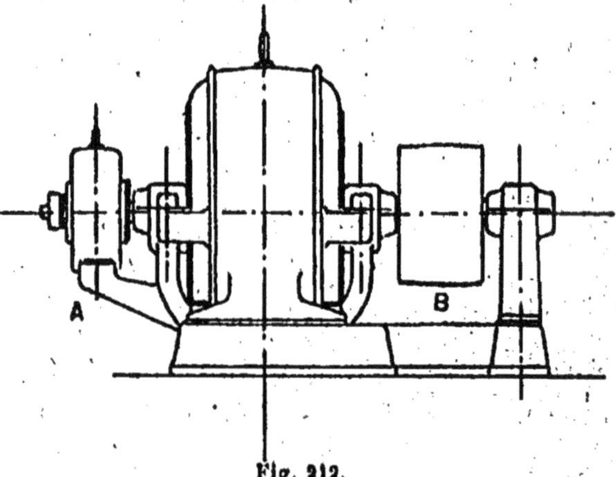

Fig. 212.

continu, produit par une machine spéciale dont la puissance est 3 à 4 °/₀ de la puissance de l'alternateur appelée excitatrice A. Elle est généralement disposée en bout d'arbre et entraînée avec l'alternateur (fig. 212) par la poulie B.

Des bagues avec frotteurs transmettent le courant continu

aux bobines inductrices. Les bornes de l'alternateur sont fixes et disposées dans un coffret.

Le nombre de pôles est généralement très grand ; il est facile de comprendre pourquoi. On appelle fréquence d'une f. e. m. alternative le nombre de maximums présentés par cette force électromotrice par seconde.

Or, le temps qui s'écoule entre deux maximums est évidemment le même que celui qui est nécessaire à un pôle Nord pour se substituer dans la rotation au pôle Nord précédent.

Si l'alternateur fait $\frac{n}{60}$ tours par seconde, la durée d'un tour sera $\frac{60}{n}$, et s'il y a $p$ pôles nord, le temps cherché sera $T = \frac{60}{pn}$. Par conséquent, la *fréquence* sera

$$f = \frac{1}{T} = \frac{pn}{60}.$$

Or les fréquences industrielles sont, en général, 25, 50 ; d'autre part, les alternateurs, sont des appareils puissants (500 à 1.000 kw et plus), qui ne doivent pas tourner vite. (Leur vitesse est de l'ordre d'une centaine de tours à la minute[1].)

Nous avons alors, en prenant par exemple $f = 50$ et $n = 100$ :

$$50 = \frac{p \times 100}{60},$$

$$p = 30.$$

L'alternateur aura donc 60 pôles.

Remarque. — Le flux $\varphi$ à travers une spire varie périodiquement, et sa période est T, en sorte que l'on a, quel que soit le nombre de pôles :

$$\varphi = \Phi \cos \frac{2\pi}{T} t = \Phi \cos \omega t,$$

---

1. Nous laissons de côté pour le moment les turboalternateurs dont la vitesse est très grande et qui exigent une construction toute spéciale.

en posant :

$$\omega = \frac{2\pi}{T} = 2\pi f.$$

$\omega$ s'appelle la *pulsation* du courant alternatif.

**Marche en charge.** — Nous avons supposé que l'alternateur ne débitait pas; dès qu'il débite, les phénomènes deviennent très complexes.

Quand nous fermons l'alternateur sur un circuit constitué par des récepteurs, la résistance totale étant R et la self-induction L, on a :

$$E = RI + L\frac{dI}{dt} = \omega\Phi \sin \omega t;$$

posons $\omega\Phi = E_0$, il vient :

$$RI + L\frac{dI}{dt} = E_0 \sin \omega t,$$

équation différentielle qui donne l'intensité du courant alternatif.

Pour résoudre cette équation, nous pouvons employer une des méthodes connues, par exemple remplacer le sinus par les formules d'Euler; ou bien encore poser $I = uv$, $u$ et $v$ étant des fonctions de $t$; ou encore chercher une solution particulière de forme[1] $I = I_0 \sin(\omega t - \varphi)$.

Le résultat est le suivant :

(1) $$I = I_0 \sin(\omega t - \varphi) + Ae^{-\frac{Rt}{L}}$$

en posant

(2) $$I_0 = \frac{E_0}{\sqrt{R^2 + \omega^2 L^2}},$$

(3) $$\operatorname{tg}\varphi = \frac{\omega L}{R}.$$

---

1. Voir cette résolution en note à la fin du Cours.

Si nous représentons graphiquement les phénomènes, nous voyons (fig. 213) que le courant peut être représenté par la somme des ordonnées d'une sinusoïde d'amplitude $I_0$ décalée de l'angle $\varphi$ en arrière de la force électromotrice et de la courbe $I_2 = Ae^{-\frac{Rt}{L}}$.

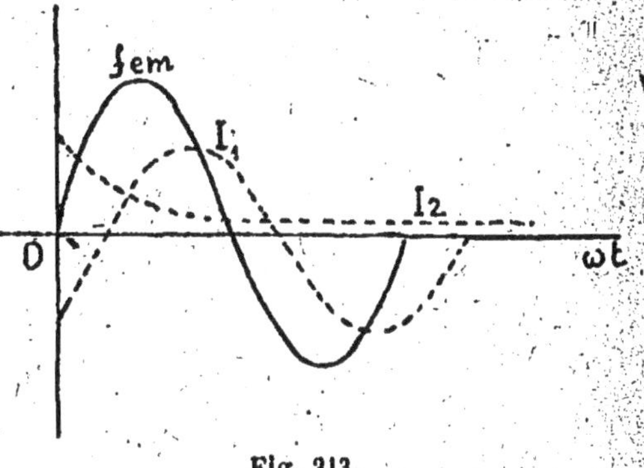



Fig. 213.

Au bout d'un temps très court (durée de fermeture de l'interrupteur) $I_2$ devient négligeable, et on dit que le courant est devenu *purement alternatif*. Nous négligerons désormais toujours $I_2$ devant $I_1$.

Remarque. — Le produit $\omega L$ s'appelle la *réactance*, et $\sqrt{R^2 + \omega^2 L^2}$ l'*impédance* du circuit[1].

**Représentation vectorielle des fonctions périodiques simples.** —

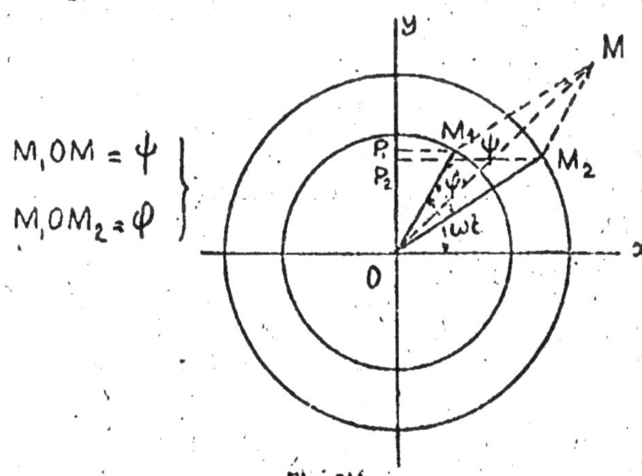



Fig. 214.

Dans l'étude des courants et forces électromotrices périodiques on a souvent à mettre des expressions de forme

$$(1) \quad A \sin \omega t + B \sin(\omega t - \varphi)$$

sous la forme simple

$$(2) \quad C \sin(\omega t - \psi).$$

Le calcul de C et

---

1. La réactance et par suite l'impédance sont homogènes à une résistance et s'expriment en ohms. En effet (V. p. 210)

$$[\omega L] = \left[\frac{2\pi}{T}\right] = [LT^{1-}] = [R].$$

de $\psi$ est assez pénible par la trigonométrie, et on le simplifie par les considérations suivantes.

Posons
$$y_1 = A \sin \omega t,$$
$$y_2 = B \sin(\omega t - \varphi)$$

et considérons (fig. 214) deux vecteurs $OM_1$, $OM_2$ de longueurs A et B décalées de $\varphi$, invariablement liés l'un à l'autre et tournant à la vitesse angulaire uniforme $\omega$ à partir de $ox$.

On a visiblement à l'instant $t$ :
$$OP_1 = y_1 = A \sin \omega t,$$
$$OP_2 = y_2 = B \sin(\omega t - \varphi).$$

Achevons le parallélogramme $OM_1 M M_2$ et remarquons que
$$\text{proj. } OM = \text{proj. } OM_1 + \text{proj. } OM_2$$

donc
$$\text{proj. } OM = y_1 + y_2 = OM \sin(\omega t - \psi) = C \sin(\omega t - \psi).$$

Ainsi le vecteur OM, somme géométrique de A et B, représente C, et l'angle $M_1 OM = \psi$. De là la construction suivante : pour mettre une expression (1) sous la forme (2) on fait la somme géométrique des vecteurs A et B décalés de $\varphi$ l'un par rapport à l'autre, et on obtient graphiquement immédiatement sur la figure l'amplitude C de la somme et son décalage $\psi$ par rapport au vecteur origine.

Exemple. — On a trouvé plus haut
$$E_0 \sin \omega t = RI + L \frac{dI}{dt}$$

avec $I = I_0 \sin(\omega t - \varphi)$.

Cette équation exprime donc que la fonction périodique $E_0 \sin \omega t$ est la somme des fonctions périodiques
$$RI_0 \sin(\omega t - \varphi)$$

et
$$\omega L I_0 \cos(\omega t - \varphi) = -\omega L I_0 \sin\left(t - \omega \varphi - \frac{\pi}{2}\right).$$

La deuxième est décalée de $\varphi$, la troisième de $\varphi + \dfrac{\pi}{2}$ sur la première, pourvu que dans ce dernier cas on porte dans cette direction la longueur $-\omega L I_0$. Par suite, on a entre les vecteurs $E_0$, $R I_0$, $\omega L I_0$ la relation graphique indiquée figure 215, qui montre bien que l'on a

$$\operatorname{tg}\varphi = \frac{AB}{OB} = \frac{\omega L}{R},$$

$$R^2 I_0^2 + \omega^2 L^2 I_0^2 = E_0^2,$$

$$I_0 = \frac{E_0}{\sqrt{R^2 + \omega^2 L^2}}.$$

On fait constamment usage de cette représentation vectorielle dans l'étude des courants alternatifs.

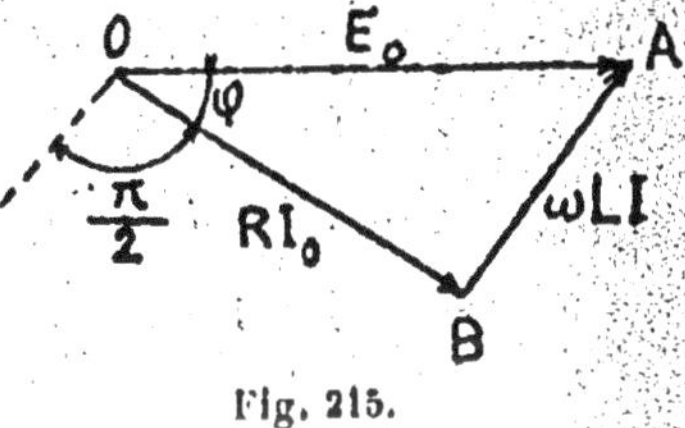

Fig. 215.

**Valeurs efficaces d'un courant alternatif.** — Pour pouvoir comparer un courant alternatif à un courant continu équivalent, on écrit que pendant un même temps (la durée d'une période) la quantité de chaleur produite par les deux courants dans une résistance R est la même, et l'on appelle *valeur efficace* du courant alternatif la valeur du courant continu équivalent; c'est celle qui est indiquée par les instruments de mesure.

*Il est facile de voir que la valeur efficace est égale à la valeur maximum divisée par* $\sqrt{2}$.

En effet, par définition, on doit avoir (T, durée de la période) :

$$R I^2_{\text{eff}} T = \int_0^T R I^2 dt,$$

$$I^2_{\text{eff}} = \frac{1}{T} \int_0^T I^2 dt$$

avec
$$\omega = 2\pi f = \frac{2\pi}{T},$$

d'où
$$I^2_{\text{eff}} = \frac{\omega}{2\pi} \int_0^{\frac{2\pi}{\omega}} I_0 \sin^2(\omega t - \varphi)\,dt.$$

On a à intégrer le carré d'un sinus, on le remplace par
$$\frac{1 - \cos 2(\omega t - \varphi)}{2}.$$

Le calcul ne présente pas de difficultés, et on trouve
$$I^2_{\text{eff}} = \frac{I_0}{2},$$

donc
$$I_{\text{eff}} = \frac{I_0^2}{\sqrt{2}}.$$

On définira de même une force électromotrice efficace par :
$$E^2_{\text{eff}} = \frac{1}{T} \int_0^T E^2\,dt$$

avec $E = E_0 \sin \omega t$.

On trouvera encore
$$E_{\text{eff}} = \frac{E_0}{\sqrt{2}},$$

donc
$$E_{\text{eff}} = I_{\text{eff}} \sqrt{R^2 + \omega^2 L^2},$$
puisque
$$E_0 = I_0 \sqrt{R^2 + \omega^2 L^2}.$$

Remarque. — Les valeurs efficaces, étant proportionnelles aux valeurs maximum, peuvent se substituer à ces dernières dans les constructions vectorielles par un simple changement d'échelle.

**Ampèremètre et voltmètre à courants alternatifs.** — On mesure les valeurs efficaces en utilisant la loi de Joule.

En principe, on fera passer le courant à mesurer dans un fil long dont les dilatations et contractions feront tourner dans un sens ou dans l'autre une poulie entraînant une aiguille (V. chapitre des mesures).

La graduation se fait par comparaison avec un courant continu connu.

On mesurera une force électromotrice efficace en mesurant le courant efficace qu'elle produit dans une résistance connue par le procédé habituel des voltmètres à courant continu.

**Puissance d'un courant alternatif.** — Soit, entre les deux points A et B, une force électromotrice alternative E, le courant débité est I : quelle est la puissance correspondante (fig. 216)?

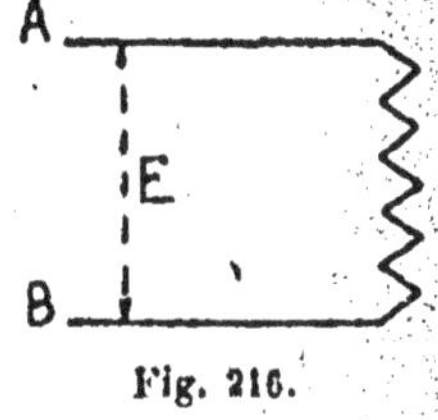


Fig. 216.

Pendant un temps $dt$, l'énergie produite sera :

$$EI\,dt,$$

et la puissance moyenne pendant une période sera :

$$P = \frac{1}{T} \int_0^T EI\,dt,$$

$$P = \frac{1}{T} \int_0^T E_0 \sin \omega t \, I_0 \sin(\omega t - \varphi)\,dt.$$

Pour intégrer un produit de sinus, on sait qu'on le remplace par une différence de cosinus; on trouve ainsi, sans difficulté,

$$P = E_{\text{eff}} I_{\text{eff}} \cos \varphi.$$

Ainsi la puissance moyenne par seconde est constante. C'est cette puissance moyenne qu'on appelle *puissance* du courant alternatif. Elle n'est plus, comme en courant continu, égale à EI, et l'on voit apparaître le décalage du courant sur la tension par le facteur $\cos \varphi$, qui est dit *facteur de puissance*.

Ce facteur dépend de la grandeur relative de la self-induction, de la résistance du circuit et de la fréquence, puisque tg $\varphi = \dfrac{\omega L}{R}$ avec $\omega = 2\pi f$.

Si la résistance est négligeable devant la self-induction tg $\varphi = \infty$ $\varphi = \dfrac{\pi}{2}$ la puissance est nulle; l'alternateur débite un courant sans produire aucune puissance. Ce résultat paraît à première vue paradoxal. Nous nous bornons à le signaler ici.

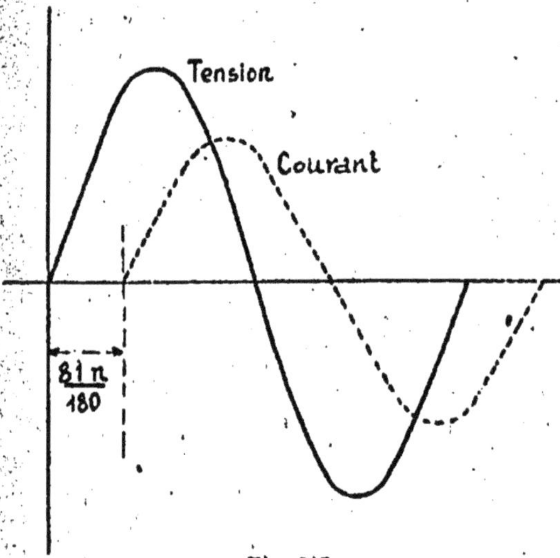


Fig. 217.

APPLICATION. — *Un alternateur débite sur un circuit (y compris lui-même) dont la self-induction est de 2/10 d'henry et la résistance de 10 ohms. La force électromotrice aux bornes est de 1.000 volts efficaces, et la fréquence de 50 périodes. On demande : 1° l'intensité du courant; 2° son décalage; 3° la puissance débitée par l'alternateur.*

Calculons d'abord l'impédance et le décalage.

L'impédance est

$$\sqrt{R^2 + \omega^2 L^2} = \sqrt{10^2 + 62,8^2},$$

car $\omega = 2\pi f = 6,28 \times 50 = 314,$

$$\omega L = 314 \times 0,2 = 62,8,$$

$$\sqrt{R^2 + \omega^2 L^2} = \sqrt{4069} = 65 \text{ environ.}$$

Nous aurons :

$$I_{eff} = \frac{E_{eff}}{65} = \frac{1.000}{65} = 15 \text{ ampères.}$$

Le décalage sera :

$$\text{tg}\,\varphi = \frac{62,8}{10} = 6,28.$$

On trouve les valeurs de $\varphi$ dans une table :

$$\varphi = 81° \text{ environ} \qquad \frac{81 \times \pi}{180} \text{ radians.}$$

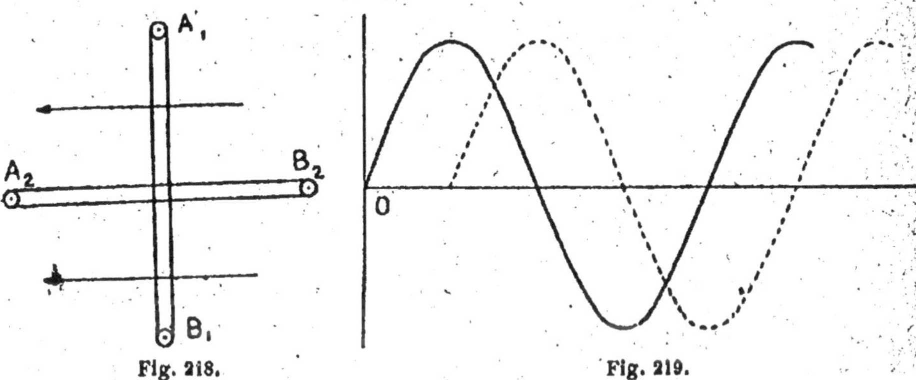


Fig. 218.　　　　　　Fig. 219.

Il est alors aisé de représenter la sinusoïde du courant et de la tension (fig. 217).

Quant à la puissance

$$P = \frac{EI}{\sqrt{1 + \text{tg}^2\varphi}} = \frac{15 \times 1.000}{\sqrt{1 + 6,\overline{3}^2}} = \frac{15.000}{\sqrt{40}} \text{ watts.}$$

**Courants alternatifs polyphasés.** — Faisons tourner deux cadres identiques, mais solidaires et à angle droit (fig. 218), dans un champ uniforme. Au moment où le flux sera maximum dans l'un, il sera nul dans l'autre; il en sera donc de même des forces électromotrices.

Les deux cadres étant identiques, les forces électromotrices seront représentées l'une par :

18

$$E_0 \sin \omega t,$$

l'autre par
$$E_0 \cos \omega t = - E_0 \sin \left( \omega t - \frac{2\pi}{4} \right).$$

Nous avons créé des forces électromotrices dites *diphasées*, dont l'une est décalée en arrière de l'autre d'un quart de période.

Si nous faisons débiter ces deux cadres sur deux circuits identiques, les courants correspondants seront

$$I_1 = I_0 \sin (\omega t - \varphi),$$
$$I_2 = I_0 \cos (\omega t - \varphi).$$

Nous aurons des courants décalés d'un quart de période l'un sur l'autre (fig. 219).

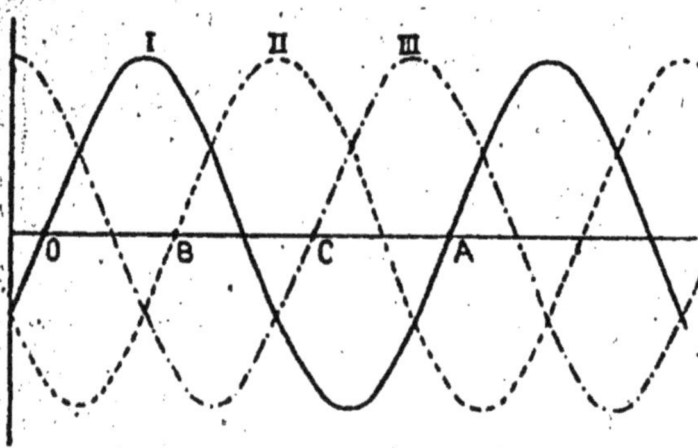

Fig. 220.

Prenons de même trois cadres faisant entre eux des angles de 120°, on produira trois forces électromotrices décalées de $\frac{1}{3}$ de période les unes sur les autres. Il suffira donc de partager la période OA (fig. 220) en 3 parties, ce qui donnera les points B et C, puis de faire glisser la sinusoïde I en B, puis en C, pour représenter les trois forces électromotrices obtenues qui sont dites *triphasées*.

Ces forces électromotrices seront représentées en fonction du temps par :

$$(1) \quad \begin{cases} E_1 = E_0 \sin \omega t, \\[6pt] E_2 = E_0 \sin \left( \omega t - \frac{2\pi}{3} \right), \\[6pt] E_3 = E_0 \sin \left( \omega t - \frac{4\pi}{3} \right) \end{cases}$$

et les courants débités sur 3 circuits identiques (R, L)

$$\operatorname{tg}\varphi = \frac{\omega L}{R},$$

$$(2)\quad\begin{cases} I_1 = I_0\ \sin(\omega t - \varphi), \\ I_2 = I_0\ \sin\left(\omega t - \dfrac{2\pi}{3} - \varphi\right), \\ I_3 = I_0\ \sin\left(\omega t - \dfrac{4\pi}{3} - \varphi\right). \end{cases}$$

**Réalisation pratique et transmission des courants polyphasés.** — Ces courants possèdent des propriétés très importantes, et ils remplacent complètement les courants alternatifs simples dans l'industrie.

Pour les obtenir pra-

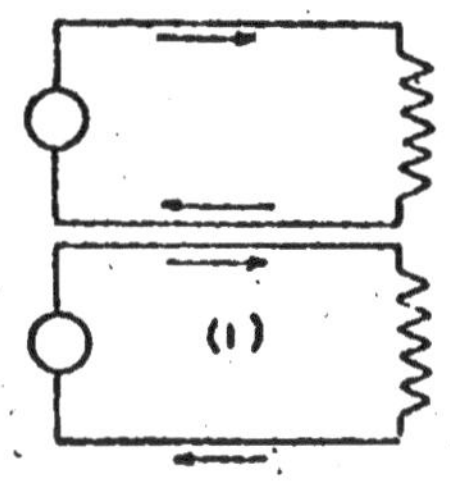
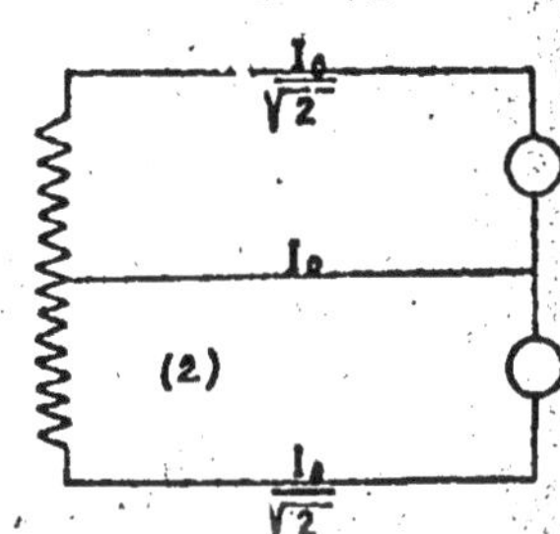

Fig. 221-222.

tiquement, il suffit de partager l'intervalle de deux pôles nord d'un alternateur ordinaire en trois parties égales et de faire tourner le bobinage successivement d'une, puis de deux divisions; on a ainsi trois bobinages identiques d'alternateur triphasé.

Si on avait partagé l'intervalle en quatre parties et fait tourner le bobinage d'une division, on aurait eu un alternateur diphasé.

D'autre part, on peut toujours limiter à trois les lignes de transmission de ces courants.

Soit d'abord des courants diphasés (fig. 221). On pourra utiliser un seul fil pour le retour du premier courant et le départ du deuxième (fig. 222).

Ce fil intermédiaire sera le siège d'un courant instantané :

$$I = I_0 [\sin(\omega t - \varphi) + \cos(\omega t - \varphi)];$$

$$I = I_0 \left[ \sin(\omega t - \varphi) - \sin\left(\omega t - \varphi - \frac{\pi}{2}\right) \right];$$

$$I = 2I_0 \sin\frac{\pi}{4} \cos\left(\omega t - \varphi - \frac{\pi}{4}\right);$$

$$I = I_0 \sqrt{2} \cos\left(\omega t - \varphi - \frac{\pi}{4}\right),$$

dont la valeur efficace est $I_0$.

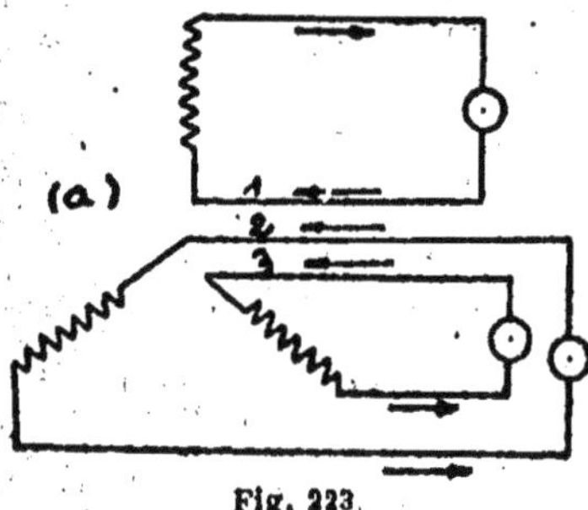

Fig. 223.

Ainsi les fils extrêmes seront parcourus par $\dfrac{I_0}{\sqrt{2}}$ et le fil intermédiaire par $I_0$, il suffira donc de lui donner une section $\sqrt{2}$ fois plus grande.

Pour la distribution des courants triphasés, nous nous appuierons sur la propriété de $n$ sinus en progression arithmétique de raison $\dfrac{2\pi}{n}$, dont la somme est nulle.

En appliquant cette remarque aux formules (1) et (2) on voit que, à chaque instant, $I_1 + I_2 + I_3 = 0$ et :

$$E_1 + E_2 + E_3 = 0;$$

de là résulte le montage dit *en triangle;* montons, en effet, les fils de distribution comme l'indique la figure 223. Puis, réunissons entre eux les trois fils 1, 2, 3 du centre : la somme des trois courants dans le fil unique est nulle à chaque instant, on peut donc supprimer ce fil en réunissant les trois bobinages du récepteur à ce qu'on appelle un point neutre. C'est la *distribution en étoile*, les trois fils de ligne sont égaux (fig. 224).

On peut encore faire une distribution triphasée en triangle; il suffit de monter les bobinages comme l'indique la figure 225. Puis on réunit en un seul les deux fils parcourus par la différence des courants instantanés (fig. 226).

Il est aisé de voir que la valeur efficace du courant dans la ligne est $\sqrt{3}$ fois celle qui circule dans un des bobinages tel que AB, dit bobinage de phase en se reportant aux formules (2).

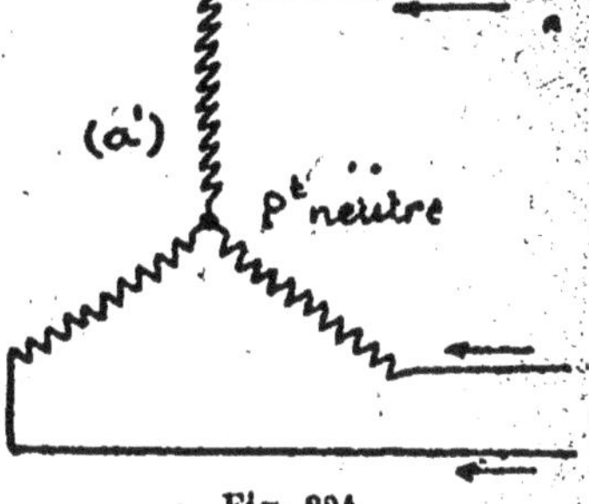



Fig. 224.

**Champs magnétiques tournants.** — La grande supériorité des courants polyphasés sur les courants alternatifs simples résulte de la production des champs tournants.

Envoyons dans deux bobinages fixes et à angle droit (fig. 227) deux courants diphasés; le premier va produire un champ $\mathcal{H}$ perpendiculaire à son plan

$$\mathcal{H}_1 = \mathcal{H}_0 \sin \omega t;$$

le deuxième va produire un champ $\mathcal{H}_2$

$$\mathcal{H}_2 = \mathcal{H}_0 \cos \omega t.$$

En réalité, ces deux champs vont se composer à chaque instant pour donner un champ résultant $\mathcal{H}$ constant en grandeur et qui va tourner d'un mouvement uniforme autour de l'axe commun des deux cadres.

En effet, on a évidemment :

$$\mathcal{H}^2 = \mathcal{H}_1^2 + \mathcal{H}_2^2,$$

donc
$$\mathcal{H} = \mathcal{H}_0.$$

Le champ résultant est constant. Mais aussi

$$\operatorname{tg} \alpha = \frac{\mathcal{H}_1}{\mathcal{H}_2} = \operatorname{tg} \omega t,$$

donc $$\alpha = \omega t.$$

Le champ $\mathcal{H}$ tourne d'un mouvement uniforme de vitesse angulaire $\omega$ et tout se passe comme si à l'intérieur des cadres fixes tournait un aimant produisant le champ $\mathcal{H}$.

En pratique, on décompose la bobine $A_1B_1$ de la figure 227

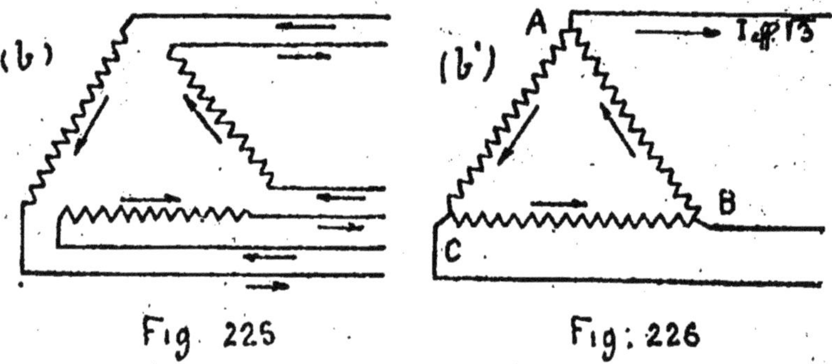


Fig. 225                          Fig. 226

en deux $A_1B_1$, $A_1'B_1'$ qu'on dispose sur la périphérie d'un anneau (fig. 228); de même pour $A_2B_2$,

Tout ce qui a été dit pourra s'étendre à ce système parcouru par deux courants diphasés, et un champ tournant comparable à un aimant hypothétique tournant à la vitesse $\omega$ autour de l'axe des bobines, entraînera un aimant de polarité convenable à la vitesse $\omega$.

Ainsi si d'une usine déterminée on envoie par une ligne à trois fils des courants diphasés dans l'appareil qu'on vient d'indiquer, l'aimant mobile de l'appareil se mettra en rotation et pourra effectuer un travail : c'est le principe de la distribution de l'énergie par les courants polyphasés.

REMARQUE. — En envoyant trois courants triphasés dans trois cadres décalés de 120°, on démontre qu'il se produira un champ tournant de façon analogue.

Machines réceptrices. — De la propriété des champs tournants résulte le fonctionnement des machines réceptrices.

Si on envoie des courants diphasés ou triphasés dans un générateur diphasé ou triphasé, il se produira un champ tournant ayant le même nombre de pôles que les pôles inducteurs. Pour que ceux-ci puissent être entraînés il faut que les polarités voulues soient en présence, aussi est-on obligé d'amener par un moyen préalable le système inducteur à la vitesse $\omega$ et à la polarité convenable.

On dit que l'alternateur tourne en moteur *synchrone*. On peut encore mettre au centre du bobinage polyphasé une simple masse de cuivre,

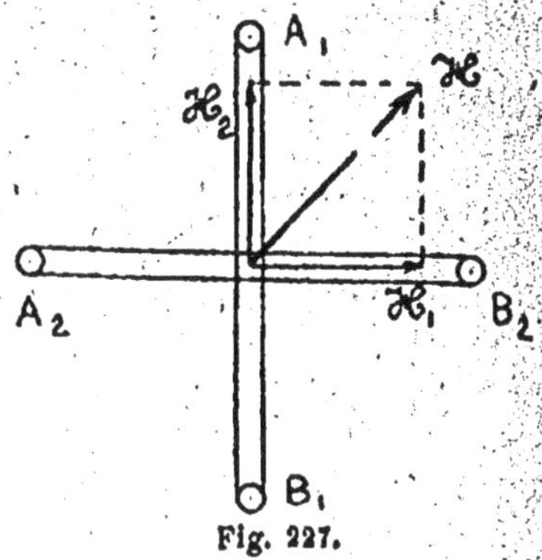

Fig. 227.

le champ tournant y développe des courants de Foucault qui réagissent sur lui, en sorte que cette masse est entraînée : c'est un moteur *asynchrone*.

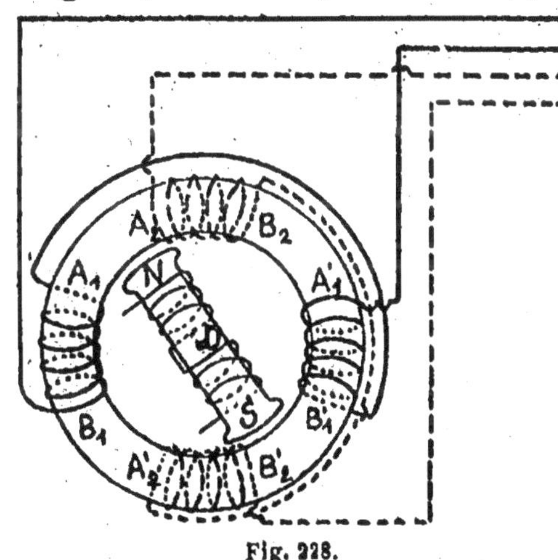

Fig. 228.

Transformateurs à courants alternatifs. — Une autre propriété précieuse des courants alternatifs est la facilité avec laquelle on peut élever ou abaisser leur tension avec des appareils à excellents rendements appelés transformateurs de tension.

Considérons un noyau de fer ayant la forme d'un tore sur lequel sont enroulées $N_1$ et $N_2$ spires (fig. 229).

Appliquons aux bornes de $N_1$ une force électromotrice alternative $E_1$, il va se développer dans la bobine un courant d'ailleurs très faible, par suite de la self-induction considérable du circuit.

Ce courant, à son tour, va produire un flux alternatif

$$\Phi = \Phi_{max} \cos \omega t$$

qui va induire dans les $N_2$ spires du second circuit une force électromotrice $E_2$.

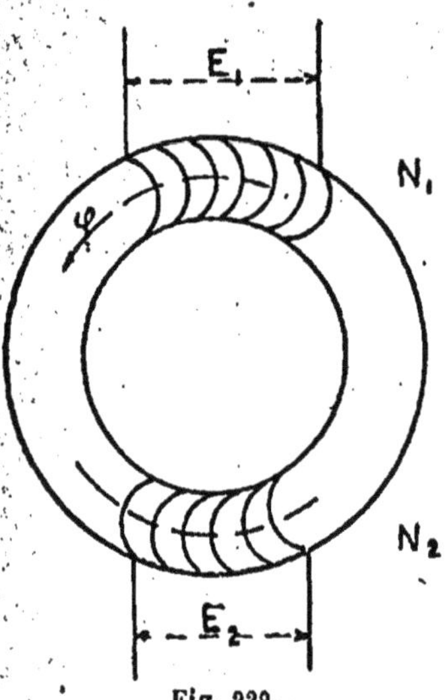

Par self-induction, le flux $\Phi$ va produire dans $N_1$ une force électromotrice qui sera égale à $E_1$ à la chute ohmique près, donc :

$$E_{1eff} = N_1 \frac{\omega \Phi_{max}}{\sqrt{2}}. \qquad \text{(V. p. 264.)}$$

La force électromotrice induite dans le deuxième bobinage sera de même :

$$E_{2eff} = N_2 \frac{\omega \Phi_{max}}{\sqrt{2}}.$$

d'où
$$\frac{E_1}{E_2} = \frac{N_1}{N_2}.$$



Fig. 229.

Donc, avec un appareil statique et des nombres de spires convenables, on pourra transformer une tension donnée $E_1$ en une autre $E_2$.

Fermons maintenant le circuit secondaire sur des lampes, il va débiter et produire une force magnétomotrice qui va diminuer le flux $\Phi$. Par suite, la force contre-électromotrice dans $N_1$ va diminuer, la tension du réseau va devenir prépondérante, d'où un appel de courant automatique dans le primaire correspondant au débit du secondaire, de telle façon qu'on ait à chaque instant, au rendement près :

$$E_1 I_1 = E_2 I_2.$$

Nous nous bornerons à indiquer ici le principe de ces appareils.

# NOTES

# NOTE I

### Notions générales sur la transmission électrique de la puissance mécanique.

Nous ne pouvons songer à développer dans ces leçons les applications générales de l'électricité, qui font l'objet d'un cours spécial; nous ne pouvons que citer, en passant, l'éclairage électrique, dont nous avons dit quelques mots en parlant de la loi de Joule; la traction électrique et le transport d'énergie par l'électricité, dont le principe repose sur la réversibilité des dynamos, étudiée dans un autre chapitre.

On trouvera dans les traités spéciaux l'étude de la télégraphie, téléphonie, électro-chimie, etc.

Mais, quelle que soit l'application, il existe toujours un centre générateur d'énergie (usine), un ou plusieurs centres d'utilisation et une ligne de transmission ou de transport de l'énergie. C'est cette ligne de transport que nous nous proposons d'étudier plus spécialement ici.

Soient P la puissance mécanique disponible au départ, P' la puissance recueillie à l'arrivée, $ee'$ les différences de potentiel aux bornes de la génératrice et de la réceptrice, I le courant, $r_g$, $r_m$, $r$, les rendements industriels de la génératrice, de la réceptrice et de la transmission. On a :

$$\frac{eI}{P} = r_g \qquad \frac{P'}{e'I} = r_m$$

$$\frac{P'e}{Pe} = r_g r_m, \qquad \text{d'où} \qquad \frac{P'}{P} = r = r_g r_m \frac{e'}{e}$$

$r_m$ et $r_g$ étant déterminés en général, $r$ croît avec $\dfrac{e'}{e}$.

Or
$$I = \frac{e - e'}{R} = \frac{Pr_g}{e}$$

d'où
$$\frac{e'}{e} = 1 - \frac{PRr_g}{e^2}.$$

Donc, pour augmenter $\frac{e'}{e}$ il faut diminuer la résistance et augmenter la tension au départ.

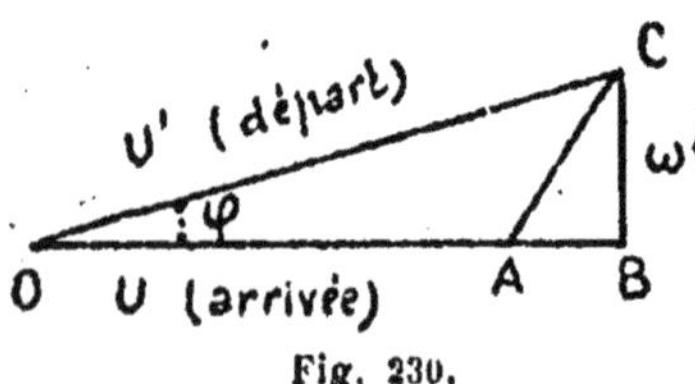

Fig. 230.

*EXEMPLE. — On peut disposer de 200 ch.x. à l'aide d'une chute et l'on veut effectuer un transport de force qui donne 140 ch.x. à l'arrivée. La tension au départ étant de 4.000 volts et le rendement des machines génératrices et réceptrices étant 0,9, quels sont la résistance R de la ligne et le courant I qui y circule?*

On a
$$I = \frac{Pr_g}{e} = \frac{200 \times 736 \times 0,9}{4.000} = 33 \text{ amp. } 1.$$

D'autre part on perd en ligne $60 \times 736$ watts, donc

$$R \times \overline{33,1}^2 = 60 \times 736,$$
$$R = 16^\omega,4.$$

Il ne faut pas oublier que cette résistance est celle du fil d'aller et du fil de retour.

Il peut arriver que les récepteurs soient uniformément répartis sur le parcours de la canalisation, comme dans l'exemple traité page 101.

Si la distribution a lieu en courant alternatif, l'usage de la représentation vectorielle sera commode.

*EXEMPLE. — On distribue à 20 kilomètres de distance 400 kilowatts à l'arrivée, avec un facteur de puissance égal à l'unité, sous une tension de 5.000 volts efficaces, fréquence 50 périodes.*

*La résistance de la ligne aller et retour est de $9^{\text{ohms}},6$ et la réactance kilométrique de la ligne double est de $0^{\text{ohm}},3$. Quel est le voltage ainsi que le décalage entre la tension et le courant au départ? Résistivité du cuivre, $1,9 \times 10^{-6}$ ohm-centimètre.*

Puisque le facteur de puissance est $\cos \varphi = 1$, le courant dans la ligne sera donné par

$$5.000 \, I = 400.000 \text{ watts,}$$

$$I = 80 \text{ ampères.}$$

La chute ohmique est donc (fig. 230) :

$$AB = RI = 9,6 \times 80 = 774 \text{ volts;}$$

elle est en phase avec

$$OA = 5.000.$$

La perte par réactance est

$$BC = \omega LI \times 0,3 \times 20 \times 80 = 480 \text{ volts;}$$

elle est perpendiculaire au vecteur AB du courant. Donc la tension U′ au départ sera

$$U' = \sqrt{(5.000 + 774)^2 + \overline{480}^2} = 5.600^{\text{v}} \text{ environ.}$$

Le décalage au départ sera

$$\cos \varphi = \frac{5.600}{5.774} = 0,99.$$

$\varphi = 9°$ environ.

# NOTE II

### Note sur la résolution de l'équation

$$E_0 \sin \omega t = RI + L \frac{dI}{dt} \quad (1).$$

---

Cherchons une fonction périodique de $t$ de forme

$$I_1 = I_0 \sin (\omega t - \varphi)$$

qui transforme (1) en identité, $I_0$ et $\varphi$ étant deux indéterminées.

En substituant $I_1$ et $\dfrac{dI_1}{dt} = \omega I_0 \cos(\omega t - \varphi)$ à la place de $I$ dans l'équation, il vient :

$$E_0 \sin \omega t = R I_0 \sin(\omega t - \varphi) + \omega L I_0 \cos(\omega t - \varphi) \qquad (2)$$

L'équation (2) devant être vérifiée quel que soit $\omega t$ faisons $\omega t = \varphi$ et $\omega t - \varphi = \dfrac{\pi}{2}$.

$$\left.\begin{array}{l} E_0 \sin \varphi = \omega L I_0, \\ E_0 \cos \varphi = R I_0. \end{array}\right\} \quad (3)$$

On tire de (3)

$$\left.\begin{array}{l} \operatorname{tg} \varphi = \dfrac{\omega L}{R}, \\[2mm] I_0 = \dfrac{E_0}{\sqrt{R^2 + \omega^2 L^2}}, \end{array}\right\} \quad (4)$$

ce qui déterminera $\varphi$ et $I_0$. Ces valeurs étant portées dans (2), cette équation sera vérifiée quel que soit $t$, ainsi qu'il est facile de le vérifier.

Posons maintenant

$$I = I_1 + I_2,$$

l'équation (1) devient

$$E_0 \sin\ t = R(I_1 + I_2) + L\left(\frac{dI_1}{dt} + \frac{dI_2}{dt}\right),$$

et, en tenant compte de (2),

$$O = R I_2 + L \frac{dI_2}{dt}.$$

On a trouvé d'autre part (V. Induction) :

$$I_2 = A e^{-\frac{R}{L}t},$$

A étant une constante qu'il est facile de déterminer par la condition que pour $t = 0$, $I = 0$.

Il vient donc $\qquad I = I_0 \sin(\omega t - \varphi) + A e^{-\frac{R}{L}t}$,

$I_0$ et $\varphi$ étant données par les formules (4).

# NOTE III

## Note sur les systèmes oscillants.

Rappelons quelques propriétés de mécanique rationnelle :

1° Quand un point de masse $m$ se déplace de $ds$ de M en M' sous l'action d'une force F, le travail correspondant est (fig. 231) :

$$dT = F \times MM' \times \cos \alpha = MM'F_t = ds \times F_t$$

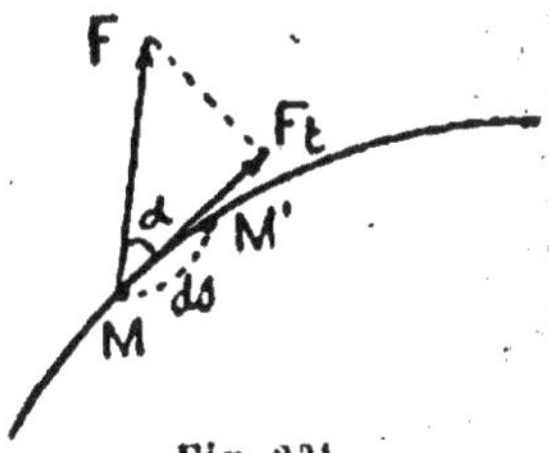

$F_t$ étant la composante tangentielle de la force ; mais $F_t = m\gamma_t$, $\gamma_t$ étant l'accélération tangentielle du mouvement.

Fig. 231.

Or, si la vitesse correspondante est $v$, on a $\gamma_t = \dfrac{dv}{dt}$, donc

$$(1) \qquad dT = mds \times \frac{dv}{dt} = m \frac{ds}{dt} dv = mv\,dv = d\left(\frac{1}{2} mv^2\right), \text{ donc :}$$

**Théorème.** — *Le travail élémentaire accompli par un point matériel de masse* m *sous l'action des forces extérieures est égal à la variation élémentaire de puissance vive de ce point.*

Cas particulier. — Le point est animé d'un mouvement de rotation autour d'un axe.

On a alors, à chaque instant, $v = \omega r$, $r$ distance du point à l'axe, et

$$(1') \qquad dT = mr^2 \omega\,d\omega.$$

2° Appliquons le théorème précédent au cas d'un système

de molécules constituant un corps solide dans deux cas particuliers :

(*a*) Le corps est animé d'un mouvement général de translation.

Soit $\nu$ la vitesse linéaire commune de toutes les molécules à
l'instant $t$. Faisons la somme des travaux de toutes les forces
appliquées, en tenant compte de (1), il vient

$$(2) \qquad d\mathrm{T} = \Sigma\nu d\nu = \nu d\nu \Sigma = \mathrm{M}\nu d\nu.$$

M, masse totale du corps.

(*b*) Le corps est animé d'un mouvement général de rotation
autour d'un axe fixe.

Soit $\omega$ la vitesse angulaire commune de toutes les molécules
à l'instant $t$. Faisons la somme des travaux de toutes les forces
appliquées, en tenant compte de (1'), il vient

$$(2') \qquad d\mho = \Sigma r^2 \omega d\omega = \omega d\omega \Sigma r^2 = \mathrm{K}\omega d\omega,$$

K, étant le moment d'inertie du corps par rapport à l'axe.

La formule (2') est particulièrement importante; dans le cas
qui nous occupe, on peut la transformer en mettant en évidence
dans $\mho$ les travaux moteurs $\mho_m$ et résistants $\mho_R$; on a alors :

$$d(\mho_m - \mho_R) = \mathrm{K}\omega d\omega$$

ou
$$d\mho_m = d\mho_R + \mathrm{K}\omega d\omega. \qquad (3)$$

Cette formule s'énonce ainsi :

*Le travail moteur élémentaire se retrouve à chaque instant
sous forme de travail résistant et de variation élémentaire de
puissance vive.*

Soit (fig. 232) A un point du corps soumis à la force F qui se
décompose en AQ parallèle à l'axe, et AP projection de AF sur
un plan perpendiculaire à l'axe. Dans un déplacement élémentaire AA' autour de l'axe X, le travail de Q est nul; celui de P
sera
$$\mathrm{P} \times \mathrm{AA}' \cos \widehat{\mathrm{P},\mathrm{AA}'}.$$

Or
$$\widehat{P, AA'} = \widehat{AOI},$$

OI étant perpendiculaire à AP,

$$AA' \cos \widehat{AOI} = r d\theta \times \cos \widehat{AOI} = OI \times d\theta,$$

donc le travail élémentaire de F sera

$$P \times OI \times d\theta = d\theta \times (M'F)_x,$$

par suite en intégrant $\qquad d\tau = d\theta \Sigma (M'F)_x.$

THÉORÈME. — *Quand un corps solide est mobile autour d'un axe, le travail total élémentaire des forces appliquées est égal à la somme des moments des forces par rapport à l'axe, multipliée par l'angle élémentaire de la rotation.*

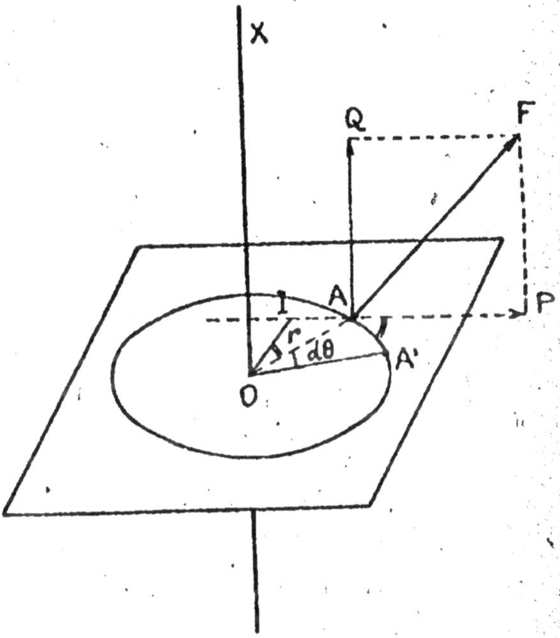

En particulier si les forces se réduisent à un couple de torsion produit par un fil, et de moment $C_0$, on a la formule importante

$$(4) \quad d\tau = C_0 d\theta = K \omega d\omega.$$

REMARQUE. — La formule

$$K \omega d\omega = d\theta \Sigma (M'F)_x$$

peut encore s'écrire en divisant par $dt$

$$\frac{d\omega}{dt} = \frac{\Sigma (M'F)_x}{K}$$

*l'accélération angulaire est égale à la somme des moments des*

Fig. 232.

*forces par rapport à l'axe de rotation divisée par le moment d'i-
nertie.*

APPLICATION. — 1° *Mouvement d'un pendule composé, non
amorti (dans le vide), de poids P. Le centre de gravité G est à la
distance l de l'axe de rotation.*

Écartons un pendule OB (par exemple une tige pesante) de
sa position d'équilibre d'un angle $\theta_0$ (fig. 233), et abandonnons-le
sans vitesse initiale. Soit $\theta$ l'angle qu'il fait à l'instant $t$ avec
OB. Appliquons (3) en observant que le travail moteur est

$$P dz = - P l \sin\theta \, d\theta,$$

car
$$z = l \cos\theta$$

le travail résistant est nul, puisqu'il n'y a pas d'amortissement;
donc :

$$- PL \sin\theta \, d\theta = K\omega d\omega$$

et pour les petites oscillations

$$\sin\theta = \theta \qquad \omega = \frac{d\theta}{dt},$$

$$K\frac{d^2\theta}{dt} + Pl\theta = 0.$$

Équation du deuxième ordre dont l'équation caractéristique
a ses racines imaginaires

$$K\lambda^2 + Pl = 0,$$

donc
$$\theta = C_1 \cos(\beta t + C_2),$$

en posant $\beta = \sqrt{\dfrac{Pl}{K}}$. On déterminera les constantes en écrivant

que pour $t = 0$, $\dfrac{d\theta}{dt} = 0$ et $\theta = \theta_0$, ce qui donne

$$\theta = \theta_0 \cos\sqrt{\frac{Pl}{K}}\, t. \tag{5}$$

La période du mouvement s'obtient en posant

$$\sqrt{\frac{\mathrm{P}l}{\mathrm{K}}}\,\mathrm{T}=2\pi,$$

d'où
$$\mathrm{T}=2\pi\sqrt{\frac{\mathrm{K}}{\mathrm{P}l}}. \tag{6}$$

La vitesse angulaire avec laquelle le pendule passe suivant la verticale s'obtient en faisant $\sqrt{\dfrac{\mathrm{P}l}{\mathrm{K}}}\,t=\dfrac{\pi}{2}$ dans $\dfrac{d\theta}{dt}$, ce qui donne

$$\omega_0=-\sqrt{\frac{\mathrm{P}l}{\mathrm{K}}}\,\theta_0. \tag{7}$$

REMARQUE. — Le mouvement d'une aiguille aimantée, de moment magnétique $\mathcal{M}$, suspendue dans un champ uniforme $\mathcal{H}$ par son centre de gravité et écartée très peu de sa position d'équilibre, conduit exactement aux mêmes formules (5), (6), (7), dans lesquelles il suffit de changer P$l$ en $\mathcal{M}\mathcal{H}$.

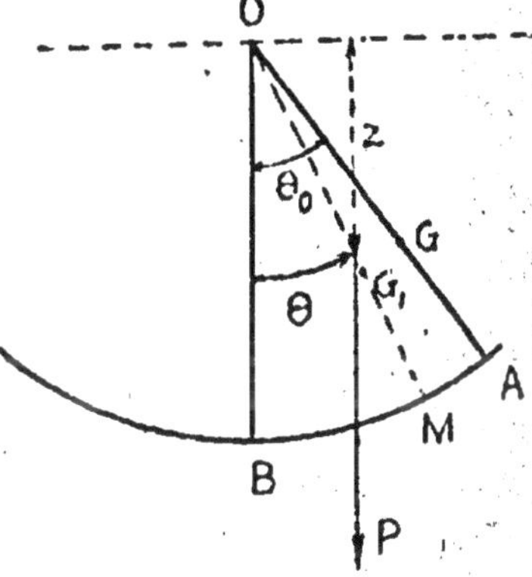


Fig. 233.

2° *Mouvement d'un cadre suspendu par un fil de torsion et écarté de sa position d'équilibre, avec amortissement*[1].

REMARQUE PRÉLIMINAIRE. — Coulomb a vérifié expérimentalement que la durée des oscillations d'un corps suspendu par un fil de torsion est indépendante de l'angle de torsion quand celui-ci ne dépasse pas certaines limites et que cette durée T est telle que

$$\mathrm{T}^2=\frac{\mathrm{A.\,K.}\,l}{d^4} \tag{8}$$

---

1. Si on fait passer une décharge dans un galvanomètre à cadre mobile (genre Deprez et d'Arsonval), on sait que ce cadre reçoit une impulsion qui provoque une élongation $\theta_0$ proportionnelle à la décharge, puis le cadre oscille librement suivant les lois étudiées ci-dessus.

$d$ diamètre du fil, $l$ sa longueur, K moment d'inertie du système par rapport à l'axe du fil, A une constante dépendant de la nature du fil.

Si l'on admet que le fil développe un couple proportionnel à l'angle de torsion $C\theta$ nous aurons, dans le vide, les mêmes équations que dans le cas précédent, où $Pl$ est remplacé par C,

et en particulier
$$T = 2\pi \sqrt{\frac{K}{C}}. \qquad (9)$$

En comparant (8) et (9) on voit que si l'hypothèse est exacte

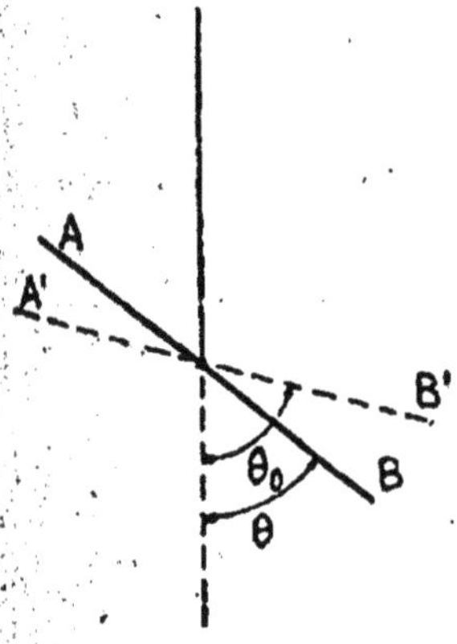

on doit avoir
$$4\pi^2 \frac{K}{C} = \frac{AKl}{d^4},$$

$$C = \frac{4\pi^2 d^4}{Al}.$$

Cette valeur de C, déterminée directement par l'expérience, est en effet inversement proportionnelle à $l$ et directement proportionnelle à $d^4$. Il en résulte qu'on peut admettre qu'un fil de torsion produit un couple $C\theta$ proportionnel à l'angle.

Fig. 234.

Ceci posé, écartons le cadre suspendu d'un angle $\theta_0$ de sa position d'équilibre, et soit $\theta$ l'angle d'écart à l'instant $t$ (fig. 234). Pendant un temps $dt$ l'angle augmente de $-d\theta$, et le travail moteur est $-C\theta d\theta$, d'après la formule (4) établie précédemment. Admettons que le couple résistant à l'amortissement soit proportionnel à la vitesse angulaire, $h\dfrac{d\theta}{dt}$; le travail résistant de signe contraire au travail moteur sera $h\dfrac{d\theta}{dt}d\theta$, donc

$$-C\theta d\theta = h\frac{d\theta}{dt}d\theta + K\omega d\omega,$$

ou
$$K\frac{d^2\theta}{dt^2} + h\frac{d\theta}{dt} + C\theta = 0.\qquad(10)$$

*Discussion* de l'équation caractéristique

$$K\alpha^2 + h\alpha + C = 0.$$

1° $h^2 - 4KC > 0$ : le mouvement sera déterminé par une loi exponentielle

$$\theta = Ae^{-\alpha_1 t} + Be^{-\alpha_2 t}.$$

A et B sont des constantes qu'on détermine en écrivant que pour $t = 0$. $\theta = \theta_0 \frac{d\theta}{dt} = 0$ [1].

2° $h^2 - 4KC = 0$ : on dit que le circuit présente la résistance critique et

$$\theta = e^{-\alpha t}(At + B).$$

Dans les deux cas, le cadre atteindra sa position d'équilibre

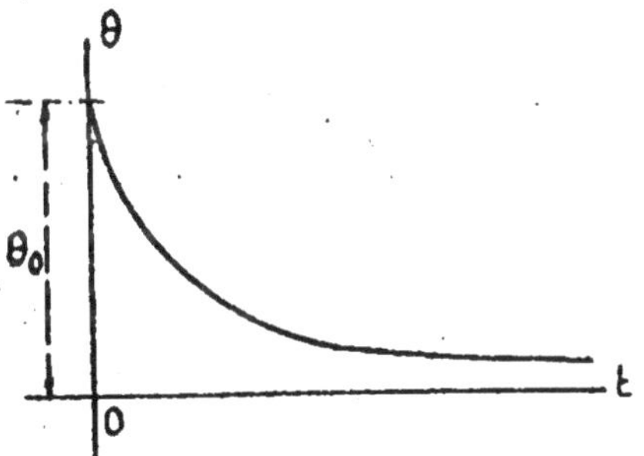


Fig. 234 *bis.*

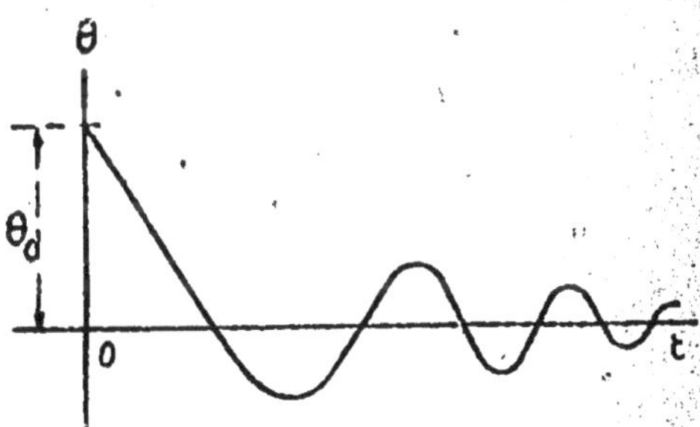


Fig. 234 *ter.*

asymptotiquement sans la dépasser, le mouvement sera dit apériodique.

3° $h^2 - 4KC < 0$ : le mouvement est déterminé par la loi

$$\theta = Ae^{-\alpha t}\cos(\beta t + B).$$

---

1. $\frac{d\theta}{dt} = 0$ pour $t = 0$ exprime que la tangente à la courbe à l'origine du temps est horizontale. Les fig. 234 *bis* et 234 *ter* doivent être modifiées en conséquence.

On a
$$x = \frac{h}{2K} \qquad \beta = \frac{\sqrt{4KC - h^2}}{2K}.$$

Le cadre oscille périodiquement, la période étant

$$T = \frac{2\pi}{\beta} = \frac{4\pi K}{\sqrt{4KC - h^2}}$$

et les maximums et minimums successifs varient en progression géométrique de raison

$$e^{\frac{\alpha T}{2}}.$$

$\lambda = \frac{\alpha T}{2}$ s'appelle le décrément logarithmique des oscillations.

On voit que si l'on appelle $\theta_1$, $\theta_2$ ........ $\theta_{m+1}$ les élongations successives succédant à la première $\theta_0$, on aura

$$\frac{\theta_1}{\theta_2} = \frac{\theta_2}{\theta_3} = \ldots\ldots = \frac{\theta_m}{\theta_{m+1}} = e^\lambda,$$

donc
$$\lambda = \frac{1}{m} \, L \, \frac{\theta_1}{\theta_{m+1}}.$$

On peut donc aisément déterminer $\lambda$ expérimentalement, et par suite la loi des oscillations d'un balistique amorti.

1. Soit $t_1$ l'époque d'un 1ᵉʳ maximum le suivant aura lieu en sens contraire au temps $t_1 + \frac{T}{2}$. Le cos reprenant la même valeur absolue, les deux élongations sont entre elles comme les exponentielles.

$$\frac{e^{-\alpha t_1}}{e^{-\alpha\left(t_1 + \frac{T}{2}\right)}} = e^{\frac{\alpha T}{2}} = e^\lambda$$

# Formules fondamentales d'électricité générale.

### Électricité statique.

(1)   *Loi de Coulomb*       $f = \mathrm{K}\dfrac{qq'}{r^2}$.

(2)  *Théorème de Gauss*       $\Phi = 4\pi\Sigma m$.

(3)  *Théorème de Coulomb* $\begin{cases} \mathrm{F} = 4\pi\sigma \ (\text{surface fermée}). \\ \mathrm{F} = 2\pi\sigma \ (\text{plan indéfini}). \end{cases}$

(4)  *Tension électrostatique* $\mathrm{F} = 2\pi\sigma^2$.

(5) *Théorèmes de Newton.* — L'action d'une couche sphérique homogène sur un point intérieur est nulle. Sur un point extérieur elle est la même que si la couche était concentrée au centre.

(6) *Expression de la fonction potentielle*       $\mathrm{V} = \Sigma\dfrac{q}{r}$.

(7) *Dérivée du potentiel*       $\mathcal{K}_1 = -\dfrac{dv}{dr_1}$.

(8) *Formule de la capacité*     $\mathrm{Q} = \mathrm{C.V.}$

(9) *Capacité des systèmes* $\begin{cases} \text{Sphère } \mathrm{C} = \mathrm{R}. \\[4pt] \text{Ensemble de 2 sph. } \mathrm{C} = \dfrac{\mathrm{R_1R_2}}{\mathrm{R_2 - R_1}}. \\[4pt] \text{Plan } \mathrm{C} = \dfrac{\mathrm{S}}{4\pi e}. \\[4pt] \text{Cylindre } \mathrm{C} = \dfrac{\ell}{2\mathrm{L}\dfrac{\ell}{\mathrm{R}}}. \\[4pt] \text{Ensemble de deux cylindres } \mathrm{C} = \dfrac{l}{2\mathrm{L}\dfrac{\mathrm{R_2}}{\mathrm{R}}}. \end{cases}$

(10)    *Couplage*    $\begin{cases} \text{en dérivation } C = \Sigma c. \\ \text{en série } \dfrac{1}{C} = \Sigma \dfrac{1}{C}. \end{cases}$
*des capacités*

(11)    *Énergie*    $W = \dfrac{1}{2} C V^2.$
*d'un condensateur*

### Électricité dynamique.

(1)    *Résistance*    $R = \rho \dfrac{l}{s} \quad R = R_0 (1 + \alpha t).$
*d'un conducteur*

(2)    *Loi d'Ohm*    $E = RI.$

(3)    *Lois de Kirchhoff*    $\begin{cases} \Sigma i = 0 \text{ dans un nœud de conducteurs.} \\ \Sigma e = \Sigma ir \text{ dans une maille fermée.} \end{cases}$

(4) *Loi des circuits dérivés*    $\dfrac{1}{R} = \Sigma \dfrac{1}{r}.$

(5) *Loi de Joule*    $W = 0,24 \, RI^2 T.$

(6) *Loi de Newton*    $RI^2 = \varepsilon S (\theta - t).$

(7) *Pont de Weatstone équilibré*    $ac = bd.$

### Électrolyse.

(1) *Lois de Faraday.* — 1° L'action électrolytique est la même en tous les points d'un circuit.

2° La masse d'électrolyte et des ions décomposés est proportionnelle à la quantité d'électricité.

3° Les masses d'électrolytes différents décomposées dans le même temps sont proportionnelles aux masses qui correspondent à une valeur des ions mis en liberté.

(2) *Équivalent électrochimique.* — C'est la masse d'un corps décomposée par 1 coulomb

$$K = 0,01036 \, \frac{M}{n} \text{ milligr.}$$

M, masse moléculaire du corps; $n$, nombre de valences rompues.

(3) *Définition de l'ampère.* — Courant constant qui dépose dans une solution d'azotate d'argent $0^{gr},001\,118$ d'argent par seconde, ou encore qui libère $0^{milligr},1036$ d'hydrogène par seconde.

### Piles.

(1) *F. e. m. à circuit fermé.*  $e = \mathrm{E} - \rho\mathrm{I}$

$\mathrm{E}$, *f. e. m.* à circuit ouvert : $\rho$, résistance intérieure; I, courant débité.

(2) *Conditions de puissance maximum.*
$$\begin{cases} e = \dfrac{\mathrm{E}}{2} \ \mathrm{Rend}^t = \dfrac{e}{\mathrm{E}} = 0,5. \\[2mm] \rho = \mathrm{R}\ (\text{résist. ext}^{re} = \text{résist. int}^{re}). \end{cases}$$

(3) *Groupement des piles*  $\mathrm{I} = \dfrac{x\mathrm{E}}{\rho x + \mathrm{R}y}$ ($x$ en série, $y$ groupes en parallèle).

### Magnétisme.

(1) *Loi de Coulomb*  $\qquad f = \mathrm{K}' \dfrac{mm'}{r^2}.$

(2) *Puissance d'un feuillet*  $\mathrm{U} = \varepsilon\varsigma.$

(3) *Potentiel d'un feuillet*  $\mathrm{V} = \mathrm{U}\Omega.$

(4) *Énergie d'un feuillet dans un champ*  $\qquad \mathrm{W} = \mathrm{U}\Phi.$

(6) *Couple exercé sur un barreau dont l'axe fait l'angle $\alpha$ avec la direction d'un champ $\mathcal{H}$*  $\mathrm{C} = \mathcal{M}\mathcal{H}\sin\alpha.$

(7) *Oscillations d'un barreau dans un champ*

$$\theta = \theta_0 \cos \sqrt{\dfrac{\mathcal{M}\mathcal{H}}{\mathrm{K}}}\, t,$$

$$\mathrm{T} = 2\pi \sqrt{\dfrac{\mathrm{K}}{\mathcal{M}\mathcal{H}}}.$$

K, moment d'inertie du barreau par rapport à l'axe d'oscillation.

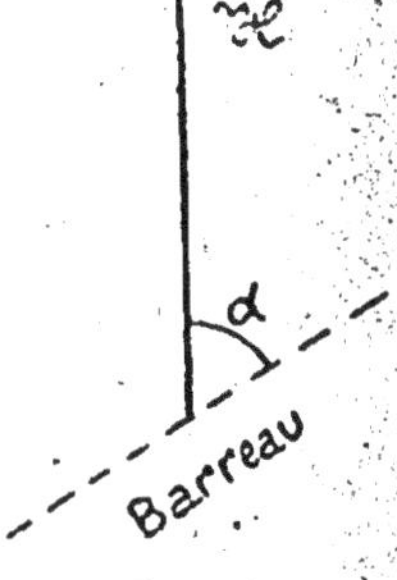


Fig. 233.

(8) *Sytèmes aimants.* — Le système se comporte comme un aimant unique dont l'axe et le moment magnétique serait la somme géométrique des vecteurs égaux aux moments individuels et dirigés suivant les axes des divers aimants.

(9) *Intensité d'aimantation* $\mathfrak{I} = \dfrac{\mathfrak{M}}{\mathfrak{V}}$, $\mathfrak{I} = \sigma$ (si l'aimantation est uniforme).

(10) *Formules*          $\mathfrak{B} = 4\pi\mathfrak{I}$ (aim$^{\text{ion}}$ uniforme).

$$\mu = 1 + 4\pi\varkappa.$$

($\varkappa = \dfrac{\mathfrak{I}}{\mathfrak{H}}$ susceptibilité magnétique d'un barreau plongé dans un champ uniforme $\mathfrak{H}$, est le quotient de l'intensité d'aimantation de l'aimant par l'intensité du champ générateur.)

$$F = \frac{\mathfrak{B}^2 S}{8\pi} \text{ (force portante).}$$

REMARQUE. — Se rappeler que l'aimantation uniforme n'est vraie que pour un aimant infiniment délié ou un solénoïde.

### Magnétisme terrestre.

(1) *Relations entre les éléments*

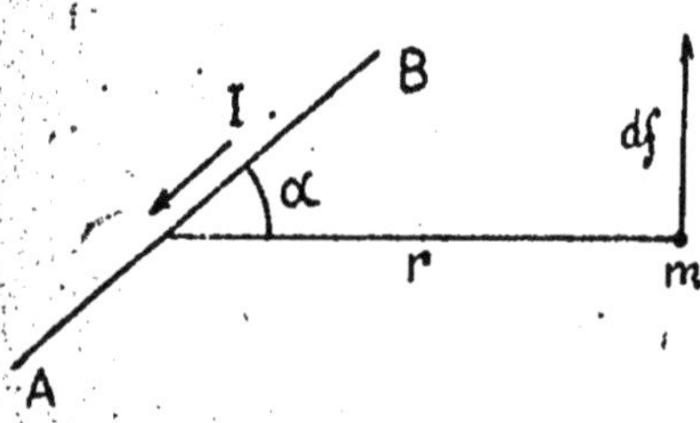


Fig. 236.

$$\text{cotg}\,i = \text{cotg}\,I \cos \varkappa,$$
$$\text{cotg}^2 i + \text{cotg}^2 i' = \text{cotg}^2 I.$$

(2) *Mesure de $\mathfrak{H}$ ou de $\mathfrak{M}$.* — On détermine $\mathfrak{M}\mathfrak{H}$ (méthode statique — méthode des oscillations) et $\dfrac{\mathfrak{M}}{\mathfrak{H}}$ (méthode de Gauss).

## Électromagnétisme.

**(1)** *Loi de Biot et Savart.* — Action d'un élément de courant $dl$ sur le pôle $m$, $df = \lambda \dfrac{m\,\mathrm{I}\,dl'\sin\alpha}{r^2}$.

$\lambda = 1$ en U. E. M.

$df$ est perpendiculaire au plan AB$m$ et dirigé vers la *gauche* du courant.

**(2)** *Action d'un courant indéfini sur un pôle* m *distant de* d.

$$f = \frac{2m\mathrm{I}}{d}.$$

**(3)** *Action d'un courant circulaire sur un point* m *de l'axe à la distance* d.

$$\mathrm{F} = 2\pi m\mathrm{I}\,\frac{\mathrm{R}^2}{(\mathrm{R}^2 + d^2)^{\frac{3}{2}}}$$

Cas particulier $d = 0$

$$\mathrm{F} = \frac{2\pi m\mathrm{I}}{\mathrm{R}}.$$

**(4)** *Boussole des tangentes.* — Ecrire que le couple terrestre est équilibré par le couple électromagnétique

$$\mathrm{tg}\,\alpha = \frac{2\pi\mathrm{N}}{\mathrm{R}\mathcal{H}}\,\mathrm{I}.$$

**(5)** *Boussole des sinus.* — Même méthode en poursuivant l'aiguille aimantée $\qquad \sin\theta = \dfrac{2\pi\mathrm{N}}{\mathrm{R}\mathcal{H}}\,\mathrm{I}.$

**(6)** *Action d'un champ* $\mathcal{H}$ *sur un élément de courant*

$$df = \mathcal{H}\mathrm{I}dl\sin(\widehat{\mathcal{H},dl});$$

le sens du déplacement est donné par la règle des trois doigts.

**(7)** *Énergie d'un courant* I *traversé par un flux* $\Phi$.

$$\mathrm{W} = --\mathrm{I}\Phi.$$

Trav. dans le dépl'. élémentaire $dW = -Id\Phi$.

(8) *Énergie d'un courant I en présence d'un pôle m qui le voit sous l'angle solide $\Omega$.* —

$$W = -mI\Omega.$$

Trav. dans le dépl' élémentaire $dW = -mId\Omega$.

(Ces formules s'établissent en partant du travail élémentaire dû à un déplacement infiniment petit d'un élément de courant.)

(9) *Formules fondamentales.*

1° $U = I$ : équivalence d'une spire et d'un feuillet.

2° $W = 4\pi I$.

3° $\mathscr{M} = NSI$ : M' magnétique d'un solénoïde.

4° $\mathscr{H} = 4\pi n_1 I \left( n_1 = \dfrac{n}{l} \right)$ champ à l'intérieur d'un solénoïde.

5° $\Phi = \dfrac{\dfrac{4\pi n I}{l}}{\dfrac{}{\mu S}}$.

### Induction.

(1) F. e. m. *induite.* $\qquad E = -\dfrac{d\Phi}{dt}$.

(2) *Loi de Lenz.*

(3) *Formule* $E = \mathscr{H}lv$ relative à un déplacement d'un conducteur rectiligne parallèlement à lui-même.

(4) F. e. m. *dans le disque de Faraday*

$$E = \frac{1}{2} R^2 \mathscr{H}\omega.$$

(5) *Formule d'amortissement du disque lancé*

$$d\mathfrak{w} = -K\omega d\omega ;$$

K moment d'inertie.

(6) *Formule* $\qquad \rho = \dfrac{\Delta\Phi}{R}$ quantité d'électricité induite.

(7) *Coefficient de self-induction* $L = \dfrac{\Phi}{I}$.

*Cas d'un tore*
$$L = \frac{4\pi n^2}{\mathcal{R}}.$$

(8) *Coefficient d'induction mutuelle*

$$M = \frac{\Phi}{I}.$$

Ce coefficient est le même en partant de l'un ou l'autre des circuits en présence.

Cas de deux bobines sur tore

$$M = \frac{4\pi n_1 n_2}{\mathcal{R}}.$$

(9) *Formule* $\qquad L_1 L_2 = M^2.$

(10) *Formule fondamentale dans le cas d'un courant variable dans une résistance* R *de self* L.

$$E = RI + L\frac{dI}{dt}.$$

(11) *Énergie intrinsèque d'un courant.*

$$W = \frac{LI^2}{2}.$$

Variation élémentaire d'énergie $W = LIdI$.

(12) *Travail dans un cycle d'aimantation.*

$$W = \frac{V}{4\pi}\int_{-\mathcal{B}}^{+\mathcal{B}} \mathcal{H}d\mathcal{B}.$$

### Unités.

(1) *Grandeurs géométriques.* — 180° vaut 3,14 radians.

(2) *Grandeurs mécaniques.* — 1 gr. vaut 981 dynes.

    —     — 1 joule vaut $10^7$ergs et $0^{cal},24$.

    —     — 1 cheval-vapeur vaut 736 w.

(3) *Changements d'unités.* — La grandeur ancienne est à la grandeur nouvelle dans le rapport inverse des équations de dimensions si l'on évalue les deux unités dans le deuxième système.

(4) *Unités électrostatiques et électromagnétiques.*

$$1\ coulomb\ \text{vaut}\ 3\times 10^9\ \text{U. E. S.} \qquad 10^{-1}\ \text{U. E. M.}$$

$$1\ ampère \qquad\qquad — \qquad\qquad —$$

$$1\ volt \qquad \frac{1}{300}\ \text{U. E. S.} \qquad 10^8\ \text{U. E. M.}$$

$$1\ farad \qquad 9\times 10^{11}\ \text{U. E. S.} \qquad 10^{-9}\ \text{U. E. M.}$$

(Se reporter au tableau et aux formules fondamentales, p. 225.)

# Problèmes d'Électricité.

## Exemples de questions d'examens écrits posées à l'École Supérieure d'Électricité.

I. Etant donnée l'expression :

$$I = \frac{E_0}{R^2 + L^2\omega^2}\,(L\omega \sin \omega t + R \cos \omega t),$$

la mettre sous la forme :

$$I = I_0 \cos (\omega t - \varphi).$$

Déterminer $I_0$ et $\varphi$.

*Application numérique* : $E = 155$, $R = 2,50$, $L = 0.2$, $\omega = 251$.

II. Calculer la quantité de chaleur rayonnée en une heure par une lampe à incandescence fonctionnant sous 110 volts avec un courant de 0,4 ampère.

III. Un condensateur est chargé à l'aide d'une pile impolarisable, genre Daniell ; il est déchargé dans un galvanomètre balistique qui marque une élongation $\alpha$. La même pile est fermée sur un circuit extérieur R ; la décharge dans le galvanomètre donne une élongation $\alpha'$. Calculer la résistance intérieure de la pile.

*Application numérique* : $\alpha = 128^\circ$, $\alpha' = 32^\circ$, $R = 15,74$ ohms.

IV. Calcul de la puissance qui se dépense dans le fer de l'induit d'une dynamo par suite du phénomène d'hystérésis.

On applique la formule W watts $= K\,FPB$, dans laquelle B est l'induction à laquelle travaille le fer $B = 15.000$ ; P est le poids en kilogrammes du fer de l'induit $P = 240$ ; F est la fréquence cyclique d'aimantation en cycles complets par seconde $F = 7$ ; K est un coefficient numérique $K = 0,31$.

V. Evaluer la dépense d'un appareil de chauffage électrique pour un fonctionnement de 5 heures pendant un mois. L'appareil fonctionne sous 110 volts aux bornes. La résistance à chaud en régime normal est de 11 ohms. L'énergie électrique est vendue au prix de 7 centimes l'hectowatt-heure. Donner le prix de revient de 1.000 calories (Kg.-degré).

VI. Une bobine creuse assez longue pour qu'on puisse, sans erreur, la considérer comme infinie, est assujettie de façon que son axe soit horizontal. Dans la région centrale est suspendue une bobine plate qui peut osciller librement autour d'un diamètre vertical. Un même courant circule dans les deux bobines; il est amené à la bobine mobile par des contacts appropriés qui n'entravent en rien son mouvement; si l'on écarte la bobine mobile de sa position d'équilibre et si on l'abandonne à elle-même, elle exécute une série d'oscillations isochrones.

Calculer la quantité d'électricité qui circule dans le système pendant la durée d'une oscillation.

On sait que cette durée est donnée par la formule : $T = 2n\sqrt{\dfrac{K}{M}}$ K étant le moment d'inertie du système mobile, et M étant le moment du couple directeur qui s'exerce sur la petite bobine quand on l'écarte de $\dfrac{n}{2}$ de sa position d'équilibre.

On ne tiendra pas compte du magnétisme terrestre et l'on supposera que la petite bobine est suspendue par un fil sans torsion.

On représentera par des symboles toutes les quantités dont on peut avoir besoin.

VII. Un circuit d'utilisation tout entier en cuivre rouge est traversé par un courant de 15 ampères. La différence de potentiel aux extrémités du circuit est de 110 volts. La température stationnaire est de 40° centigrades. On demande e poids et le prix de ce circuit, sachant que :

1° le conducteur a la forme d'un ruban de $1^{cm},5$ de long sur $0^{mm},2$ d'épaisseur;

2° le coefficient d'augmentation de résistance du cuivre avec la température est de 0,0039;

3° la résistivité du cuivre (résistance rapportée à une longueur de 1 cm. et à une section de $1^{cm2}$) est de 1,8 microhm;

4° la densité du cuivre à zéro est de 8,9;

5° le prix du cuivre est de 2,60 le kilogramme.

VIII. Un voltmètre ordinaire dont le circuit est bobiné avec du fil de cuivre donne des mesures exactes à la température de 15°.

On demande le voltage exact quand l'appareil marque $n$ volts à 0°.

*Application numérique* : pour $n = 117$, $0 = 35°$.

La variation de résistance du cuivre avec la température est donnée dans la précédente question.

IX. Deux piles de forces électromotrices $E_1$, $E_2$, de résistances intérieures $y_1$, $y_2$, sont couplées en opposition, et un circuit AB, de résistance R, réunit les fils de jonction.

On demande : 1° l'intensité dans les branches AB, AE, B, AE₂, B ;
2° la puissance fournie par chacune des deux piles.

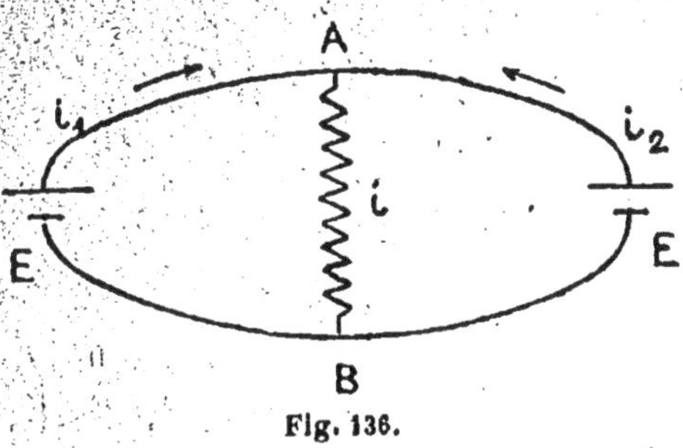

Fig. 136.

On négligera les résistances des fils qui joignent les points A et B aux deux piles.

X. Dans l'intérieur d'un solénoïde assez long pour qu'on puisse sans erreur sensible le considérer comme indéfini, est disposée une bobine plate qui tourne d'un mouvement uniforme autour du diamètre AB perpendiculaire à l'axe du solénoïde. A l'aide d'un dispositif approprié, les deux extrémités du circuit de la petite bobine sont mises en communication, une fois par tour, avec deux points fixes P et Q, à l'instant même où, dans son mouvement, la bobine mobile passe dans le plan qui contient l'axe du grand solénoïde. D'autre part, les deux points P et Q sont en communication constante avec les armatures d'un condensateur de capacité C.

On demande la charge finale prise par le condensateur.

Le solénoïde contient 15 spires par cm. Il est parcouru par un courant de deux ampères. La petite bobine est formée de 200 spires de 20 cm. de diamètre. Elle tourne à une vitesse de 20 tours par seconde. C = 1 microfarad.

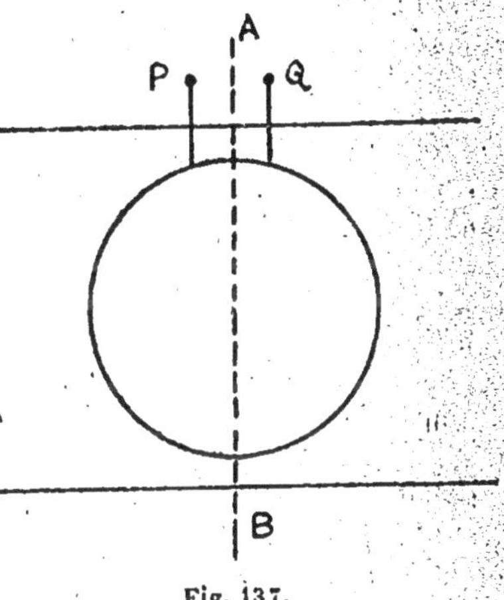

Fig. 137.

XI. Une batterie d'éléments de piles impolarisables, genre Daniell, est formée par la réunion, en parallèle, de 3 groupes d'éléments. Chaque groupe comprend 50 éléments en série. Les deux pôles de la batterie sont réunis par une résistance R. On relie, d'autre part, à ces deux pôles les armatures d'un condensateur de 10 microfarads.

On demande l'énergie prise par le condensateur.

*Données numériques :* R = 82 ohms; f. e. m. d'un élément, $1^v,07$ ; résistance intérieure de chaque élément, 3,8 ohms.

XII. Un conducteur dont les extrémités peuvent être reliées à deux points entre lesquels existe une différence de potentiel de 110 volts est plongé dans un vase contenant 5 kilogrammes d'eau pure. On ferme le circuit pendant 6 minutes, la température de l'eau s'élève de 32° centigrades.

On demande l'intensité du courant et la résistance du conducteur.

On négligera les pertes dues au rayonnement et l'influence de la chaleur spécifique du récipient et du conducteur. On supposera en outre que la résistance du conducteur est indépendante de la température.

**XIII.** Sur un noyau de fer de 4 cm² de section sont enroulées 60 spires d'un fil très fin en relation, par l'intermédiaire d'une résistance en série, avec un galvanomètre balistique. Le circuit total a une résistance de 11.000 ohms.

Ce noyau est au centre d'un solénoïde assez long pour qu'on puisse le considérer comme infini. Le solénoïde présente 12 spires par cm. et est parcouru par un courant de 2,4 ampères.

1° Sachant que le coefficient μ de perméabilité du fer est 400, on demande la quantité d'électricité induite dans le circuit à fil fin quand on renverse brusquement le courant dans le solénoïde.

2° Sachant que dans l'expérience précédente on observe au balistique une élongation de 180 mm., on demande l'élongation correspondant à un microcoulomb.

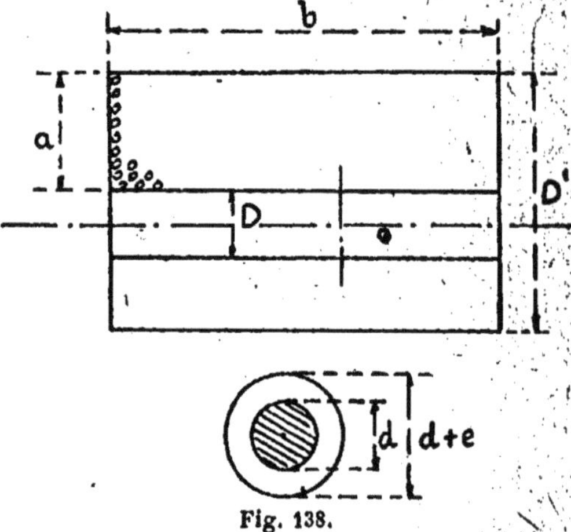

Fig. 138.

**XIV.** Calculer en unités C. G. S. le moment magnétique d'un solénoïde composé de 150 spires et parcouru par un courant de 0,4 ampère. Le diamètre d'enroulement est de 3 cm. Ce solénoïde, étant suspendu, est soumis à l'action d'un champ horizontal uniforme dont la valeur $\mathcal{H} = 0,19$ unités C. G. S.

Quelle est en unités C. G. S. la valeur du couple agissant sur ce solénoïde, quand son axe fait un angle de 35° avec la direction du champ?

**XV.** Soit donnée une bobine assez longue pour qu'on puisse, sans erreur sensible, négliger l'action des extrémités. On dispose d'une force électromotrice E qu'on applique aux extrémités du fil.

1° Calculer la valeur du champ au point milieu de l'axe et étudier sa variation quand on fait varier l'épaisseur du fil et l'épaisseur de l'isolant (les dimensions d'enroulement restant les mêmes).

2° Etudier, dans les mêmes conditions, la variation de la puissance qui se dépense dans le fil bobiné.

3° Quel est le coefficient d'induction mutuelle entre cette bobine et une spire circulaire de rayon $n$ disposée au point milieu de l'axe et dont le plan coïncide avec le plan d'enroulement de la grande bobine ?

On admettra que l'on peut prendre pour longueur de toutes les spires celle de la spire moyenne.

Les données sont celles de la figure :

D' diam. ext. de la bobine ;

D diam. de l'évidement ;

$d$ diam. du fil ;

$p$ résistance spécifique du fil ;

$e$ épaisseur de l'isolant telle que $(d + e) =$ diamètre total du fil ;

$b$ longueur de la bobine ;

$$a = \frac{D - D'}{2}.$$

XVI. Une machine magnétoélectrique est mise en mouvement par la chute d'un poids P ; le circuit est fermé sur une résistance R. On laisse la machine prendre une vitesse uniforme V. Comment variera cette vitesse :

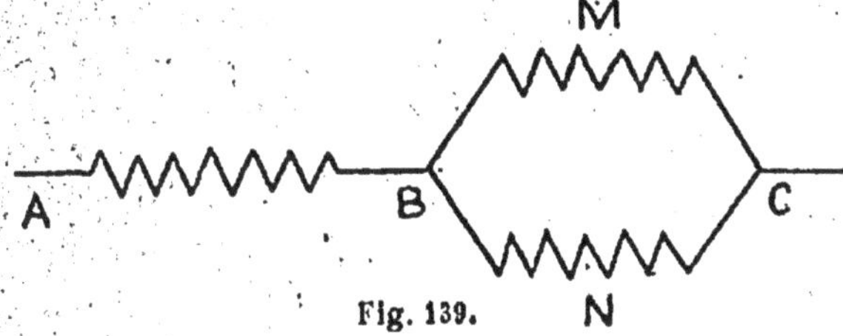


Fig. 139.

1° avec le poids P ;

2° avec la résistance R ?

On négligera les frottements mécaniques et les phénomènes d'hystérésis.

XVII. Un conducteur de cuivre est formé d'une résistance AB de valeur R et de deux branches dérivées BMC, BNC ayant également chacune la résistance R à la température T. On applique entre les points A et C une différence de potentiel constante, soit E ; un certain courant circule dans AB, soit I.

Tout le reste du circuit étant maintenu à la température T, la branche BNC seule est portée à la température 0. Le courant dans AB prend la valeur I'. Quel est le rapport de I à I' ?

*Application numérique.* — Pour T = 15°, 0 = 120°.

On sait que le coefficient d'augmentation de résistance du cuivre avec la température est de 0,0038.

XVIII. Soit donné un conducteur de cuivre parcouru par un courant. Ce conducteur a une masse de P kilogrammes.

Quelle doit être la densité du courant, en ampères, par mm² pour que la quantité de chaleur dégagée pendant le temps $t$ soit $q$ calories C. G. S ?

On représentera par $a$ la résistivité du cuivre ; $\delta$ sa masse spécifique ; J l'équivalent en joules d'une calorie C. G. S.

*Application numérique* : P = 2,5 kg. ; $t$ = 5 minutes, $a$ = 2 microhms $\frac{cm^2}{cm}$ ; $\delta$ = 8,8 ; $q$ = 3.400 calories C. G. S.

**XIX.** Un cadre rectangulaire de dimensions $a$, $b$ comporte $n$ spires. Il est suspendu verticalement par un fil de torsion dans un champ uniforme d'intensité horizontale $\mathcal{H}$ de façon que, dans sa position d'équilibre, son plan contienne la direction du champ.

Quel courant doit-on faire passer dans le cadre pour que sa nouvelle position d'équilibre fasse un angle $\alpha$ avec la position première ?

On appellera $c$ le couple de torsion du fil pour l'unité d'angle (on sait que le couple de torsion d'un fil est proportionnel à l'angle de torsion).

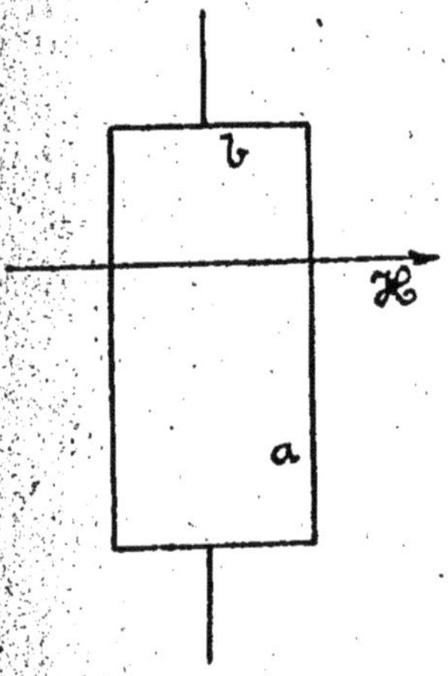

*Application numérique.* — On exprimera I en microampères, $a$ = 7 cm., $b$ = 4 cm., $n$ = 500, $\alpha$ = 30°, $c$ = 14 unités C. G. S. pour un degré.

Quant à la composante horizontale $\mathcal{H}$ on, la déterminera par l'expérience suivante : le cadre étant pris dans une position perpendiculaire à celle de la figure, on relie les extrémités du fil à un galvanomètre balistique par l'intermédiaire d'une résistance en série de 15.400 ohms. Le cadre lui-même a une résistance de 100 ohms, le balistique une résistance de 500 ohms.

On fait tourner brusquement le cadre autour du fil de torsion de 180°, et l'on observe une élongation au balistique qui, mesurée par la méthode ordinaire sur une échelle graduée, est de 147 mm. On sait que, dans les mêmes conditions d'amortissement, un microcoulomb donnerait, dans le même balistique, une élongation de 12 mm.

Fig. 140.

**XX.** Deux éléments de pile de f. e. m. E et de résistance intérieure $r$ sont associés en dérivation et travaillent sur un circuit de résistance extérieure R.

Donner la valeur de la puissance totale perdue par effet joule à l'intérieur des éléments. Que devient ensuite cette puissance si les deux éléments, tout en gardant la même résistance intérieure, ont des forces électromotrices légèrement différentes s'écartant de la fraction $\frac{a}{100}$ de leur valeur moyenne E ?

**XXI.** Un solénoïde qu'on suppose infiniment grand, à axe horizontal, possède 10 spires par cm. et est parcouru par un courant de 8 ampères. A l'intérieur se trouve un solénoïde court à axe vertical enroulé bien régulièrement d'un fil très fin sur un cylindre de 4 cm. de rayon. Ce solénoïde posssède en tout 500 spires et il est parcouru par un courant de 0,1 ampère ; il est porté par un fléau de balance bien équilibré quand aucun courant ne circule dans l'appareil. On demande quelle masse en C. G. S. il serait nécessaire d'accrocher à l'extrémité du fléau pour maintenir l'équilibre lors du passage du courant. Le bras de levier du fléau a 15 cm. de long; l'accélération due à la pesanteur $g = 981$ unités C. G. S. On négligera l'action du magnétisme terrestre.

XXII. Deux circuits sont en présence et leur coefficient d'induction mutuelle est M. Le circuit n° 1 est relié à une source et est parcouru par un courant I. Le circuit n° 2, de résistance $r$, est relié à un balistique B de résistance $g$. On inverse brusquement le courant dans le circuit n° 1 et on observe au balistique une élongation $\alpha$. Quelle est la valeur du coefficient d'induction mutuelle M si, dans les mêmes conditions de fonction du balistique, on obtient une élongation $\beta$ quand on le fait traverser par une quantité Q d'électricité?

*Application numérique* : $\alpha = 150$ mm.; $\beta = 60$ mm.; $Q = 3,5$ microcoulombs; $r = 1.200$ ohms; $g = 500$ ohms; $I = 0,7$ unités C. G. S. d'intensité. On exprimera M en henrys.

XXIII. Un solénoïde, qu'on suppose infiniment long, possède $a$ couches de fil semblables entre elles, enroulées bien régulièrement. A l'intérieur se trouve une bobine plate dont l'axe fait un angle $\alpha$ avec l'axe du solénoïde; la bobine intérieure possède N spires de rayon $r$.

Dans cette position, le coefficient d'induction mutuelle est égal à M. Calculer le nombre de spires par centimètre contenues dans chaque couche de fil de la grande bobine.

*Application numérique* : $a = 5$; $N = 525$; $r = 8$ cm.; $M = 0,07047$ henry; $\alpha = 15°$.

XXIV. Le tuyau d'alimentation d'une petite turbine débite 2,06 litres par seconde sous une pression de 4 kilogrammes par centimètre carré. Cette turbine conduit une petite dynamo de 35 volts. Le groupe fonctionnant à pleine puissance, quelle est l'intensité fournie par la dynamo? Son rendement est 0,85, celui de la turbine est 0,82.

XXV. La différence de potentiel mesurée aux bornes d'un moteur magnéto-électrique est égale à U, la résistance de l'induit est R. Sur l'axe est située une poulie, et ce moteur est employé à élever une masse $m$. La masse s'élève de $h$ centimètres par seconde.

Calculer l'intensité du courant et la force contre-électromotrice du moteur.

On négligera les pertes par hystérésis, courants de Foucault, frottements mécaniques, et on supposera nulle la réaction d'induit.

*Application numérique* : $U = 110$ volts; $R = 0,25$ ohm; $m = 341$ kgs; $h = 60$ cm. par seconde.

Quelle est la puissance utile maxima du moteur et l'intensité correspondante?

**XXVI.** Un circuit comprenant un galvanomètre de résistance $g$ shunté par une résistance $s$ ($s$ ne varie pas avec la température et est égal à $0\omega,042$); $g$ varie avec la température, sa valeur à $15°$ est $0\omega,75$ et son coefficient de variation est $0,0038$; à la température d'une expérience $T = 27°$ le galvanomètre marquait 53 divisions. Quelle est l'intensité du courant dans le circuit principal? Le galvanomètre marque 100 divisions pour $0^v,04$ à ses bornes à $15°$.

**XXVII.** Deux solénoïdes $S_1$ et $S_2$ assez longs pour qu'on puisse négliger l'action des extrémités ont le même axe; ils portent une seule couche de fil enroulé bien régulièrement. Les diamètres moyens d'enroulement sont $D_1$ et $D_2$. Les nombres moyens de spires par cm. sont $N_1$ et $N_2$ et les solénoïdes sont parcourus par des courants $I_1$ et $I_2$ en ampères. Dans la région médiane se trouvent trois bobines plates dont les axes sont parallèles à ceux de $S_1$ et $S_2$. 1 est à l'intérieur des deux solénoïdes, 2 dans l'intervalle, 3 entoure le solénoïde intérieur.

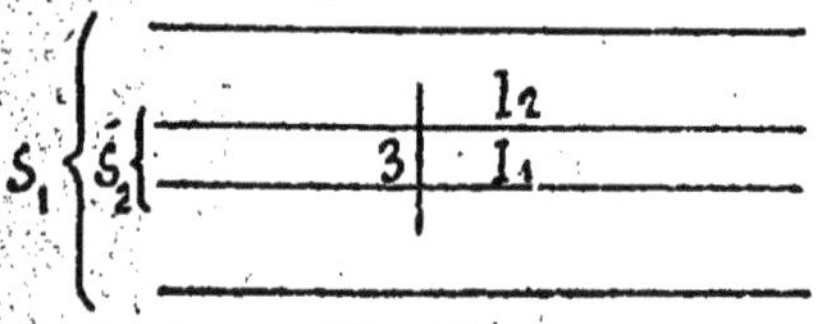

Les bobines portent $n_1, n_2, n_3$ spires (au total), et les rayons d'enroulement sont $r_1, r_2, r_3$.

Fig. 141.

Exprimer le flux à travers chacune de ces trois bobines en C. G. S. : 1° quand $I_1$ et $I_2$ ont même sens; 2° quand $I_1$ et $I_2$ sont de sens contraires.

**XXVIII.** Un barreau magnétique de moment M est suspendu pas un fil sans torsion à l'intérieur d'un solénoïde; l'axe du solénoïde est dans le plan du méridien magnétique. Le solénoïde possède $n$ spires par cm. Pour un certain sens du courant, la durée d'une oscillation complète du barreau est $t$. En inversant le sens du courant, le barreau se retourne de $180°$, et dans cette position la durée d'une oscillation complète est $t_2$. Sachant que la composante horizontale du champ terrestre est H, on demande :

1° l'intensité en ampères du courant qui parcourt le solénoïde;

2° la durée d'une oscillation complète du barreau supposé soumis à la seule action du champ terrestre.

*Application numérique* : $t_1 = 8$ secondes; $t_2 = 12$ secondes; $H = 0,19$ C. G. S.; $n = 5$.

**XXIX.** Une usine génératrice est à une distance L d'un centre d'utilisation où se trouvent les lampes à incandescence. La différence de potentiel au départ est U; la différence de potentiel au centre d'utilisation est U'. L'intensité du courant est I. Calculer le poids et le prix de la ligne.

On représentera par : $\rho$ résistivité du cuivre; $\delta$ masse spécifique; $m$ prix de l'unité de masse du cuivre.

*Application numérique* : $U = 150$ volts; $U' = 110$ volts; $I = 50$ ampères;

$L = 2$ kilomètres; $\rho = 2$ microhms cent.; $\delta = 8,8$ grammes par cm²; $m = 2$ fr. par kilogramme.

XXX. Un condensateur de capacité $C'$ est chargé à la différence de potentiel initial $V_0$; à un instant donné, à partir duquel on compte le temps, les deux armatures du condensateur sont mises en communication par l'intermédiaire d'une résistance élevée $R$. Quel est le temps $T$ nécessaire pour que le condensateur ait perdu les $\dfrac{n-1}{n}$ parties de sa charge?

*Application numérique* : $C = 3,7$ microfarads; $R = 2.981$ mégohms; $e = 2,71828$; $n = 100$.

XXXI. Un disque de rayon $r$ et de moment d'inertie $K$ est animé d'un mouvement de rotation dans un champ uniforme $H$ normal au disque. Deux frotteurs $f$ et $f_1$ prennent contact, l'un sur la périphérie, l'autre sur l'axe (l'axe est une ligne géométrique). Au temps 0, le disque étant animé d'une vitesse angulaire $\omega_0$, on réunit entre eux les deux frotteurs par un conducteur de résistance $R$. Étudier le phénomène et l'expression de la vitesse au temps $t$. On négligera les frottements et la résistance ohmique du disque lui-même.

On sait que :

$K = \dfrac{1}{2} Mr^2$; $M$ masse du disque.

$\omega = 2$ tours par seconde.

$M = 250$ grammes.

$r = 10$ centimètres.

$H = 2.000$ C. G. S.

$R = 1$ ohm.

$t = 15$ minutes.

XXXII. Un circuit se bifurque en plusieurs dérivations de résistances $a$, $b$, $c$, $d$. On demande l'expression du rapport $\dfrac{I}{I_1}$, $I$ étant le courant dans la branche principale, $I_1$ le courant dans la branche $a$.

XXXIII. Une machine génératrice sert à l'éclairage et absorbe une puissance de 200 chevaux. Son rendement est de 0,92; elle alimente 2.400 lampes à incandescence de 16 bougies sous la différence de potentiel $110^v$.

On demande : 1° la consommation des lampes en watts par bougie; 2° l'intensité du courant total fourni par la génératrice; 3° la résistance d'une lampe à chaud. On suppose que toutes les lampes sont exactement semblables, et on négligera la résistance de la ligne. —

XXXIV. Un cadre rectangulaire, analogue à celui d'un galvanomètre de Deprez et d'Arsonval, est suspendu verticalement par un fil métallique dans un champ magnétique horizontal uniforme de 800 gauss; le plan d'enroulement du cadre est parallèle à la ligne de force du champ.

Les dimensions du cadre sont : hauteur $= 6,5$ centimètres; largeur $= 3$ centimètres; l'épaisseur d'enroulement est négligeable; son moment d'inertie, par rapport à l'axe d'oscillation, est de 12,5 unités C. G. S. Le cadre possède 500 spires.

On sait que lorsqu'il est parcouru par un courant de 100 microampères, il tourne d'un angle de 7°,5. Cela posé, aucun courant ne passant dans le cadre, le circuit étant ouvert, on écarte le cadre de la position d'équilibre d'un angle $\theta_0$ et on laisse osciller librement.

On demande d'exprimer, en fonction du temps, la différence de potentiel aux deux extrémités de l'enroulement.

On suppose que le système est dépourvu d'amortissement, c'est-à-dire que, à circuit ouvert, il oscille comme s'il était dans le vide et dans un champ nul.

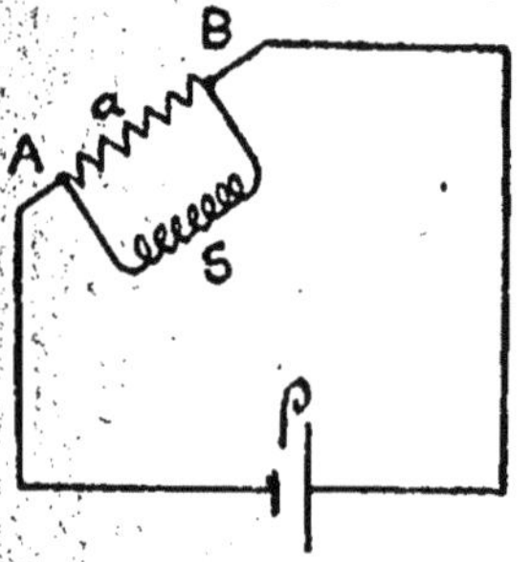


Fig. 142.

On ferme à un instant quelconque le circuit du cadre, les oscillations s'éteignent peu à peu ; on en donnera, sans calcul, la raison physique et on calculera, pour $\theta_0 = 28°$, la quantité totale de la chaleur dégagée dans le circuit, à partir de l'instant de la fermeture jusqu'au moment où le cadre est revenu au repos.

XXXV. On sait que, dans un générateur électrique quelconque, il existe une relation entre la différence de potentiel aux bornes U et l'intensité du courant débité I. Cette relation, quelle qu'elle soit, peut être représentée par une courbe.

Cela posé, on donne les courbes

$$U = f(I) \text{ et } U = \varphi(I)$$

caractéristiques de deux générateurs A et B qui donnent la même différence de potentiel aux bornes à circuit ouvert. On associe ces deux générateurs en parallèle et on les fait débiter sur un circuit extérieur.

On demande d'établir une construction graphique permettant de trouver pour chaque valeur I du courant dans le circuit extérieur :

1° la différence de potentiel aux bornes de ce circuit qui sont les bornes communes aux deux générateurs ;

2° Les courants $I_A$ et $I_B$ débités par ces deux générateurs.

XXXVI. Une source de force électromotrice constante et de résistance intérieure $\rho$ alimente un circuit AB de résistance $a$. Calculer la valeur du shunt S qu'il faut établir entre les points A et B pour que la chaleur dégagée dans le conducteur $a$ soit la fraction $\dfrac{1}{m^2}$ de la chaleur dégagée dans le conducteur $a$ pendant le même temps avant l'établissement du shunt. On négligera la résistance des conducteurs qui relient la source à A et B.

**XXXVII.** A l'aide d'une source de force électromotrice E on charge un condensateur C par l'intermédiaire d'une languette vibrante L mobile entre deux boutons $a$ et $b$. Le schéma montre que quand la languette vient en $b$ le conducteur se décharge dans le circuit AM$b$.

La languette fait $n$ vibrations complètes par seconde, et on admet que le condensateur a le temps de prendre sa charge complète pendant que la languette touche le butoir $a$.

Au bout de combien de temps la source aura-t-elle fourni une énergie $w$ ?

Application numérique : $E = 100$ volts; $c = 10$ microfarads; $n = 200$; $w = 50$ kilogrammètres.

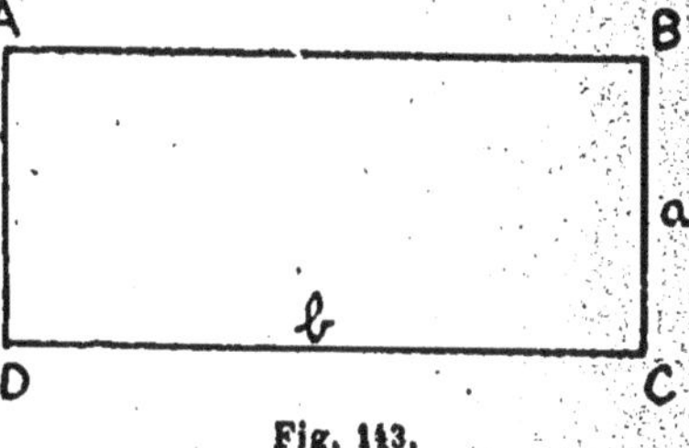

Fig. 143.

**XXXVIII.** Une magnéto électrique de résistance intérieure $r$, dont les frottements sont négligeables, tourne à la vitesse $\omega$, quand on établit à ses bornes une différence de potentiel $n$. On lui donne à vaincre un couple constant C indépendant de la vitesse.

La vitesse de régime s'établit à la valeur $\omega$. Trouver en fonction des données le rapport $\dfrac{\omega}{\omega_1}$ (on admettra que la force électromotrice est rigoureusement proportionnelle à la vitesse et on négligera la réaction d'induit).

**XXXIX.** Un circuit rectangulaire fermé est parcouru par un courant I et constitué par 4 conducteurs métalliques de longueurs $a$ et $b$. Le système est rigide et mobile autour de AB qui est horizontal. Les conducteurs sont pesants, homogènes, de diamètres négligeables et ont une masse $p$ par unité de longueur.

1° Le système étant disposé dans un champ uniforme de direction verticale et d'intensité H, on demande de déterminer la position d'équilibre.

2° Le système toujours mobile autour de AB est placé dans un champ uniforme H, horizontal et perpendiculaire à AB; il est dépourvu d'amortissement. On l'écarte de sa position d'équilibre et on l'abandonne à lui-même.

On demande la valeur de la période pour des oscillations de faible amplitude (on se bornera à écrire l'équation du mouvement, et d'après les formules classiques on en déduira la valeur de la période).

3° Revenons au cas de la première partie. Le système étant placé dans un milieu résistant, on l'abandonne sans vitesse initiale quand il se trouve dans un plan vertical. Quelle est la quantité totale de chaleur dégagée par le frottement dans le milieu, entre le moment où on abandonne le système et celui où il atteint sa position d'équilibre?

# TABLE DES MATIÈRES

IMPRIMERIE DELAGRAVE, A VILLEFRANCHE-DE-ROUERGUE

## Traité théorique et pratique d'Électricité.

A l'usage des élèves des Écoles Nationales d'Arts et Métiers, des candidats à l'École supérieure d'Électricité et à la licence (certificat de physique industrielle,) par H. PÉCHEUX, professeur de physique et de chimie à l'École nationale d'Arts et Métiers d'Aix, avec *notes additionnelles* de J. BLONDIN, agrégé de l'Université, professeur au collège Rollin, et E. NÉCULCÉA, attaché au laboratoire des recherches physiques à la Sorbonne; préface de J. VIOLLE, membre de l'Institut. 1 vol. in-8°, broché. **17 »**; relié toile. . . . . . . . **20 »**

## Éléments de Physique et de Chimie.

A l'usage des candidats aux Écoles nationales d'Arts et Métiers, par H. PÉCHEUX, prof. à l'École nationale d'Arts et Métiers d'Aix. **5 50**

## Cours élémentaire d'Électricité Industrielle.

par M. C. LEBOIS, directeur de l'École pratique d'Industrie de Saint-Étienne, inspecteur des Écoles pratiques de commerce et d'industrie. 1er vol. in-12 toile, nombreuses illustrations. **3 50**; 2e vol. **4 »**

## Manuel d'Électricité théorique et pratique.

Par H. BOUASSE, professeur à la Faculté des sciences de Toulouse, et L. BRIZARD, prof. au Lycée Janson-de-Sailly. 1 vol. in-8°, br. **3 35**
Relié toile. **4 »**

## L'Industrie de nos jours.

*Technologie vulgarisée*, par P. JACQUÉMART, inspecteur général de l'enseignement technique, et J.-F. BOIS, professeur de technologie de la ville de Lyon. 1 vol. in-12 de 700 pages, 500 grav., br. **5 »**
Relié toile. **6 »**

## Cours de Mécanique rationnelle.

Par H. BOUASSE, in-8°, broché . . . . . . . **20 »**

## Cours de Mathématique générale.

Par H. BOUASSE, in-8°, broché . . . . . . . **20 »**

## Leçons de Chimie.

A l'usage de la Classe de Mathématique spéciale, par F.-E. ADAM, professeur au Lycée Saint-Louis. 1 vol. in-8°, broché . . . **12 »**